ZHONGQINGNIAN JINGJIXUEJIA WENKU

国家社会科学基金青年项目（项目编号：21CTJ020）
国家社会科学基金重大项目（项目编号：21&ZD156）
海南省自然科学基金青年基金项目（项目编号：721QN0875）
北京市社会科学基金项目（项目编号：19GLB022）
海南大学科研启动金项目（项目编号：kyqd（sk）2102）

上市公司碳信息披露的价值效应：基于外部监督视角

符少燕　李慧云　刘倩颖／著

SHANGSHI GONGSI TANXINXI PILU DE JIAZHI XIAOYING: JIYU WAIBU JIANDU SHIJIAO

中国财经出版传媒集团
经济科学出版社
Economic Science Press

图书在版编目（CIP）数据

上市公司碳信息披露的价值效应：基于外部监督视角/符少燕，李慧云，刘倩颖著. —北京：经济科学出版社，2022. 7

ISBN 978 -7 -5218 -3875 -6

Ⅰ. ①上…　Ⅱ. ①符…　②李…　③刘…　Ⅲ. ①上市公司 - 节能 - 信息管理 - 研究 - 中国　Ⅳ. ①TK01 ②F279. 246

中国版本图书馆 CIP 数据核字（2022）第 131168 号

责任编辑：宋艳波
责任校对：王肖楠
责任印制：邱　天

上市公司碳信息披露的价值效应：基于外部监督视角
符少燕　李慧云　刘倩颖/著
经济科学出版社出版、发行　新华书店经销
社址：北京市海淀区阜成路甲 28 号　邮编：100142
总编部电话：010 -88191217　发行部电话：010 -88191522
网址：www. esp. com. cn
电子邮箱：esp@ esp. com. cn
天猫网店：经济科学出版社旗舰店
网址：http：//jjkxcbs. tmall. com
固安华明印业有限公司印装
710×1000　16 开　15. 75 印张　250000 字
2022 年 8 月第 1 版　2022 年 8 月第 1 次印刷
ISBN 978 -7 -5218 -3875 -6　定价：76. 00 元
（图书出现印装问题，本社负责调换。电话：010 -88191510）

前言 PREFACE

随着国际上对低碳发展的呼声越来越高，各国相继出台政策对碳减排做出回应，环境保护问题已成为国际性议题，若碳减排相关信息能精确披露则可为各国减排责任界定、国际气候问题谈判、碳减排法律政策制定提供重要依据。随着外部利益相关者对气候变化认识的深入与环保意识的增强，监管部门、社会公众和投资者等开始关注企业的碳足迹与碳排放管理信息，资本市场也逐步认识到全球经济向低碳形式的转变对企业竞争力和长期价值的重要影响，因此，对上市公司碳信息披露展开相关研究具有丰富的现实背景与较强的现实价值。然而，目前中国碳信息披露体系建设落后于市场需求，不同企业对碳信息披露处理差异较大，企业自愿性的碳信息披露缺乏可比性，极少企业在公开发布的定期报告中披露碳信息，不能有效反映节能减排的实施效果。低水平的碳信息披露可能使得企业隐瞒真实的碳排放信息，甚至诱导政府提供宽松的环境管制政策。在学术界，碳信息披露属于新兴研究领域，国外相关研究（2005 年）起步早于国内(2009 年)，并形成了一定理论和观点，但鉴于中国自身特有国情，国外研究结论并不能完全适用于我国的碳信息披露研究；而中国相关研究尚未形成明显的发展脉络。虽然中国现有研究在探究碳信息披露领域做出了一些尝试，但总体而言尚不够全面和深入，忽略了一些重要问题。例如，大样本实证中如何客观可靠地量化碳信息披露？中国上市公司碳信息披露质量特征如何？中国上市公司碳信息披露在资本市场中是否具有价值效应？另外碳信息披露不仅关系到企业内部，企业外部监督也应当加以重视，那么不同外部监督如何作用于中国上市公司碳信息披露的价值效应？这些关键问题的解答对于深刻认识我国上市公司的碳信息披露具有重要意义。

基于上述认识，本书从碳信息披露的相关制度发展背景、理论基础与文献梳理出发，通过构建碳信息披露评价指标体系并研发相应计算机智能评分软件来获取全面客观的碳信息披露数据，对 2008～2017 年中国 A 股上市公司共 24774 个年观测值进行分析，以明确中国上市公司碳信息披露的质量特征；并根据合法性理论、自愿披露理论和外部性理论，深入实证分析了中国上市公司碳信息披露的价值效应，重点探究了不同外部监督对碳信息披露价值效应的作用机制，综合分析了不同外部监督之间对上市公司碳信息披露的价值效应的交互作用。对于外部监督，具体细分为来自监管方的政府监督、来自社会公众的媒体监督以及来自资本市场信息中介的分析师监督。本书的主要结论如下：

（1）2008～2017 年中国上市公司碳信息披露质量逐年递增但总体水平偏低，并且存在显著的时间异质性、地区异质性和行业异质性。中国上市公司碳信息披露质量具有较好的及时性，但可理解性和可比性年度变化较小且分值较低，可靠性和完整性虽得分偏低但逐年递增；中国不含港澳台地区的 31 个省级行政区域之间的上市公司碳信息披露水平存在显著差异，东西部地区差异不明显，南北部地区存在明显差异，且地区碳信息披露水平与其经济发展水平不同步；不同行业间上市公司碳信息披露水平存在显著差异，碳信息披露水平相对较高的行业基本上都是重污染行业和碳排放强度较高的行业。

（2）中国上市公司碳信息披露水平与其企业价值呈显著“U”型关系。在碳信息披露水平与企业价值“U”型关系的临界点左侧，碳信息披露与企业价值负向相关；在临界点右侧，碳信息披露与企业价值正相关，即碳信息披露水平越高的企业价值越低，达到临界点后碳信息披露水平越高企业价值越高。根据计算所得临界点碳信息披露分值，并结合中国上市公司碳信息披露现状分析结果，发现目前中国上市公司碳信息披露水平较低，仍未达到临界点，因此多数上市公司碳信息披露与其企业价值的关系处于负相关阶段，使得上市公司自主披露碳信息的动力不足。

（3）在政府监督视角下，政府补助的引导作用对碳信息披露的价值效应存在部分中介作用；政府环境监管的管制作用对碳信息披露的价值效应具有调节作用，良好的环境监管有助于增强碳信息披露与企业价值的正向关系。政府补助是碳信息披露发挥价值效应的有效通道；环境监管越完善，碳信息披露与企业价值“U”型关系中的碳信息披露临界点越小，且临界点的企业价值越高，越有利于偏向碳信息披露与企业价值“U”型关系中的正向关系。

（4）在媒体监督视角下，媒体报道次数的传递作用对碳信息披露的价值效应具有部分中介作用；媒体报道倾向的舆论作用对碳信息披露的价值效应具有调节作用，正向的媒体报道舆论倾向有助于增强碳信息披露与企业价值的正向关系。企业碳信息披露可通过媒体报道次数对企业价值产生影响；当媒体报道倾向为完全负面倾向时，碳信息披露与企业价值的“U”型关系几乎完全偏向于负相关；当媒体报道倾向越正面时，碳信息披露与企业价值“U”型关系中的碳信息披露临界点越小，且临界点的企业价值越高，越有利于偏向碳信息披露与企业价值“U”型关系中的正向关系。

（5）在分析师监督视角下，分析师跟踪次数的关注作用对碳信息披露的价值效应存在部分中介作用；分析师评级的荐股作用对碳信息披露的价值效应具有调节作用。分析师跟踪次数是企业碳信息披露发挥价值效应的有效信息传递渠道；分析师对企业股票的评级悲观时，企业碳信息披露水平越高，越有利于其企业价值的提升；分析师评级中性时，企业的碳信息披露与企业价值的关系较为平缓；分析师对企业股票的评级乐观时，因存在分析师评级偏差，过于乐观的评级结果并未受到投资者的重视，企业碳信息披露水平越高，此时企业碳信息披露可能越会被投资者视为与环境污染相关的“坏消息”，从而不利于企业价值的提升。但在目前中国上市公司碳信息披露现状下，同样碳信息披露水平的企业在分析师对其股票评级越乐观的情况下，其企业价值越高。

（6）不同外部监督之间对上市公司碳信息披露的价值效应存在显著的交互作用。媒体舆论作用可以补充政府管制作用对碳信息披露价值效应所发挥的调节作用，而政府管制作用则可替代部分媒体舆论作用所发挥的调节作用；媒体舆论作用与分析师荐股作用之间为部分互相替代作用；政府管制作用与分析师荐股作用之间亦为部分互相替代作用。不同外部监督机制下政府监督中政府补助的引导作用、媒体监督中媒体报道次数的传递作用和分析师监督中分析师跟踪的关注作用，在上市公司碳信息披露的价值效应中可共同发挥部分中介作用。

本书具有一定探索性，研究贡献主要在于如下几方面：

(1) 本书构建了符合我国国情的碳信息披露评价指标体系，并运用Java计算机语言研发软件客观地、长年限多维度地全面解析中国上市公司碳信息披露质量特征，为开展中国上市公司碳信息披露有关研究提供了有效的分析工具和检验方法。

(2) 在研究中国上市公司碳信息披露的价值效应时，不但综合考虑了合法性理论和自愿披露理论针对碳信息披露与企业价值关系的不同观点，而且突破了其他研究仅考虑碳信息披露与企业价值的单一线性关系而忽视两者为非线性关系可能性的局限，发现了中国上市公司碳信息披露与企业价值的“U”型关系，并且计算出了该“U”型关系的“临界点”来明确碳信息披露与企业价值正负向关系的转变关键点。结合外部性理论分析及运用博弈论的思想与方法，推导了政府监督对碳信息披露价值效应的作用，为深入理解和掌握政府监督视角下碳信息披露的价值效应提供了重要的理论依据与数据支撑。

(3) 在研究媒体监督对碳信息披露价值效应的作用时，挖掘了媒体监督视角下社会大众所感知到的气候变化这个“非金融因素”对上市公司碳信息披露在金融资本市场中的价值创造可能产生的良性影响，为社会大众通过媒体监督对上市公司碳减排管理进行的外部治理提供了理论依据与数据支撑。

(4) 首次研究了分析师监督对碳信息披露价值效应的作用，从资本市场中信息中介这个新视角对中国上市公司碳信息披露价值效应的作用机制进行了理论分析与解释，完善了外部监督视角下碳信息披露在资本市场中的经济后果的研究内容。

(5) 依据外部性理论，率先综合研究了外部监督视角下碳信息披露的价值效应，包括正式机制的来自监管方的政府监督，以及非正式机制的来自社会公众的媒体监督及来自资本市场外部投资者信息中介的分析师监督，分析了三者之间对碳信息披露价值效应的交互作用，较为全面地深化了外部监督作用于企业碳排放管理相关的外部治理理论。

目录 CONTENTS

第一章

绪　论

第一节　研究背景与研究问题

一、现实背景

碳①排放造成的温室效应的危害，已得到了普遍认识，这些危害如同多米诺骨牌一般产生一系列负面效应，如冰山融化、海面上升、厄尔尼诺等，被认为是21 世纪人类面临的最严峻的挑战。因此，国际上对低碳发展的呼声越来越高，各国也相继出台政策对碳减排做出回应。气候管理、碳排放问题不仅关乎科技研究问题，也关乎国家政治外交问题，甚至关乎人类发展问题。碳信息的精确披露可为各国减排责任界定、国际气候问题谈判、碳减排法律政策制定提供重要依据。

---

① 本书中“碳排放”“碳信息”等词语中的“碳”，本质上均指代为温室气体。温室气体（Greenhouse Gas，GHG）是指大气层中自然存在的和由于人类活动产生的能够吸收和散发由地球表面、大气层和云层所产生的、波长在红外光谱内的辐射的气态成分。《京都议定书》中规定了二氧化碳（CO_2）、甲烷（CH_4）、氧化亚氮（N_2O）、氢氟碳化物（HFCs）、全氟化碳（PFCs）、六氟化硫（SF_6）共六种被限排的温室气体。这6 种温室气体中，二氧化碳占比最高，达73.5%；其次为甲烷气体，占19.0%；一氧化二氮（N_2O）占比5.9%；氢氟碳化物等占比1.6%。

为了应对温室效应的挑战，1992 年 5 月 9 日《联合国气候变化框架公约》（*United Nations Framework Convention on Climate Change*，以下简称《公约》）在联合国大会上通过，并于 1994 年生效，这是世界上首个提出温室气体控排要求的国际公约。为加强《公约》的实施，1997 年《公约》第三次缔约方会议通过了补充条款《京都议定书》（*Kyoto Protocol*）。《京都议定书》提出了针对发达国家的三种灵活履约机制：“碳排放权贸易（International Emission Trading）”“共同履行（Joint Implementation）”“清洁发展机制（Clean Development Mechanism）。”2015 年在法国巴黎举行的《公约》第二十一次缔约方大会暨《议定书》第十一次缔约方大会通过了《巴黎协定》。《巴黎协定》是继《京都议定书》后全球气候治理领域的又一实质性文献，是未来几十年各国应对气候变暖的广泛性纲领，标志着世界低碳发展行动的进一步推进。

中国作为世界上最大的发展中国家，积极履行协定中的低碳承诺，致力于为全球低碳目标的实现作出贡献。为应对环境变化带来的风险，中国政府采取了追求低碳经济发展的总体思路与政策（具体相关政策发展可见第二章第一节）。低碳经济发展日益受到重视，从“十一五”规划及“十三五”规划制定的目标可见一斑，对低碳经济发展的政策支持也证实了这一点。气候公约条款提出了建立碳交易市场的温室气体减排新路径，国际上较具代表性的有美国芝加哥气候交易所、欧盟排放交易体系等。中国自 2011 年起开始了碳交易市场的探索，并于 2013 年启动了七个试点省市的碳交易市场，至 2017 年底，中国开放了电力行业的全国性碳交易市场，标志着中国碳交易从区域性试点迈向全国统一体系。

与此同时，中国提出了建立企业碳排放信息披露制度的目标。2016 年 11 月，国务院发布《“十三五”控制温室气体排放工作方案》，鼓励企业主动公开温室气体排放信息，要求国有企业、上市公司、纳入碳排放权交易市场的企业率先公布温室气体排放信息和控排措施，践行绿色低碳发展的社会责任。中国全面启动的碳排放交易市场对碳信息披露研究领域提出了更高要求。

然而，目前中国碳交易市场中的信息披露以基础交易数据为主，单纯的碳交易数量与金额并不能完整地提供企业碳排放交易的参与程度，碳信息披露体系建设落后于市场需求，不同企业对碳信息披露处理差异较大，企业自愿性的碳信息披露缺乏可比性，极少企业在公开发布的定期报告中披露，不能有效反映节能减排的实施效果（崔也光、周畅，2017）。企业低水平的碳信息披露造成政企博弈过程中的信息不对称，使得企业可能隐瞒真实的碳排放信息，甚至诱导政府提供宽松的环境管制政策。

尽管中国已逐步出台一些相关法规鼓励与引导并强制一部分企业进行碳信息披露，但是企业披露规范体系相关规定不够完善，而且相应的碳信息披露核算标准也不健全，这容易造成企业的碳信息披露不规范，披露依据不充分，披露程度杂乱不一，以及对其评价考核的约束力薄弱等情况。因此有必要通过合理的评价体系来判断中国上市公司碳信息披露特征，通过查漏补缺来弥补与完善中国上市公司碳信息披露建设的不足，以及加强与巩固现有碳信息披露建设的优势。

提高企业碳信息披露水平意义重大。在国家层面，企业在报告中公开碳排放以及碳减排情况有助于我国尽快实现温室气体减排目标，履行巴黎协定的承诺；在企业层面，碳信息披露有助于改善公司的治理水平，提升企业的绿色竞争力（陈华等，2013），提升企业价值。另外，对于投资者而言，企业碳信息披露有利于其了解企业的低碳战略实施等有用的决策信息（魏玉平、曾国安，2016），发现企业碳排放管理中蕴含的气候风险与机遇（Dhaliwal et al.，2011）。例如，2015 年 12 月巴黎气候大会前后，不少机构中的分析师开始收集相关信息调研碳排放概念上市公司。许多机构的研究报告认为，未来中国碳排放市场的“蛋糕”可能在千亿元左右，包括巨化股份、中电远达、深圳能源、华银电力等上市公司纷纷布局碳排放市场。其中，巨化股份备受投资者青睐，受到资金的连续增持，该公司股价也逆势成“牛”。2015 年第三季度，证金公司买入巨化股份 1790 万股，占公司总股本 0.99%，为该公司第七大流通股东。作为中国首家实施二氧化碳排放权交易的氟化工企业，巨化股份股价自 2015 年 7 月至 12 月以来累计上涨 206.18%，可见在资本市场中上市公司碳信息披露有助于发挥一定的价值创造作用。

随着外部利益相关者对气候变化认识的深入与环保意识的增强，监管部门、社会公众、投资者等开始关注企业的碳足迹与碳排放管理信息，资本市场逐步认识到全球经济向低碳形式的转变对企业竞争力和长期价值的重要影响。因此，对上市公司碳信息披露特征及其价值效应的研究，尤其是在外部监督视角下碳信息披露价值效应的研究，具有丰富的现实背景与较强的现实价值。

二、理论背景

根据 SCI、SSCI 和 CSSCI 数据库中收录的碳信息披露研究相关文献，自 2005 年开始国际上有学者对碳信息披露相关内容展开研究，中国自 2009 年开始起步研究相关内容。因此，国内外对碳信息披露的研究尚属新兴研究领域，逐渐受到学者们的关注，相关文献呈逐年递增趋势。

碳信息披露研究相对领先的是国家碳信息披露制度政策较为完善的发达国家，国际上相关文献也相对丰富，研究主题延续性相对较好，相关的研究热点围绕在碳信息披露与组织行为、企业会计、企业战略、气候变化等主题。中国较国际上碳信息披露研究起步晚，主要侧重于碳信息披露和碳会计两大块研究主题，相关研究热点相对较少。

经过文献分析我们发现，国际上碳信息披露研究领域的前沿演进有相对明显的脉络可循，具体表现为：起源于环境信息披露的研究，随着碳排放交易的发展，学者讨论了企业碳交易与相关会计处理；紧接着，碳信息披露研究开始从环境信息披露细化延伸并分化为独立的研究领域，主要研究企业对于气候变化的反应与相关影响因素；最后，碳信息披露的相关文献主题发生迁移，碳信息披露的研究重心逐渐转移至企业碳信息披露对资本市场中资本成本和企业价值的影响。相较之下，中国的碳信息披露研究尚未形成鲜明的研究发展趋势，研究内容仍存在较大空间，有待补充与完善。

学者们基于不同的理论基础研究了企业碳信息披露的多方面动机，包括企业主动或被动地规避相关风险、降低潜在成本和维护并提升企业效益。在碳信息披露的影响因素方面，国内外学者从企业内部因素和外部因素分别进行了较为翔实的探讨，尽管由于研究对象和研究理论基础的差异使得研究结论不一，存在明显的意见分歧，但是学者们考虑到的相关因素较为全面，从企业内部的财务情况、治理结构和公司特征，到企业外部的行业因素、地区因素、国家因素和其他因素，均有相关研究。对于中国的碳信息披露相关研究而言，在检索到的国内外共 287 篇相关研究文献中，有 42 篇文献以中国企业为研究样本，其中有一半是研究中国企业碳信息披露的影响因素，且企业内部因素和外部因素均有所涉及，研究方向较均衡。

然而，在碳信息披露的后果研究中，学者们分别研究了非经济后果和包括财务绩效与企业市场价值在内的经济后果，相关研究结论存在差异。在以中国企业为研究对象的相关文献中，有 15 篇研究了中国企业的碳信息披露经济后果，这些经济后果研究中仅有 5 篇是企业碳信息披露对资本市场企业价值影响的研究（闫海洲、陈百助，2017；李雪婷等，2017；杨园华、李力，2017；杜湘红、伍奕玲，2016；王仲兵、靳晓超，2013）。这些研究的样本平均年观测值为 387 个，研究年限区间不超过 2009 ~ 2014 年间。在进一步的作用机制研究上，仅有杜湘红和伍奕玲（2016）研究了投资者决策在碳信息披露的市场价值影响中的中介作用，以及李雪婷等（2017）研究了机构投资者在碳信息披露的市场价值影响中的调节作用。

基于合法性理论、自愿披露理论和外部性理论，企业碳信息披露更多的是通过改善外界对企业的感知来影响可由企业市场价值体现的企业未来经济发展水平，但目前针对中国企业的碳信息披露的经济后果研究较为薄弱，并且已有研究的样本数量较少，研究年限相对陈旧。随着我国不断出台相关新政策加强企业低碳经济发展，已有的研究结论可能存在一定偏颇，不能全面准确地反映企业碳信息披露的经济后果情况。因此，有必要更广度和更深度地对中国上市公司进行大样本和长年限的碳信息披露市场的经济后果研究。

与此同时，在不同情境下的相关作用机制存在较大研究空间，有待补充。碳信息披露关乎环境问题，环境保护问题已成为国际性话题，因此碳信息披露已不仅仅关系到企业内部，来自企业外部的监督也应当加以重视。外部监督对企业行为、契约签订和履行可能具有决定性作用，外部监督属于公司外部治理机制，是企业进行生产经营活动所遵循的基本规则和所依赖的外部环境，主要通过监管制度、机构及市场监管、社会及媒体监督等来实现，在规范公司行为中扮演着重要的角色（贾凡胜，2018）。而目前针对在不同外部监督情境下中国上市公司的碳信息披露市场价值效应的经济后果研究仍有待进行系统的研究与检验。因此，有必要进一步深入探讨相关的多方外部监督对中国上市公司碳信息披露市场价值效应的根本路径与作用机理。

三、问题的提出

基于上述现实背景与理论背景，本书从碳信息披露的相关制度背景、理论基础与文献梳理出发，运用定性与定量相结合的方法展开研究，根据合法性理论、自愿披露理论和外部性理论，深入探究上市公司碳信息披露的价值效应，并重点分析了不同外部监督对该经济后果的作用机制。对于外部监督，具体细分为来自监管方的政府监督、来自社会公众的媒体监督以及来自资本市场信息中介的分析师监督，较为全面地检验外部监督对上市公司碳信息披露价值效应的作用机制。

本书主要涉及以下几个方面的研究问题（见图1－1）。

（1）结合相关政策制度发展与文献研究现状，中国上市公司碳信息披露研究领域内存在哪些问题？

（2）大样本实证中如何客观可靠地量化碳信息披露，中国上市公司碳信息披露质量特征如何？

（3）中国上市公司碳信息披露在资本市场中是否具有价值效应？

（4）政府监督视角下的政府补助的引导作用与环境监管的管制作用如何在中国上市公司碳信息披露价值效应中发挥作用？

（5）媒体监督视角下的媒体报道次数的传递作用与媒体报道倾向的舆论作用如何在中国上市公司碳信息披露价值效应中发挥作用？

（6）分析师监督视角下的分析师跟踪的关注作用与分析师评级的荐股作用如何在中国上市公司碳信息披露价值效应中发挥作用？

（7）不同外部监督对中国上市公司碳信息披露价值效应的作用之间是否具有交互作用？

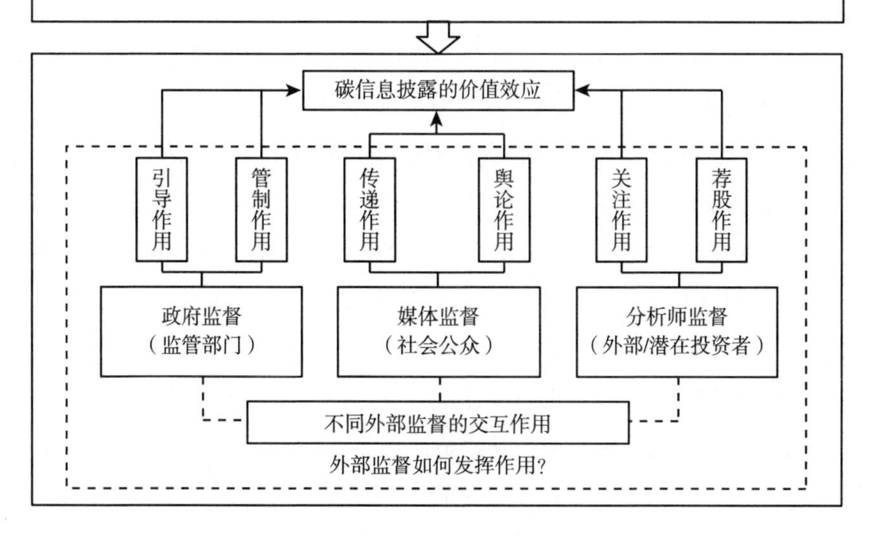

图1-1 研究问题

第二节 概念界定

一、碳信息披露

当前国际上最有影响力的碳信息披露研究是碳披露项目（Carbon Disclosure Project，CDP），该项目由35家全球投资机构于2000年发起，试图在高质量碳排放信息的支撑下对气候变化做出合理的反应。它构建了由碳风险、机遇与战略，碳减排核算，碳减排管理和全球气候变化治理四个方面组成的完整框架，为利益相关者提供了比较全面的与气候变化相关的碳信息，是目前国际上碳信息披露的典型范例。具体四个方面的内容如下：

（1）气候变化的风险包括自然风险（如恶劣气候）、法规风险（如能源效率标准的提高）、竞争风险（如低碳技术的应用）和声誉风险（如环保责任）。气候变化给公司带来的新机遇是指那些投资于低碳技术的公司或低碳型产品将可能获得更大的市场份额或开辟新的市场。

（2）碳排放核算方法包括碳核算方法的选择、碳减排会计报告的编制及其外部鉴证和审计、年度间碳排放差异的比较、温室气体直接减排和间接减排的吨数等。

（3）碳排放管理包括减排项目、排污权交易、排放强度、能源成本、减排规划等方面的内容，构成一个完整的碳管理系统。

（4）气候变化治理包括减排责任和单独的贡献。气候变化不仅仅是一个环境问题，更是一个关系到全球各国生存和发展的政治问题和发展问题。

尽管我国政府已经将发展低碳经济提上了工作议程，然而从计划到实施仍需要很长的路程。目前的政策尚未对具体碳信息的披露进行明确的规定，因此各个企业之间在披露上存在较大的不同，有的企业一笔带过，有的企业用几百字的篇幅还有图表案例进行详细披露。由于缺乏统一的标准，不同企业对待碳信息披露的态度不同，从而造成披露的信息质量差距也比较大，有的企业定量核算，有的企业只作定性描述。通过对企业年报和社会责任报告等企业公告文件的翻阅，我们发现，很多企业逐渐将碳信息纳入企业定期报告中，并且绝大多数企业把社会责任报告作为碳信息披露的载体。随着越来越多的企业披露社会责任报告，企业社会责任报告的内容也越来越完善、充实。社会责任报告的内容多分为经济责任、文化责任、教育责任、环境责任等几方面，我国大多数企业将碳信息放在环境责任这一方面进行披露。

通过对我国上市公司年报、社会责任报告、可持续发展报告和环境报告书等碳信息披露载体的内容进行分析与整理，本书认为我国上市企业披露的碳信息大体可分为以下几方面：（1）国家政策。包括国家一年中重大的减排政策、计划和目标，企业表示响应政府号召，严格按照政策实行减排。（2）企业减排战略。包括减排项目、排污权交易、排放强度、能源成本、减排规划等方面的内容。（3）温室气体减排管理。从事温室气体治理、检测、研究及行政机构和人员情况，企业与低碳生产及其工作相关的法规制度制定与执行情况等。（4）企业年度碳排放总量、企业碳减排方针及年度碳减排目标及成效。（5）企业低碳设备投资和低碳技术开发情况，企业碳减排设施的建设和运行情况。（6）温室气体种类、数量、浓度和处理、处置情况。（7）减排支出及收入。包括缴纳排污费、政府环境相关补贴及减排项目投资等。

本书认为，碳信息披露是指企业根据上述七方面内容，将自身的碳排放情况、碳减排方案、碳减排核算、碳减排计划执行等情况，以恰当的形式，完整、准确并且适时地向利益相关方披露，从而提升企业的碳信息透明度。

二、价值效应

企业的碳信息披露对其企业价值产生一定影响，可认为碳信息披露具有价值效应。企业的价值包括企业的经营能力、获利能力、潜在的发展机会等各个方面。学者们对企业价值的衡量一般分为两类：一类是从企业基于过去会计表现所反映的财务绩效（衡量指标如 ROA、ROE 和销售额等）（Yu & Tsai，2018；Ganda & Milondzo，2018 等）；另一类是从企业基于市场未来经济所反映的企业价值（衡量指标如股价、市值和托宾 Q 值等）（Matsumura et al.，2013；Busch & Hoffmann，2011；Chapple et al.，2013；Misani & Pogutz，2015；Ganda，2018）。基于会计表现的企业价值衡量侧重于使用公司资源时内部决策的效率，但可能会受到管理人员的操纵；以市场反应为基础的测算方法不太容易在会计程序和管理操作上产生差异，而是假设市场效率则是充分的（Hassan & Romilly，2018）。对于企业价值，从 20 世纪 50 年代亚当·斯密和大卫·李嘉图的劳动价值理论，到阿列富赖德·马歇尔的效用价值理论，再到将企业价值看作企业未来现金流量的现值，理论界始终未对企业价值进行统一定义。理财学和新经济组织的出现使得人们开始逐渐认同对企业价值的另一种解释，即认为企业价值是其现有获利能力的价值和未来潜在获利能力价值能力的总和。

企业碳信息披露一般随年报或社会责任报告等相关信息载体，在相应会计年度的次年 4 月 30 日前披露，因此碳信息披露的影响效应存在跨期性（李秀玉、史亚雅，2016），对企业价值创造的影响存在滞后效应（杨园华、李力，2017）。企业碳信息披露在资本市场上短期反应微弱，短期价值效应不明显，但长期价值效应显著（王金月，2017）。企业通过碳信息披露向外界展示其积极的碳排放管理，以获得合法性地位，树立良好的企业形象，降低其未来可能的相关诉讼或处罚风险。外部信息使用者不仅可根据企业的碳信息披露直观地了解其减排管理情况，更可能将企业碳信息披露视为企业将低碳减排考虑纳入其长期战略规划发展的“承诺”，因而企业碳信息披露的价值创造更可能反映在企业的长期价值中。因此本书所述之碳信息披露的价值效应为企业碳信息披露与其长期企业价值的关系。

三、外部监督

外部监督是由独立于被监督对象之外的主体来执行的，对于上市公司而言，外部监督以整个上市公司作为被监督的对象，企业在外部监督下遵循基本规则，在其所依赖的外部环境中进行相关活动。外部监督主要通过从企业外部施加一定的压力来促进与规范企业的相关行为，会对企业产生一定制约力，即上市公司可能会受到外部监督主体施加的外部约束。外部监督对企业行为、契约签订和履行可能具有决定性作用（贾凡胜，2018）。对上市公司施加压力的外部监督主要由政府机构、社会舆论和中介机构等正式或非正式机制来实现（Cho & Patten，2007；Walden & Schwartz，1997；张娆等，2017）。政府监管机构拥有对上市公司违规行为的处罚权，可对上市公司产生监督效力（宋云玲等，2011）；媒体可作为法律替代机制通过信息传递和塑造社会舆论来扮演资本市场监督者的角色（戴亦一等，2013）；来自中介机构具备较高的专业能力和较为端正的职业操守的分析师可能会对其关注的上市公司产生一定的治理和监督效力（郑建明等，2015）。

外部监督主要包含：（1）政府监督。政府监督表现为两方面：一方面，通过政府相关部门发布政策性法律法规对企业的相关行为进行规范，并对企业的相关违法行为进行惩处管制，具有强制性；另一方面通过政府补助对企业相关行为进行合理引导，以帮助企业更好地实施符合国家发展目标的相关举措。（2）媒体监督。媒体通过传递企业相关信息和塑造社会舆论进而形成社会舆论压力来对企业相关行为进行监督，不具有强制性，但是具有经常性与广泛性。（3）分析师监督。分析师作为资本市场上重要的信息中介，能够对投资者行为决策产生重要影响，分析师对企业的跟踪关注以及评级荐股可能影响投资者对企业的投资判断，使得企业的相关行为更加符合大众预期进而影响企业在资本市场中的价值波动。因此本书从政府监督、媒体监督和分析师监督这三方面来分析外部监督视角下企业碳信息披露的价值效应。

第三节 研究意义

一、理论意义

1. 揭示中国上市公司碳信息披露质量特征

碳信息披露属于新兴研究领域，且中国碳信息披露研究起步较晚，本书将通过构建碳信息披露评价指标体系、统计分析等方法，系统地揭示我国上市公司碳信息披露的质量特征，丰富了我国碳信息披露研究内容。

2. 厘清多方面外部监督对碳信息披露价值效应的经济后果的作用路径及影响机制

本书通过分析政府监督、媒体监督和分析师监督这三方面外部监督对碳信息披露价值效应的作用机制，有利于强化政府针对企业碳信息披露制度建设的理论基础，以及促进外部因素对企业碳排放管理的监督。

二、现实意义

1. 为相关监管部门制定低碳减排环境保护政策提供参考，促进政府相关部门对企业碳信息披露管理措施的有效实施

本书有助于明晰中国上市公司碳信息披露质量情况，为环境治理提供数据支持，为相关管理部门采取低碳减排环境保护措施提供参考依据，完善企业碳信息披露制度建设；有助于政府相关部门针对企业的碳信息披露管理措施有的放矢，指导企业规范进行碳信息披露，提高企业碳披露质量，促进政府相关措施的有效实施。

2. 为鼓励企业自主碳信息披露、积极实施碳排放管理提供参考依据

企业碳信息披露的经济后果研究，有助于企业认识到积极的碳信息披露可能对公司价值产生显著影响，促进企业积极碳排放管理意识的提升。

第四节 研究内容与框架

本书通过对国内外学者的文献研读与计量分析以明确研究理论基础，并通过构建碳信息披露评价指标体系，获取客观可靠的碳信息披露数据基础。首先，利用数据基础对我国上市公司碳信息披露质量特征进行研究；其次，在获取的碳信息披露数据基础之上结合碳信息披露质量特征，深入明晰碳信息披露的价值效应；再次，分别从政府监督视角、媒体监督视角和分析师监督视角三个方面剖析碳信息披露的价值效应；最后，进一步综合分析了不同外部监督之间对碳信息披露价值效应作用的交互作用。

全书共分八章，每章主要内容如下。

第一章为绪论。介绍本书的研究背景、研究意义、概念界定、研究方法与思路、创新点及不足等。

第二章为制度背景、理论基础与文献综述。梳理碳信息披露相关政策制度背景；介绍碳信息披露相关理论基础，为研究假设提供理论依据；从文献计量分析和文献研究内容分析两方面对碳信息披露现有研究进行系统的文献梳理，分析碳信息披露研究基础与演进发展，以及动机、影响因素与经济后果的相关研究现状，提出进一步研究的问题，为后面的研究提供文献依据。

第三章为碳信息披露质量特征。构建了一个可综合全面地对企业披露的碳信息进行评价的指标体系，并研发相应的智能评分软件来获取客观可靠的碳信息披露数据。通过分析这些数据，辨别上市公司的碳信息披露质量特征。

第四章为碳信息披露的价值效应：政府监督视角。探究碳信息披露与企业价值的关系，并从外部监督中的政府监督视角剖析碳信息披露价值效应的经济后果，分析政府监督对碳信息披露的价值效应的作用机制。

第五章为碳信息披露的价值效应：媒体监督视角。从外部监督中的媒体监督视角剖析碳信息披露价值效应的经济后果，分析媒体监督对碳信息披露的价值效应的作用机制。

第六章为碳信息披露的价值效应：分析师监督视角。从外部监督中的分析师监督视角剖析碳信息披露价值效应的经济后果，分析分析师监督对碳信息披露的价值效应的作用机制。

第七章为不同外部监督对碳信息披露价值效应的交互作用。综合考虑政府监督、媒体监督和分析师监督三方面不同外部监督之间对企业碳信息披露价值调节效应的交互作用。

第八章为结论与启示。对提高上市公司碳信息披露质量的建议。对本书研究过程及结论进行总结，阐述研究成果的启示意义，并提出未来可能进一步研究的方向。

图1-2为本书的研究框架。

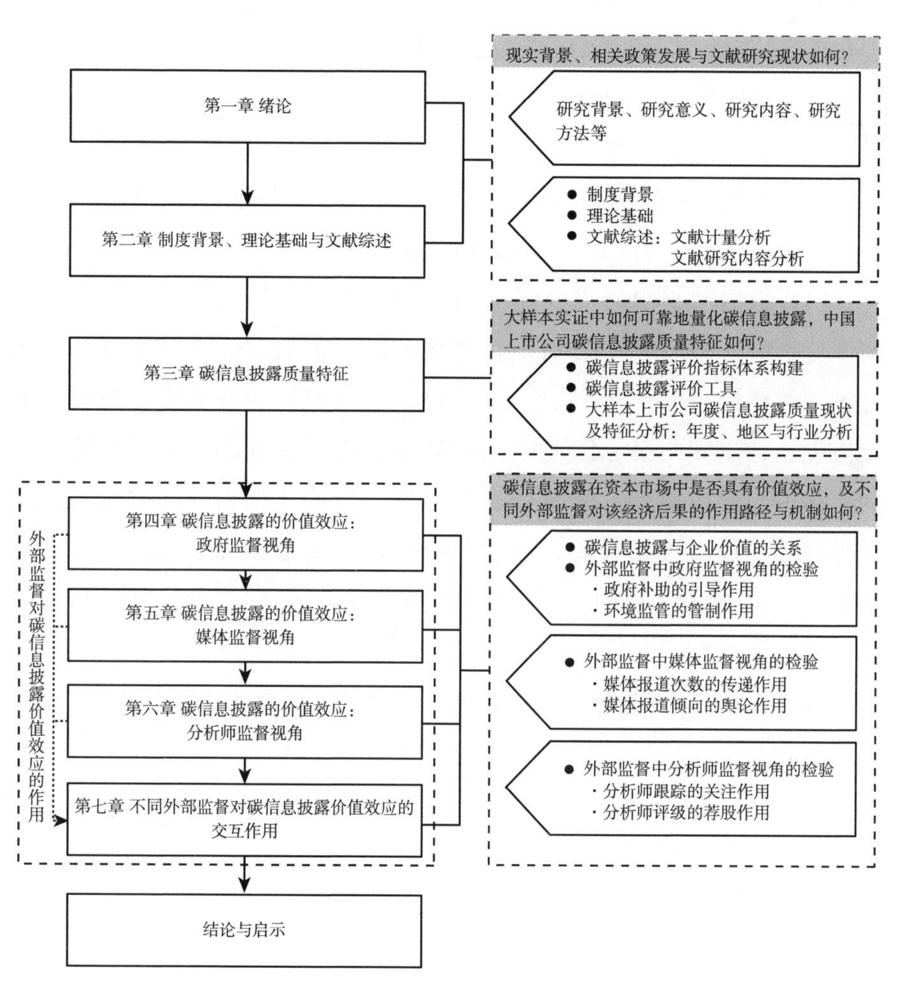

图1-2 研究框架

第五节 研究方法与技术路线

本书以经济学、管理学、统计学等相关研究方法为基础，采用规范与实证相结合、定性与定量相结合的原则与方法展开研究。

（1）采用归纳推理等定性研究来梳理碳信息披露相关的政策制度发展脉络，以及总结研究相关的理论基础，利用 CiteSpace 软件对碳信息披露的研究基础与演进发展进行文献计量分析，并对碳信息披露的动机、影响因素和经济后果三方面进行详尽的内容分析。

（2）选用指数法构建综合全面的碳信息披露评价指标体系，利用 Java 语言文本挖掘方法研发相应的碳信息披露智能评分软件，以获取客观可靠的数据，进行数据有效性检验，并根据获取的客观数据，采用描述性统计方法与方差分析法进行上市公司碳信息披露质量特征分析。

（3）根据“提出假设—模型构建—实证结果”的研究思路，采用实证分析方法检验上市公司碳信息披露的价值效应，以及不同外部监督对该经济后果的作用机制。利用理论推导和博弈分析等方法提出研究假设，运用倾向得分匹配模型控制研究内生性问题，根据研究假设构建如中介效应模型、调节效应模型等恰当的实证模型，结合研究结果进行数学模型关系推导，绘制相应的二维关系图，以直观明确地展示研究变量之间的关系，并对研究内容进行稳健性检验以保障研究结果的可靠性。

本书的研究方法注重：①适用性。针对研究问题选择恰当合理有效的方法以增加结论的说服力；②逻辑性。根据“提出问题—分析问题—解决问题”的逻辑途径，从定性方法入手，逐渐展开模型建立、数据推演等定量方法，最终形成结论。

图 1－3 为本书的技术路线图。

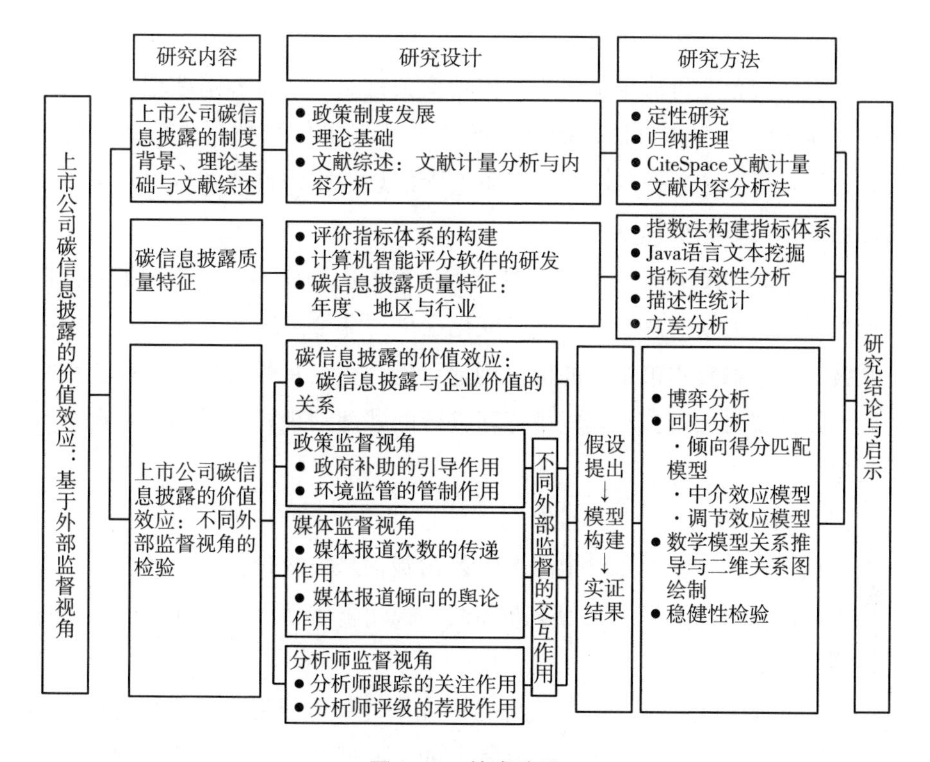

图 1-3 技术路线

第六节 研究创新点

（1）本书以信息披露质量特征为基础，借鉴已有研究成果及碳信息披露项目（CDP）、气候风险披露倡议（CRDI）等权威机构对碳信息披露的内容描述，构建了符合我国国情的碳信息披露评价指标体系；并运用 Java 计算机语言研发软件，客观地、长年限多维度地全面解析中国上市公司碳信息披露质量特征，为开展中国上市公司碳信息披露有关研究提供了有效的分析工具和检验方法。

（2）在研究中国上市公司碳信息披露的价值效应时，不但综合考虑了合法性理论和自愿披露理论对碳信息披露与企业价值关系的不同观点，而且还突破了其他研究仅考虑碳信息披露与企业价值的单一线性关系而忽视两者为非线性关系可能性的局限，发现了中国上市公司碳信息披露与企业价值的“U”型关系，并且计算出了该“U”型关系的“临界点”来明确碳信息披露与企业价值正负向关系的转变关键点。结合外部性理论分析及运用博弈论的思想与方法，推导了政府监督对碳信息披露价值效应的作用，为深入理解和掌握政府监督视角下碳信息披露的价值效应提供了重要的理论依据与数据支撑。

（3）在研究媒体监督对碳信息披露价值效应的作用时，挖掘了媒体监督视角下社会大众所感知到的气候变化这个“非金融因素”对上市公司碳信息披露在金融资本市场中的价值创造可能产生的良性影响，为社会大众通过媒体监督对上市公司碳减排管理进行的外部治理提供了理论依据与数据支撑。

（4）首次研究了分析师监督对碳信息披露价值效应的作用，从资本市场中信息中介这个新视角对中国上市公司碳信息披露价值效应的作用机制进行了理论分析与解释，完善了外部监督视角下碳信息披露在资本市场中的经济后果的研究内容。

（5）依据外部性理论，率先综合研究了外部监督视角下碳信息披露的价值效应，包括正式机制的来自监管方的政府监督，及非正式机制的来自社会公众的媒体监督及来自资本市场外部投资者信息中介的分析师监督，分析了三者之间对碳信息披露价值效应的交互作用，较为全面地深化了外部监督作用于企业碳排放管理相关的外部治理理论。

第二章 制度背景、理论基础与文献综述

为应对环境变化带来的风险，中国政府采取了追求低碳经济发展的总体思路，低碳经济发展日益受到重视。这一背景必然使企业面临更多的碳排放管理问题。企业进行碳排放管理，将增大企业的经营成本，因此企业需要在经济发展与碳排放管理中寻求平衡，以低碳可持续发展为战略来引导企业发展。本章将梳理我国碳信息披露相关政策制度背景发展和理论基础，并利用文献计量方法和文献内容分析来探讨国内外现有文献研究现状，在此基础上梳理碳信息披露研究领域的发展脉络，总结现有研究概况与热点，探析研究前沿，提出现有研究的不足，为后面的深入研究奠定基础。

第一节 政策制度发展

表 2－1 呈现了我国碳排放管理政策的发展轨迹。自 1973 年至 20 世纪 80 年代末期起，我国的碳排放管理开始萌芽，发展较为缓慢，相关政策内容以环保方向为主。20 世纪 90 年代至 2010 年，碳排放管理政策开始逐步

发展，中国开始参与国际气候议题，并在国家规划发展中制定相关减排目标。自2010年后，中国政府逐渐强力实施推动碳排放管理政策，相关政策内容愈加详细明确，细化了对企业碳排放管理的引导与规范。

表2－1　　　　中国碳管理相关政策的发展

时间	关键事项	相关内容
1973年	推出国家环境保护方针	第一次中国环境保护会议召开，中国低碳发展政策的开端
1989年	《环境保护法》公布实施	首部环境保护措施法规实施
1998年5月	签署《联合国气候变化框架公约京都议定书》	承诺我国到2020年完成碳排放量较2005年降低40%～50%的目标
2002年	《中华人民共和国清洁生产促进法》通过	为将环境影响考虑在内的中国经济转型的提出铺平了道路
2006年	“十一五”规划出台	制定目标，到2010年能源强度比2005年降低20%
2007年	中国首次发布应对气候变化国家方案	意味着中国已充分认识气候变化并决心应对气候变化
2007年4月	《环境信息公开办法（试行）》发布	原国家环保总局发布，鼓励企业自愿公开9类企业环境信息
2008年5月	《关于加强上市公司社会责任承担工作的通知》及《上市公司环境信息披露指引》发布	上海证券交易所发布，鼓励上市公司在披露公司年报的同时，披露公司的年度社会责任报告，从而使环境信息成为年度报告的内容
2009年11月26日	中国参加哥本哈根世界气候大会	中国承诺，争取到2020年，单位国内生产总值碳排放量比2005年降低40%～45%
2010年8月18日	公布低碳试点省市	发改委启动低碳试点省市计划，试点省份为：广东、辽宁、湖北、陕西、云南、天津、重庆、深圳、厦门、杭州、南昌、贵阳、保定
2010年9月14日	《上市公司环境信息披露指南（征求意见稿）》出台	环保部出台，首次将突发环境事件纳入上市公司环境信息披露范围
2011年3月5日	“十二五”规划出台	人大常委会制定目标：相比2010年，2015年的单位国内生产总值能耗和二氧化碳排放量分别降低16%和17%。碳减排目标首次写入政府“五年规划”

续表

时间	关键事项	相关内容
2011年10月29日	建立碳交易试点	国家发表声明称，将在2015年前建立全国碳交易系统，首批碳交易试点省份为：北京、上海、天津、重庆、湖北、广东、深圳
2012年1月13日	国家碳强度目标分配至各省（自治区、直辖市）政府	将在“十二五”最后阶段验收各地政府分配到的减排目标
2012年6月	《温室气体自愿减排交易管理暂行办法》发布	国家发改委印发，对交易主体、原则、交易量、方法学的使用或建立、交易量管理等具体内容作了详细规定，使自愿减排交易市场获得了规范
2012年12月5日	第二批低碳试点省市公布	发改委公布，包括29个城市与省区
2013年6月	碳交易试点开始实质交易	2013年6月到2014年6月，北京、上海、天津、湖北、广东、深圳、重庆7个试点碳市场建立并开始实质交易
2013年7月	《国家重点监控企业自行监测及信息公开办法（试行）》和《国家重点监控企业污染源监督性监测及信息公开办法（试行）》发布	环保部印发，督促企业履行责任与义务，开展自行监测，进一步规范环保部门监督性监测，推动污染源监测信息公开
2013年9月	《大气污染防治行动计划》出台	国务院出台，强力推动低碳发展
2014年4月	修订《环境保护法》	规定公司披露污染数据以提高透明度，要求政府机关负责公开发布资料。规定重点排污单位应当如实向社会公开其主要污染物的名称、排放方式、排放浓度和总量、超标排放情况，以及防治污染设施的建设和运行情况，接受社会监督
2014年5月	《2014－2015年节能减排低碳发展行动方案》公布	国务院公布，2014～2015年，单位GDP二氧化碳排放量两年分别下降4%、3.5%以上
2014年12月	《企业事业单位环境信息公开办法》发布	生态环境部发布，对设区的市级以上人民政府环境保护主管部门公布的重点排污单位名录上的企业事业单位，提出了环境信息公开的具体要求和规范；对未依法公开环境信息，或者公开内容不真实、弄虚作假的企业事业单位，由县级以上环境保护主管部门责令公开，处三万元以下罚款，并予以公告

续表

时间	关键事项	相关内容
2014 年 12 月 10 日	《碳排放权交易管理暂行办法》发布	发改委发布，中国官方第一次发布全国碳排放权交易市场运行模式的具体资料
2015 年 10 月 29 日	中共十八届五中全会召开	提出要“推动低碳循环发展，建设清洁低碳、安全高效的现代能源体系，实施近零碳排放区示范工程。全面节约和高效利用资源，树立节约集约循环利用的资源观”
2016 年 5 月 16 日	“十三五”规划纲要出台	提出要“主动控制碳排放，加强高能耗行业能耗管控，有效控制重点污染行业碳排放”，“健全统计核算、评价考核和责任追究制度，完善碳排放标准体系”，并且“降低 18% 单位 GDP 二氧化碳排放量”
2016 年 6 月 30 日	《工业绿色发展规划（2016 - 2020 年）》公布	工信部公布，在绿色发展上引导企业建立信息公开制度，加强工业绿色发展强制性标准实施的监督评估，开展实施效果评价，建立强制性标准实施情况统计分析报告制度
2016 年 8 月	《关于构建绿色金融体系的指导意见》发布	由中国人民银行、环境保护部、证监会等 7 部门联合印发，对建立和完善上市公司强制性环境信息披露制度做出了全面部署。从环境信息披露的角度，对上市公司履行环境保护责任提出明确要求，引导上市公司等市场主体按照更高标准履行环境保护社会责任
2016 年 10 月 11 日	《碳排放权交易试点有关会计处理暂行规定》公布	财政部公布，就参与碳排放交易企业有关业务出台会计处理规定，要求其在财务报表附注中披露与碳排放相关的信息，包括参与减排机制的特征、碳排放清单年度报告、碳排放战略、节能减排措施等
2016 年 11 月 4 日	《“十三五”控制温室气体排放工作方案》发布	国务院印发，提出要完善应对气候变化法律法规和标准体系，加强温室气体排放统计与核算，完善低碳发展政策体系，推动建立企业温室气体排放信息披露制度，鼓励企业主动公开温室气体排放信息
2016 年 12 月	《公开发行证券的公司信息披露内容与格式准则第 2 号——年度报告的内容与格式》（2016 年修订）颁布	证监会颁布，规定属于环境保护主管部门公布的重点排污单位的公司及其子公司，应当根据法律法规及部门规章的规定，披露主要污染物及特征污染物的名称、排放方式、排放口数量和分布情况、排放浓度和总量、超标排放情况、执行的污染物排放标准、核定的排放总量，以及污染防治设施的建设和运行情况等环境信息。重点排污单位之外的公司可以参照上述要求披露其环境信息，鼓励公司自愿披露有利于保护生态、防治污染、履行社会责任的相关信息

续表

时间	关键事项	相关内容
2017 年 1 月	我国首次提交气候变化两年更新报告	我国政府正式向《联合国气候变化框架公约》秘书处提交《中华人民共和国气候变化第一次两年更新报告》，该报告是对我国与气候变化相关国情的全面总结，也是我国履行该公约义务的里程碑
2017 年 6 月	《关于共同开展上市公司环境信息披露工作的合作协议》签署	证监会与原环保部共同签署，联合强化对上市公司环境信息披露的监管力度，推动上市公司切实履行环境信息披露法定义务
2017 年 12 月	《公开发行证券的公司信息披露内容与格式准则第 2 号——年度报告的内容与格式（2017 年修订）》颁布	证监会颁布，明确提出分层次的上市公司环境信息披露制度，即要求重点排污上市公司强制披露、其他上市公司执行“遵守或解释”原则。同时，鼓励上市公司自愿披露有利于保护生态、防治污染的信息
2017 年 12 月	《全国碳排放权交易市场建设方案（发电行业）》发布	国家发改委印发，全国碳市场正式启动，标志着我国通过市场机制利用经济手段控制和减少碳排放进入了崭新的阶段
2018 年 6 月	《打赢蓝天保卫战三年行动计划》发布	国务院印发，目标是经过 3 年努力，大幅减少主要大气污染物排放总量，协同减少温室气体排放，明显减少重污染天数，明显改善环境空气质量
2019 年 1 月	《生态环境部全国工商联关于支持服务民营企业绿色发展的意见》发布	鼓励民营企业积极参与污染防治攻坚战，帮助民营企业解决环境治理困难，提高绿色发展能力
2019 年 4 月	《碳排放权交易管理暂行条例（征求意见稿）》发布	生态环境部发布，拟利用市场机制控制温室气体排放、推动绿色低碳发展
2019 年 12 月	《碳排放权交易有关会计处理暂行规定》公布	财政部公布，为配合我国碳排放权交易的开展，规范碳排放权交易相关的会计处理，规定了碳排放权交易业务的有关会计处理，包括适用范围、会计处理原则、会计科目设置、账务处理、财务报表列示和披露及有关附则

一、萌芽阶段

1973 年，我国召开第一次中国环境保护会议，推出了国家环境保护方针，具体内容是“全面规划，合理布局，综合利用，化害为利，依靠群众，大家动手，保护环境，造福人民”。但是当时我国还处于“文化大革命”时期，政治局面混乱，举国上下动荡不安，国家经济情况处于缓慢发展甚至停滞状态。根据马斯洛的需求理论，当最基本的生存需求仍存在问题时，人们不会去追求更高层次的需求，而且当时我国的工业化刚刚起步，大气污染问题并不显著，因此人们不会去关注环境保护问题。

20 世纪 70 年代末，“文化大革命”结束，我国开始实行改革开放。到 80 年代，国内政治局势稳定，国家把工作重心放到现代化经济建设上，企业有了更多的自主经营管理权，我国工业化得到持续迅速发展。我国现代化企业的发展基本上都在一定程度上借鉴了国外企业的模式，然而并未完全借鉴，仅借鉴了提高经济收益的部分，摒弃了给企业带来大量成本的控制碳排放的配套经验部分，因此我国企业的经济收益增多的同时，碳排放污染也随之愈加严重。当政府相关部门并未对碳排放污染进行大力惩戒时，企业在日益激烈的竞争中，为抢占市场份额，必须降低成本，增加收入，如此，必然导致社会责任意识淡薄。当某家企业考虑在激烈竞争中，投入大量成本，控制企业碳排放时，它会推测其他企业未必也会这么做，它们的收益更多，能够进一步抢占市场，逐渐出现“劣币驱逐良币”情况。考虑到这一点，该企业为了“利己”，不被市场淘汰，只能通过尽量降低成本，即在不被惩罚的情况下不对碳排放进行管理来发展企业效益。当大多数企业都持有此种态度时，随着经济和工业化的发展，碳排放污染也就越来越严重。随着环境保护问题逐渐显露端倪，我国于 1989 年出台了首部环境保护法。但是此阶段我国仍以经济建设发展为主，对环境保护的问题并未过多重视。

二、发展阶段

20 世纪 90 年代，随着我国经济的持续迅速发展，人民群众的温饱问题得到解决，政府开始谋求长远发展，开始关注环境保护问题，将工业可持续发展作为政府“发展战略”之一，并在国内外对环境保护问题进行表态，积极转变工业污染防治战略，加强工业环境保护的执法力度。90 年代末期到21世纪初期，是我国对环境保护问题，尤其是碳排放管理问题逐渐展现治理决心的时期。21世纪初期，我国经济已逐渐走上世界舞台，更快速的经济发展的背后是企业更多的碳排放，我国的碳排放污染情况逐渐加重。在此阶段，中国碳排放管理政策开始逐步发展，中国开始参与国际气候议题，签署了《联合国气候变化框架公约的京都议定书》，参与哥本哈根世界气候大会等国际性气候会议，且在国家发展规划中制定相关减排目标，承诺降低中国碳排放量。

三、强化阶段

到2010年以后，我国经济建设稳定持续地发展，而如雾霾等大气污染问题却几乎呈井喷式爆发，国家发展规划将生态环境建设尤其是治理碳排放作为重点之一，因此在2010年以后政府出台了多项具体治理碳排放的政策，并细化企业碳排放管理与相关信息披露的引导与规范，具体表现在：不仅在多项国家发展规划中强调了环境保护治理污染的重要性并设定相关目标，修订《环境保护法》，并且自2013年开始7个省市的实质性碳排放交易市场试点。2017年，启动了电力行业的全国碳排放交易市场，同时发布如《“十三五”控制温室气体排放工作方案》等多项文件，鼓励企业积极进行碳信息披露。在此阶段，中国政府相关部门所发布的有关监管文件与公告明显较前两个阶段有大幅增长，体现了中国政府不仅有治理碳排放污染的决心，而且做出了许多实质性行动来推动中国企业低碳发展。

总体而言，随着环境知识的普及，人民群众环保意识的增强，人们对于环境、气候的重视程度越来越高。从社会发展的角度看，企业疏于碳排放管理大大增加了社会运行成本，一些基础建设功能瘫痪，人民群众在严重大气污染下生活受限。如雾霾天人们只能戴着口罩出行，尽量避免出门，高速路因可见距离短而封闭等。对此，政府通过建立法治，以法律规范企业的碳排放行为，以惩罚的手段增加企业碳排放污染的成本，有助于企业树立法律至高无上的意识，督促企业形成尊重碳排放管理相关法律的习惯，从而自发进行碳排放管理，降低碳排放污染。

尽管我国政府已经将低碳经济提上了工作议程，然而从计划到实施仍需要很长的路程。根据我国碳排放管理政策发展，我国已经进入碳总量控制时期，对企业碳排放管理提出了新的要求。自 2013 年我国开始 7 个省市的碳排放交易市场试点，到 2017 年启动电力行业的全国碳排放交易市场，我国不少企业将面临碳排放管理问题。企业碳排放管理的重要内容是碳信息披露，它是保障相关部门对企业碳排放管理有效实施的基础，也是企业与外界沟通碳排放信息的展示窗口。碳排放交易市场的启动也对企业碳信息披露提出了更高要求，但是目前碳排放交易市场的信息披露存在以下问题：以基础交易数据为主，碳交易数量和金额并不能完整地体现企业碳排放交易的参与程度；碳信息披露体系建设落后于市场需求，不同企业对碳信息披露处理的差异较大；企业自愿性的碳信息披露缺乏可比性，极少有企业在其定期报告中披露碳信息，不能有效反映碳减排的实施效果（崔也光、周畅，2017）。企业的碳信息披露质量问题造成政企博弈过程中的信息不对称，使得企业可能隐瞒真实的碳排放信息，甚至诱导政府提供宽松的环境管制政策。

第二节 理论基础

本书的理论基础主要为合法性理论、自愿披露理论和外部性理论。具体而言，本书基于合法性理论和自愿披露理论，分析了上市公司碳信息披露与企业价值的关系，解释了碳信息披露的价值效应；基于外部性理论，分析了外部监督对上市公司碳信息披露价值效应的作用。

一、合法性理论

合法性理论（Suchman，1995）指在某个社会构建的规范、价值、信念及定义系统中，企业的行为被认为是合适的或恰当的一般性认知或假定。基于合法性理论，认为企业披露的环境信息等报告是企业所面临的政治压力和社会压力的调节器。企业通常借用传媒渠道向公众披露环境信息或新闻以保障企业在环境方面的合法性，碳排放量大的企业面临更大的压力，更有意愿披露碳信息以改变公众预期。合法性理论常用于解释企业向外界披露信息的动机。

合法性的动力机制一般包括两方面：一方面，企业在发展时必须要考虑外部压力问题，来自社会、政治环境影响下形成的固有认知，对企业文化有着重要影响；另一方面，企业通过信息披露策略影响主流认知，改变公众对企业的预期，从而获得合法性。通过积极向外披露企业内部信息，能够改变利益相关者对企业的看法，有助于企业树立良好形象。

在当前低碳经济发展背景下，“低碳”观念已深入人心，公众对温室气体排放的关注度越来越高。在这一现实下，某一行业如果大量排放温室气体、消极面对碳减排将有可能引发公众的抗议，从而使整个行业的正面形象受到损害。而处于这种行业里的企业也会因此而受到投资者的差别对待，表现为存在不信任感、投资动力缺乏等。对这些企业来说，亟须通过信息披露进行信息传递，以获取社会公众意识中的合法性地位。

二、自愿披露理论

自愿披露理论认为公司为了避免逆向选择问题而倾向于披露“好消息”而抑制“坏消息”（Dye，1985；Verrecchia，1983）。被披露的信息可能会改变公司未来的现金流（Dye，1985），具有更好环境绩效的公司向市场发出自愿信息，这些信息对于别的公司特别是环境绩效较低的公司来说是无法复制的，这表明公司的环境战略和承诺（Clarkson et al.，2008）。具有更好环境绩效的公司可通过自愿披露与绩效较差的公司区分开来，公司会选择传达积极的信息，即可提高市场预期的信息（Verrecchia，1983）。良好的环境绩效可能会给公司带来无形价值（如绿色商誉等）或审查其流程所带来的成本效益（Clarkson et al.，2013）。这样做的好处如果超过与竞争对手共享专有信息的成本，管理人员会披露信息。公司通过计算成本效益分析做出有关披露的决定，当传播的积极后果大于所发生的成本时，他们会自愿披露信息。与合法性理论不同的是，自愿披露理论认为对于环境绩效差的企业来说，自愿披露则可能存在由于未来碳减排标准提高而导致成本增加的风险（Cormier et al.，2005）。因此，环境绩效好的公司更愿意向投资者及潜在股东披露环境信息或更多的碳信息，这并非纯粹是企业的义务行为，而可能是有目的的，即对市场施加一定程度的影响，以提高公司声誉，增加企业价值。

三、外部性理论

外部性理论可以分别从外部性的生产主体和接收主体两方面来定义，是指生产或消费行为对其他团体强征了不可补偿成本或给予无须补偿收益的情形（Samuelson & Nordhaus，1989），也是某些效益被给予或某些成本被强加于未参与某些行为决策的团体的情形（Randall，1981）。综合而言，它是某个经济主体对另一个经济主体产生一种外部影响，这种影响可能是正向的，也可能是负向的，而这种外部影响又不能通过市场价格进行买卖，该经济主体没有因此获得相应补偿或付出相应代价。外部性概念源自马歇尔（Marshall，1890）所提出的“外部经济”，外部经济指企业在扩大生产规模时，因其外部的各种因素所导致的单位成本的降低。而后庇古（Pigou，1920）在马歇尔提出的“外部经济”概念基础上扩充了“外部不经济”的概念和内容，将外部性问题的研究从外部因素对企业的影响效果转向企业或居民对其他企业或居民的影响效果，认为在无事物交换的前提下，其他主体承担了某主体行为的后果，可能是有利后果，也可能是不利后果。马歇尔所指的是企业活动从外部受到影响，庇古所指的是企业活动对外部的影响。科斯（Coase，1960）对庇古的理论作出进一步发展，提出市场交易形式即自愿协商可以用于解决外部不经济问题。如果外部不经济交易费用为零，无论权利如何界定，都可以通过市场交易和自愿协商达到资源的最优配置；如果交易费用不为零，制度安排与选择是重要的。

如果企业将自身问题置于外部而无须付出相应代价，那么企业将会追逐自身利益而罔顾社会和环境利益。只有提高外部不经济成本使外部成本企业内部化，企业才会将外部不经济成本考虑到生产成本中，进而加强外部环境保护意识。

综合上述理论基础而言，在当前低碳经济发展背景下，“低碳”观念已逐渐深入人心，碳排放量大的企业有动机主动披露更多的碳信息，以获取社会公众意识中的合法性地位。企业为获得合法性地位所进行的碳信息披露行为成本昂贵（Hsu & Wang，2013；García-Sánchez & Prado-Lorenzo，2012），其在披露过程中需要花费大量探索性成本和精力去学习或寻找咨询机构协助完成，包括污染物排放管理成本等（郑玲、周志方，2010），这些成本可能大于该行为所带来的收益（Mittal & Sinha，2008），所以碳信息披露行为会减少企业利益（赵选民、严冠琼，2014；Ganda，2018）。自愿披露理论则认为，公司为了避免逆向选择问题倾向于披露“好消息”而抑制“坏消息”（Dye，1985；Verrecchia，1983）。被披露的信息可能会改变公司未来的现金流（Dye，1985），具有更好环境绩效的公司向市场发出自愿信息，这些信息对于别的公司特别是环境绩效较低的公司来说是无法复制的，这表明公司的环境战略和承诺（Clarkson et al.，2008）。具有更好环境绩效的公司可通过自愿披露与绩效较差的公司区分开来，公司会选择传达积极的信息，即可提高市场预期的信息（Verrecchia，1983）。良好的环境绩效可能会给公司带来无形价值（如绿色商誉等）或审查其流程所带来的成本效益（Clarkson et al.，2013）。对于环境绩效差的企业，自愿披露则可能存在由于未来碳减排标准提高而导致成本增加的风险（Cormier et al.，2005）。因此，环境绩效好的公司更愿意向投资者及潜在股东披露环境信息或更多的碳信息，这并非纯粹是企业的义务行为，而可能是有目的的，即对市场施加一定程度的影响，以提高公司声誉，增加企业价值。投资者信心会受到企业披露的碳相关信息的影响（闫海洲、陈百助，2017），企业有动机通过披露信息推动投资者乐观判断，许多绩效良好的企业实践了这样的策略（Healy & Palepu，2001）。上市公司所披露的社会责任相关信息质量越高，投资者越倾向于乐观判断，这可以降低上市公司获取外部融资的成本（Dhaliwal et al.，2011）。碳信息披露是企业的理性选择（何玉等，2014），碳信息披露水平作为企业自愿环境信息披露水平的代理变量与企业价值正相关（闫海洲、陈百助，2017；李雪婷等，2017；杜湘红、伍奕玲，2016；Schiager，2012）。因此，基于合法性理论和自愿披露理论，上市公司碳信息披露具有价值效应，会在资本市场上对其企业价值产生一定影响。企业碳排放管理行为具有明显的外部性，造成环境污染的企业对社会和其他企业产生了负外部性的影响，如果企业将自身碳排放管理问题置于外部而无须付出相应代价，那么它将会追逐自身利益而罔顾社会和环境利益，来自政府、媒体和分析师等方面的外部监督须通过一些措施使企业的外部问题内部化。因此，基于外部性理论，外部监督因素可能对企业碳信息披露的价值效应产生一定影响。

第三节 文献综述

一、碳信息披露研究基础与演进发展：基于 CiteSpace 文献计量分析

在碳信息披露研究中，从海量相关文献数据中辨别最重要、关键的有效信息，识别该研究领域的研究历程、研究前沿和发展趋势，是深入探索碳信息披露的关键因素。CiteSpace 为 Citation Space 的简称，是一款在科学计量学、数据和信息可视化背景下发展起来的引文可视化分析软件，通过可视化手段呈现相关科学知识的结构、规律和分布情况，以此类方法分析获取的可视化图形称为“科学知识图谱”（李杰、陈超美，2016）。本节基于“Web of Science”数据库中的 SCI 核心数据库和 SSCI 数据库，以及 CSSCI 数据库中收录的碳信息披露相关研究主题文献，对检索到的相关文献进行计量分析，利用信息可视化软件 CiteSpaceⅢ梳理国内外碳信息披露研究文献，在此基础上识别碳信息披露研究领域的发展脉络，总结现有研究概况，探析研究前沿，提出现有研究的不足以及对碳信息披露研究领域的展望。

（一）碳信息披露的研究发表数量趋势分析

本书以“Carbon Disclosure”为检索词，检索 SCI 数据库和 SSCI 数据库，截至 2019 年 5 月 31 日，共计检索到相关文献 345 篇，过滤掉如“半导体碳材料研究”之类不符合主题的文献，并对获取的文献进行除重，共计获得 219 篇有效研究文献。这些文献的发表时间分布区间为 2005 ~ 2019 年（见图 2 - 1），并且发表数呈明显上升趋势，说明国际上碳信息披露研究自 2005 年起步，尚属较为新兴但逐渐被关注的研究领域。

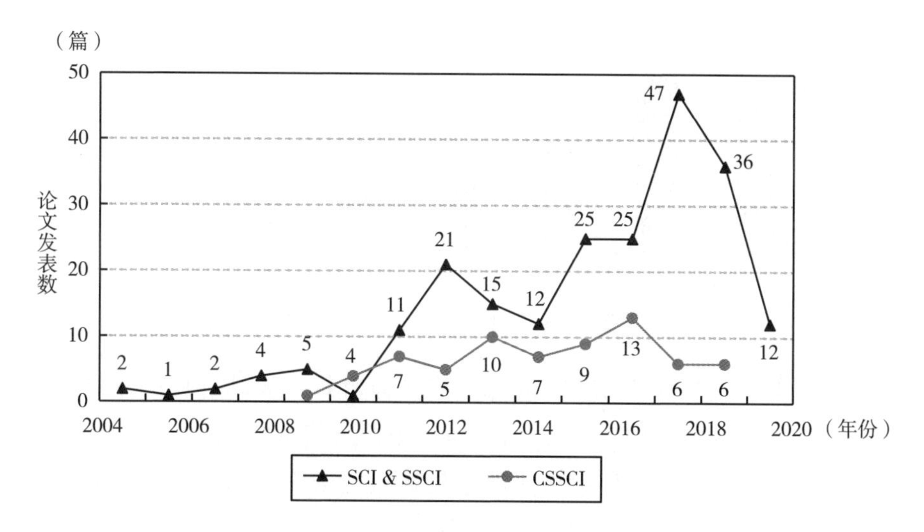

图 2－1　碳信息披露研究文献数的年度分布

本书以“碳信息”“碳披露”“碳排放”“碳会计”等相关词语的组合作为检索词，对 CSSCI 数据库进行了检索。截至 2019 年 5 月 31 日，在筛选出不符合主题的文献并删除重复文献后，共获得 68 篇有效相关研究。我们发现 CSSCI 数据库中收录的文献存在滞后性，截至 2019 年 5 月 31 日，CSSCI 数据库获取的文献发表时间分布区间为 2009～2018 年（见图 2－1），不含 2019 年数据，并且 2018 年收录的文献并不完整。因此，本书对国内文献的计量分析仅针对所获取的 CSSCI 数据库中收录的文献。由图 2－1 可知，CSSCI 数据库中关于碳信息披露的中文文献的研究发表数大体上也呈显著上升趋势，说明碳信息披露研究领域在我国也属于较为新兴但逐渐被关注的领域，但是我国碳信息披露相关研究的起步时间（2009 年）较国际上稍晚（2005 年）。

（二）碳信息披露研究的国别分析

根据文献共被引结果，被引频次为 10 以上的国家有 7 个（见图 2－2），频次由多至少分别为美国、澳大利亚、英国、中国、加拿大、西班牙和德国，美澳英三个国家在碳信息披露研究领域较为领先。结合相应国家的碳信息披露制度政策可以发现，排名靠前的国家均大力发展企业的碳信息披露制度化建设。

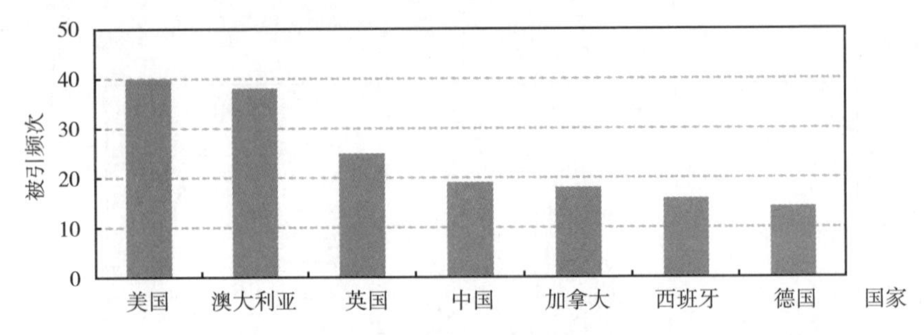

图 2－2　SCI 数据库和 SSCI 数据库中碳信息披露文献被引国家分布

英美澳等发达国家已将碳信息披露作为监管企业碳排放的重要工具（Cohen & Viscusi，2012），并出台相应的企业碳信息披露政策。英国是第一个强制上市公司在年报中披露温室气体排放数据的国家。英国政府于2009 年推出《温室气体排放披露指南》，强制要求企业披露碳信息，并评价与分析碳排放管理绩效。2010 年 4 月，英国政府发布《碳减排承诺》，要求企业必须执行碳排放交易计划，企业的财务主管必须对碳信息披露负责。美国环保部（EPA）于 2009 年 10 月出台《温室气体强制报告制度》，要求高碳排放量的企业必须向 EPA 提交年度碳排放量报告。澳大利亚政府于 2007 年发布《国家温室气体与能源报告法》，要求能源生产与消耗及碳排放量超标企业必须向能源效率与气候变化部提交碳排放报告。随后，该国相继发布了碳排放核算、碳排放报告及鉴证等条例，要求碳排放量超标的企业必须在政府指定的信息报送平台向相关部门报告碳信息。

在我国，国家环保部在 2007 年发布《环境信息公开办法（试行）》，在 2010 年发布《上市公司环境信息披露指南（征求意见稿）》，鼓励与引导企业公开其环境信息。正式的、具有强制性意义的法律法规是环保部在2014 年发布的《环境保护法》（2015 年生效）和《企业事业单位环境信息公开办法》，以及证监会分别于 2016 年和 2017 年修订的《公开发行证券的公司信息披露内容与格式准则第 2 号—年度报告的内容与格式》。但是这些规定仅针对环境保护主管部门公布的重点排污单位名录的企业事业单位，因此目前对于大多数企业来说，碳信息披露仍属于自愿性信息披露范畴。CDP 与安永于 2015 年共同发布的《中国企业碳信息披露情况现状深度分析》指出，中国在应对气候变化上的政策驱动效果和企业重视水平同步提高并互相促进，但在具体政策层面仍有提升空间。

（三）碳信息披露研究热点分析

对 SCI 和 SSCI 数据库中的相关文献进行共被引聚类分析，如图 2－3 所示，分析结果显示，Network 中，N 为 526，即所获取的文献间存在 526 个网络节点；E 为 1295，即文献间存在 1295 条连线。Modularity Q 值为网络模块化评价指标，该值越大则网络聚类越好，取值区间为［0，1］，当 Q 大于 0.3 时则意味着获取的网络聚类结果显著。Modularity Q 值为 0.795，表明网络显著地被合理划为彼此间松散联系的聚类网络。

Mean Silhouette 值为衡量聚类后某个聚类内部的网络同质性的指标，该值越大，网络同质性越高。共被引分析共产生 12 个聚类，Mean Silhouette 值为 0.271，由于碳信息披露研究领域仍属新兴领域，文献总数相对较少，因此该值稍低，各个聚类主题之间还存在稍微明显的异质，各个聚类之间的相关联系研究有待加强。不考虑游离在主要网络之外的 3 个聚类，主要聚类网络共有 9 个聚类（见图 2－3）。主要聚类网络中的聚类强度由强及弱分别为：碳信息披露、组织行为、企业回应、碳会计、企业战略、金融化、气候变化和被感知的企业运营影响。可见围绕碳信息披露，大部分国外学者主要的研究包括碳信息披露与组织行为、碳信息披露与企业会计、碳信息披露与企业战略、碳信息披露与金融、碳信息披露与气候变化

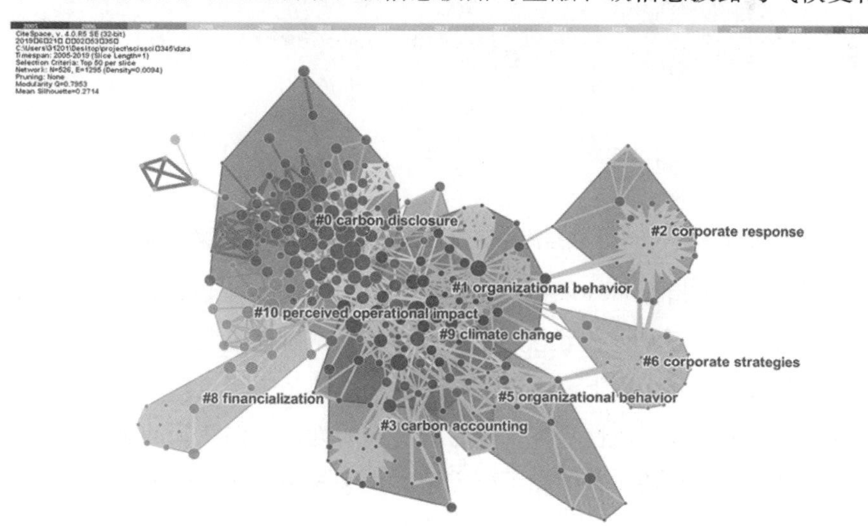

图 2－3 SCI 数据库和 SSCI 数据库碳信息披露文献引文分析的聚类标识

和碳信息披露与外部感知影响之间的主题。

对 CSSCI 数据库中碳信息披露相关文献进行共被引聚类分析（见图 2－4），分析结果显示，Network 中，N 为 153，即所获取的文献之间存在 153 个网络节点；E 为 342，即文献之间存在 342 条连线。Modularity Q 值为 0. 666，表明网络聚类划分较为显著。共被引分析共产生 6 个聚类，聚类强度由强及弱分别为：国际碳信息披露发展综述、国外环境财务会计发展综述、碳信息披露意愿的影响因素、碳排放会计处理与信息披露差异化、透明度与管理绩效，以及强制性和自愿性碳信息披露对比。可见我国碳信息披露的研究主要围绕国际碳信息披露研究成果的整理与分析，对碳信息披露的具体研究刚刚起步。

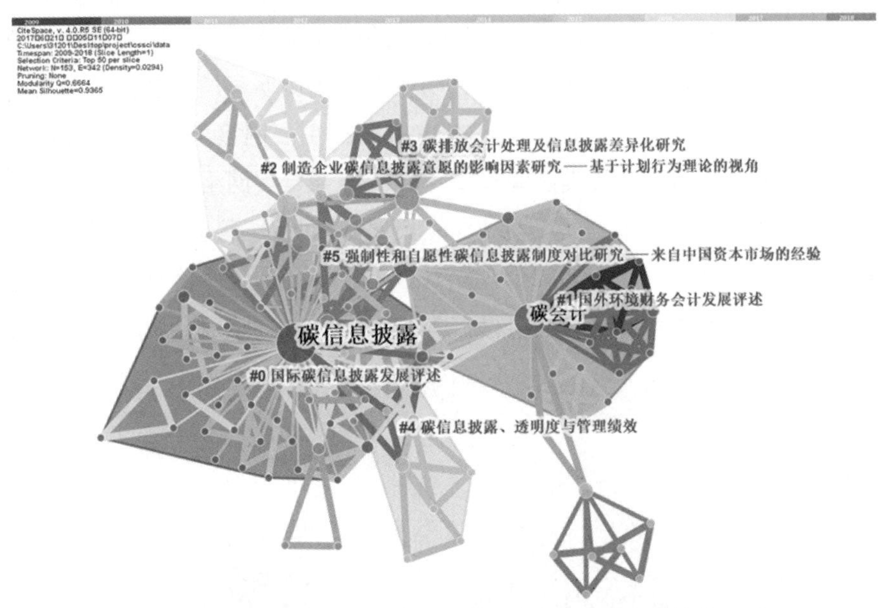

图 2－4　CSSCI 数据库中碳信息披露文献引文分析的聚类标识

网络同质性指标 Mean Silhouette 值为 0. 937，由于碳信息披露研究领域在我国属于新兴领域，文献总数相对较少。根据研究主题，明显形成碳信息披露与碳会计两大聚类，国内已有文献几乎都是围绕这两个主题展开的研究，因此文献间同质性较高。尽管聚类同质性高，但我国的碳信息披露研究尚处于起步阶段，其他相关研究聚类主题较少，相关研究仍存在较大空间，有待补充完善。

由 CSSCI 数据库中碳信息披露研究相关文献以关键词聚类所获取的

表2-2可知，在我国碳信息披露研究领域中，碳信息披露与碳会计的聚类引用数明显高于其他关键词。根据其他聚类关键词，也可以发现我国碳信息披露研究领域中，主要围绕碳信息披露、碳会计、低碳经济、碳排放和企业价值的关系来展开。

表2-2　　CSSCI数据库中碳信息披露文献引文分析的聚类关键词

引用数	关键词
35	碳信息披露
15	碳会计
8	低碳经济
7	碳排放
6	企业价值
4	自愿性披露
3	财务绩效
3	CDP
3	碳排放权交易
3	上市公司

（四）碳信息披露研究基础与前沿演进分析

1. 国际文献分析

根据SCI数据库和SSCI数据库中碳信息披露研究相关文献的被引结果，即检索获取的文献中所引用的文献（参考文献）结果，可获取被引频次突现量大的文献（见图2-5），这些文献在某些年度的被引用量大幅增

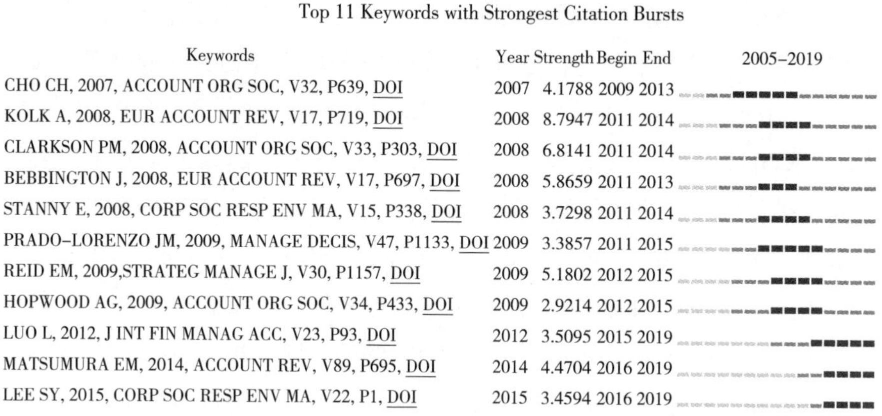

Top 11 Keywords with Strongest Citation Bursts

Keywords	Year	Strength	Begin	End	2005–2019
CHO CH, 2007, ACCOUNT ORG SOC, V32, P639, DOI	2007	4.1788	2009	2013	
KOLK A, 2008, EUR ACCOUNT REV, V17, P719, DOI	2008	8.7947	2011	2014	
CLARKSON PM, 2008, ACCOUNT ORG SOC, V33, P303, DOI	2008	6.8141	2011	2014	
BEBBINGTON J, 2008, EUR ACCOUNT REV, V17, P697, DOI	2008	5.8659	2011	2013	
STANNY E, 2008, CORP SOC RESP ENV MA, V15, P338, DOI	2008	3.7298	2011	2014	
PRADO-LORENZO JM, 2009, MANAGE DECIS, V47, P1133, DOI	2009	3.3857	2011	2015	
REID EM, 2009,STRATEG MANAGE J, V30, P1157, DOI	2009	5.1802	2012	2015	
HOPWOOD AG, 2009, ACCOUNT ORG SOC, V34, P433, DOI	2009	2.9214	2012	2015	
LUO L, 2012, J INT FIN MANAG ACC, V23, P93, DOI	2012	3.5095	2015	2019	
MATSUMURA EM, 2014, ACCOUNT REV, V89, P695, DOI	2014	4.4704	2016	2019	
LEE SY, 2015, CORP SOC RESP ENV MA, V22, P1, DOI	2015	3.4594	2016	2019	

图2-5　SCI数据库和SSCI数据库碳信息披露文献引文分析的共被引频次

加，根据年度引用量的变化，也体现了碳信息披露研究领域的研究基础以及碳信息披露研究领域中研究前沿的演进。

由图 2－5 可知，11 篇引用量大的文献共同构成了碳信息披露研究的基础，其中引用频次强度（Strength）最高的为科尔克等（Kolk et al.，2008）在 *European Accounting Review* 上发表的一篇论文，该文对在新兴气候制度下碳信息披露的制度化与共同化的企业反应作了研究，这也是 SCI 数据库和 SSCI 数据库中首篇使用“Carbon Disclosure”一词来展开研究的论文。这篇文献也奠定了后续碳信息披露研究领域的基础。该文考察了企业对碳信息披露机制发展的气候变化反应，它首先介绍了碳交易和信息披露的演变背景，阐明碳披露在新兴气候制度中的作用，并且认为 CDP 成功地利用了机构投资者来敦促公司披露其有关气候变化活动的相关信息。然而，尽管企业对 CDP 碳披露的回应率不断增长，但未能提供给投资者、非政府组织或政策制定者相关的碳披露质量和更详细的碳核算信息。另外，该文认为 CDP 作为共同化的项目，在碳披露技术方面取得了一些进展，但提供的碳披露认知和价值仍不足。

根据上述文献的研究内容，可以发现研究主题的演进发展。最初，碳信息披露研究起源于环境信息披露，主要为环境信息披露水平及其与企业环境绩效的关系（Cho & Patten，2007；Clarkson et al.，2008）。然后，随着碳排放交易的发展，学者们讨论了企业碳交易与相关会计处理（Bebbington & Larrinaga，2008；Hopwood，2009）。紧接着，碳信息披露研究开始作为环境信息披露细化后的独立分支出现在相关发表的研究论文中，学者们多数利用 CDP 来研究企业对于气候变化的反应与相关影响因素（Kolk et al.，2008；Stanny & Ely，2008；Prado-Lorenzo et al.，2009；Reid & Toffel，2009；Luo et al.，2012）。最后，碳信息披露的相关文献主题发生迁移，碳信息披露的研究重心逐渐转移至企业碳信息披露对资本市场中资本成本和企业价值的影响（Matsumura et al.，2013；Lee et al.，2015）。

由图 2－6 的 SCI 数据库和 SSCI 数据库中碳信息披露研究相关文献的共被引年度分布，可发现相关研究前沿主题的变迁。2011 年以前主要的碳信息披露相关研究围绕在企业战略和组织行为方面；2011 年以后，则集中在碳信息披露、气候变化与外部感知影响三个主要方面。

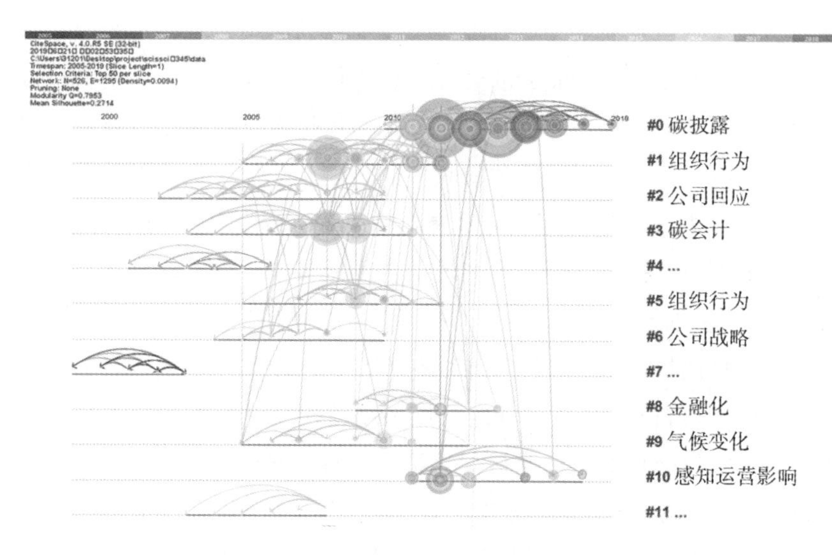

图 2-6　SCI 数据库和 SSCI 数据库碳信息披露文献的共被引年度分布

2. 中国文献分析

CSSCI 数据库中首篇明确使用“碳信息披露”一词展开研究的是谭德明和邹树梁（2010）关于碳信息披露国际发展现状及我国碳信息披露框架的构建的研究。该文通过分析碳信息产生的原因，重点阐述了 CDP 的基本框架及其缺陷，并借鉴国际 CDP 的经验构建了适合我国国情的碳信息披露框架。在 CSSCI 数据库中从碳信息披露研究检索获取的文献中所引用的文献（参考文献）结果来看，因我国碳信息披露研究基础较为薄弱，被引频次排名靠前的仍为国际上的文献，如科尔克等（Kolk et al.，2008）、贝宾顿和拉里纳加（Bebbington & Larrinaga，2008）和斯坦尼和伊利（Stanny & Ely，2008）等。由于我国碳信息披露研究起步较晚，已检索到的碳信息披露研究文献量不足，并且目前的研究主要还是借鉴国际碳信息披露研究成果，因此对于年度引用量的变化未能形成明显变迁趋势，这表明中国的碳信息披露研究仍有较大空间，有待补充完善。

由图 2-7 的 CSSCI 数据库中碳信息披露研究的共被引时间区间分布，可发现我国 2009 年即开始展开了碳会计研究，2010 年开始进行碳信息披露研究，但是碳会计研究趋势逐渐减弱，而碳信息披露研究趋势则逐渐增强。结合相应国家的碳会计制度政策可以发现，2016 年 11 月，财政部发布《碳排放权交易试点有关会计处理暂行规定》的征求意见，对企业在碳排放交易过程中涉及的有关业务的会计处理均作了相应规定，包括科目设置、账务处理以及财务报表列报和披露。例如：规定重点碳排放企业应当设置如下会计科目，核算与碳排放权相关的资产、负债：重点排放企业应当设置“1105 碳排放权”科目，核算重点排放企业有偿取得的碳排放权的价值。碳排放权包括排放配额和国家核证自愿减排量；重点碳排放企业应当设置“2204 应付碳排放权”科目，核算重点排放企业需履约碳排放义务而应支付的碳排放权价值。2019 年 12 月 16 日，财政部发布《碳排放权交易有关会计处理暂行规定》，此规定开展碳排放权交易业务的重点排放单位在开展碳排放权交易应当按照该规定进行会计处理。可见，我国企业的碳会计处理将在政策逐渐规范后趋于成熟，因此属于自愿性信息披露范畴的企业自主性较强的碳信息披露逐渐成为企业碳排放管理相关的研究热点。

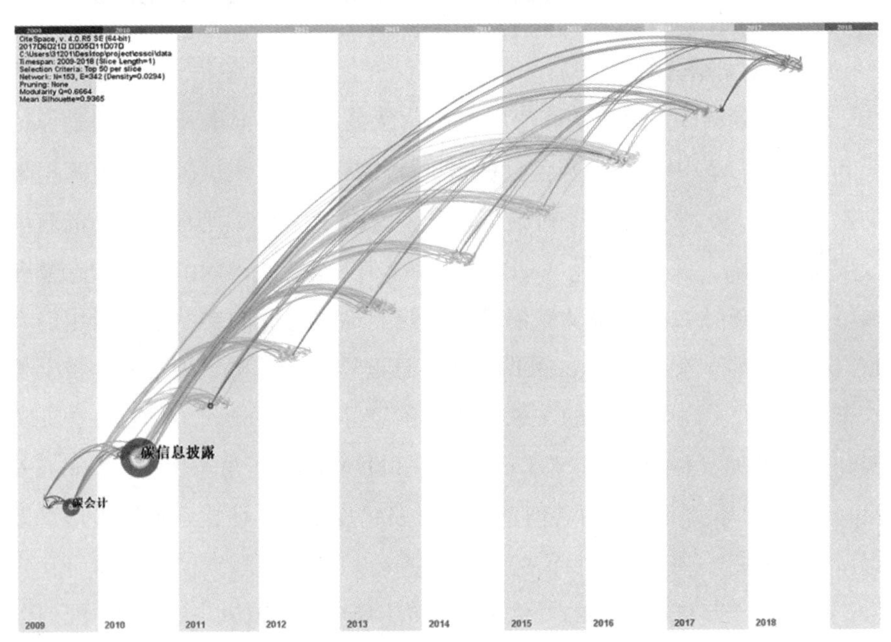

图 2-7　CSSCI 数据库中碳信息披露文献引文分析的共被引时间区间分布

二、碳信息披露研究综述：基于文献研究内容分析

本节将上述从 SCI、SSCI 和 CSSCI 数据库中检索到的所有与碳信息披露

相关的文献，根据具体研究内容进行归纳整理，总结出以下三类：碳信息披露的动机研究、碳信息披露的影响因素研究和碳信息披露的后果研究。

（一）碳信息披露的动机研究①

自2007年以来，中国生态与环境部颁布了一些法规，鼓励公司披露其环境信息，如《环境信息公开办法（试行）》。正式的具有强制性意义的法律法规是环保部在2014年发布的《环境保护法》（2015年生效）和《企业事业单位环境信息公开办法》，以及证监会颁布修订后的《公开发行证券的公司信息披露内容与格式准则第2号〈年度报告的内容与格式〉》（2016年修订）。但是，这些法规针对的对象仅仅是相关部门公布的重点排污单位名录中的企业事业单位。重点排污单位名录中被强制披露碳信息的上市公司在中国上市公司中所占比例很少。大多数中国公司的碳披露属于自愿披露和企业社会责任（CSR）的范畴。

希利和帕莱普（Healy & Palepu，2001）回顾了关于公司自愿性信息披露的实证研究文献，总结出企业自愿性信息披露存在六种动机：（1）诉讼成本动机；（2）公司控制竞争动机；（3）管理层人才信号动机；（4）股票报酬动机；（5）专有成本动机；（6）资本市场交易动机。贾玛利和卡拉姆（Jamali & Karam，2018）回顾了发展中国家企业社会责任的文献，发现企业的社会责任动机源于满足执权者和公众的期望。迪根（Deegan，2002）通过总结已有文献概述了社会和环境信息披露的一些管理动机，发现企业环境信息披露可能包括11个动机：（1）遵守法律要求；（2）“经济理性”考虑；（3）对问责制或报告责任的信念感；（4）遵守借款要求；（5）遵守公众期望；（6）对组织合法性的某些威胁结果；（7）特定利益相关者群体的管理；（8）吸引投资资金；（9）遵守行业要求；（10）避免引入更多繁重的披露规定；（11）赢取特定的报告奖励。但迪根（Deegan，2002）同时认为，第三个动机（对问责制或报告责任的信念感）不太可能成为大多数商业组织的主要动机。另外，因缺乏与社会和环境披露相关的

---

① 碳信息披露的动机研究部分文献综述内容已发表在《环境科学与污染研究》2019年第26期，有删改。

监管规定和相关鉴证，第一个动机（遵守法律要求）和第九个动机（遵守行业要求）不会成为许多企业进行碳信息披露的主要动机。企业参与碳披露在很大程度上取决于国家背景（Grauel & Gotthardt，2016）。例如，中国企业发布社会和环境报告获得的相关奖励较少，因此迪根 Deegan（2002）认为的第十一个动机可能不适用于中国企业。

诉讼成本动机认为针对管理者不当或不及时披露的潜在法律诉讼风险可以鼓励公司增加自愿披露（Healy & Palepu，2001）意愿。企业愿意通过碳信息报告的形式遵守法律规定，以免受到经济处罚与缴纳额外碳税，避免相关财务与声誉风险（Tang & Demeritt，2018）。公司的社会和环境披露可能是对组织合法性的威胁的结果（Deegan，2002），然而，更多信息披露并不会导致公司自动产生更多的合法性（Albu & Wehmeier，2014）。企业试图证明自己的行为是正当的，并试图将自己的行为表现得满足外部环境期望（Jamali & Karam，2018；Deegan，2002）。公司希望自身的行为符合社会的期望，因为公司更愿意突出与社会接受度更相关的信息（De Faria et al.，2018）。企业因受到投资者、股东等外部压力，以碳报告展示自我减排承诺，将其作为印象管理的一部分，讨好利益相关者，并防范声誉风险，通过向公众解释其排放量情有可原避免被误解（Tang & Demeritt，2018）。在企业碳信息披露活动中，公众感知到的公司态度及其相应的法律承诺会激励公司使自身行为与态度和承诺保持一致。

公司控制竞争动机认为董事会和投资者要求公司管理者对企业绩效负责，并且管理者能够利用公司碳信息披露降低因绩效表现不佳而被解雇的风险。管理人才信号动机认为有才能的管理者有动力进行自愿性披露以展示其个人管理类型。股票薪酬动机认为管理者通过各种股票薪酬计划直接获得奖励，这些计划激励了管理者的自愿性披露决策（Healy & Palepu，2001）。这三个动机假设都是从管理者的自利角度出发，管理者在有利于自身利益时，有动力披露更多信息。企业碳信息披露多数出于管理者自身经济利益的考虑，是减少代理成本的一种手段，并非企业自愿、自觉地促进碳减排的社会责任行为（王志亮、杨媛，2017）。

专有成本动机认为公司信息披露决策受到披露是否会损害其竞争地位这一顾虑的影响（Healy & Palepu，2001）。“经济理性”考虑动机表明，做“正确的事”可能会获得商业上的优势（Deegan，2002）。因此，当公司在专有信息披露后面临竞争威胁时，其专有成本很高（Gallego et al.，2008），并且公司有动机不披露会损害竞争地位的相关环境信息。

资本市场交易动机认为管理者有动机提供自愿披露以减少信息不对称问题，从而降低公司的外部融资成本并吸引投资资金（Healy & Palepu，2001；Deegan，2002）。由于金融机构将可持续发展实践视为一种可行的投资和信贷融资术语，企业将有动力增加其碳信息披露（Kalu et al.，2016）。迪根（Deegan，2002）的第四个动机（遵守借款要求的愿望）也认为公司希望满足贷款机构获得贷款的要求。因此，当公司有融资需求时，就有动力披露更多的碳信息。

（二）碳信息披露的影响因素研究

根据对相关文献内容的详细整理，我们发现，尽管有的文献研究不同的碳信息披露影响因素，但是存在部分文献使用同样的衡量指标作为这些文献研究影响因素的代理变量的情况。本书将使用同样衡量指标的文献进行了归纳整合，发现国内外学者对企业碳信息披露影响因素的研究成果较为丰富与全面，但基于不同的理论背景，学者们的研究结果之间存在差异。通过对碳信息披露影响因素相关研究文献的整理，本节从企业内部影响因素和企业外部影响因素两个方面分别进行整理归纳。

1. 企业碳信息披露的内部影响因素

企业碳信息披露的内部影响因素进一步可分为财务指标、公司治理和公司特征三方面的因素，具体内部影响因素与碳信息披露的相关性如表2-3至表2-5所示。从财务指标影响因素方面来说，可以发现学者们已较为全面地研究了涵盖盈利能力、偿债能力、运营能力、发展能力、资本机构、市价比率指标等在内的企业财务指标影响因素与碳信息披露的关系，具体来说，主要与碳信息披露相关的财务因素是企业的盈利能力和发展能力，不过基于不同的理论背景，学者们分别得出了不同的结论，而多数学者认为碳信息披露与企业的营运能力、资本结构与融资相关情况的相关性较弱，从公司治理影响因素方面来说，可以发现学者们研究了公司股权结构、管理层特征、公司相关制度情况与其他相关治理因素与碳信息披露的关系，具体来说，学者们认为这些公司治理因素与碳信息披露的相关性存在差异，但基本都认为良好的公司内部相关制度与企业碳信息披露正相关；从公司特征影响因素方面来说，可以发现除了得出不相关结论的相关研究外，多数学者们发现公司特征与企业碳信息披露为正相关关系，一般大规模且发展较好的企业的碳信息披露水平更高。

表 2-3　　碳信息披露影响因素文献整理——财务指标

影响因素	相关性	相关文献
资产收益率（ROA）	正相关	Akbaş & Canikli（2019）；Faisal et al.（2018）；Gonzalez-Gonzalez & Zamora Ramírez（2016）；Ott et al.（2017）
	不相关	Kalu et al.（2016）；Eleftheriadis & Anagnostopoulou（2015）；Stanny & Ely（2008）；Freedman & Jaggi（2005）
资本收益率（ROE）	正相关	张静（2018）；崔也光等（2016）
	负相关	赵选民、吴勋（2014）；赵选民、严冠琼（2014）；Prado-Lorenzo et al.（2009）
	不相关	王志亮、杨媛（2017）；崔也光、马仙（2014）
营业收入增长率	负相关	王志亮、杨媛（2017）；崔也光、马仙（2014）
总资产增长率	正相关	赵选民、严冠琼（2014）
总资产周转率	不相关	赵选民、严冠琼（2014）
国际销售比	正相关	Gonzalez-Gonzalez & Zamora Ramírez（2016）；Stanny & Ely（2008）
资产负债率	正相关	Faisal et al.（2018）；王志亮、杨媛（2017）；赵选民、严冠琼（2014）
	不相关	Akbaş & Canikli（2019）；Gonzalez-Gonzalez & Zamora Ramírez（2016）；Kalu et al.（2016）；崔也光等（2016）；赵选民、吴勋（2014）；崔也光、马仙（2014）；戚啸艳（2012）；Luo et al.（2012）；Stanny & Ely（2008）
债权比	不相关	Kalu et al.（2016）；Eleftheriadis & Anagnostopoulou（2015）；Liesen et al.（2015）；Prado-Lorenzo et al.（2009）；Freedman & Jaggi（2005）
市账比	正相关	Akbaş & Canikli（2019）；Prado-Lorenzo et al.（2009）
托宾 Q 值	正相关	杜湘红等（2016）
	不相关	Giannarakis et al.（2016）；Gonzalez-Gonzalez & Zamora Ramírez（2016）；Stanny & Ely（2008）
市值	正相关	Luo et al.（2012）

续表

影响因素	相关性	相关文献
每股盈余	正相关	赵选民、吴勋（2014）
新有形资产净值	负相关	Stanny & Ely（2008）
资本支出强度	不相关	Stanny & Ely（2008）
银行贷款率	不相关	吴勋、徐新歌（2015）
融资额	不相关	赵选民、吴勋（2014）；Luo et al.（2012）

表 2-4　　碳信息披露影响因素文献整理——公司治理指标

影响因素	相关性	相关文献
股权集中度	正相关	崔也光等（2016）；吴勋、徐新歌（2015）
	负相关	Calza et al.（2016）
机构持股比	正相关	Akbaş & Canikli（2019）；Jaggi et al.（2018）
	不相关	Kalu et al.（2016）；吴勋、徐新歌（2015）；Stanny & Ely（2008）
国家持股比	正相关	Calza et al.（2016）；Gonzalez-Gonzalez & Zamora Ramírez（2016）
外资持股比	负相关	吴勋、徐新歌（2015）
董事会规模	不相关	Kılıç & Kuzey（2019）
董事会性别多样性	正相关	Ben-Amar et al.（2017）；Haque（2017）；Liao et al.（2015）
	不相关	Kılıç & Kuzey（2019）；Prado-Lorenzo & Garcia-Sanchez（2010）
董事会国籍多样性	正相关	Kılıç & Kuzey（2019）
董事会独立性	正相关	Kılıç & Kuzey（2019）；Jaggi et al.（2018）；Haque（2017）；Liao et al.（2015）
	不相关	Akbaş & Canikli（2019）；崔也光等（2016）；吴勋、徐新歌（2014）；Prado-Lorenzo & Garcia-Sanchez（2010）
监事会规模	不相关	吴勋、徐新歌（2014）
两职合一	正相关	Prado-Lorenzo & Garcia-Sanchez（2010）
董事会活跃度	正相关	崔也光等（2016）
董事会股东信心指数	正相关	Ben-Amar & McIlkenny（2015）
高管远期薪酬	不相关	王志亮、杨媛（2017）
是否新上任 CEO	正相关	Lewis et al.（2014）

续表

影响因素	相关性	相关文献
CEO MBA 学位	正相关	Lewis et al.（2014）
CEO 法律学位	不相关	Lewis et al.（2014）
高管政治关联	负相关	赵选民等（2015）
	倒"U"型	杨子绪等（2018）
是否有环境委员会/可持续发展委员会/CSR 委员会/环境相关管理层/环保部门/环境相关股东决议	正相关	Kılıç & Kuzey（2019）；Córdova et al.（2018）；Jaggi et al.（2018）；Haque（2017）；Hsueh（2017）；Liao et al.（2015）；戚啸艳（2012）；Reid & Toffel（2009）
	不相关	Rankin et al.（2011）
是否有气候变化政策/碳排放制度/减排计划措施	正相关	唐勇军等（2018）；Giannarakis et al.（2017）；苑泽明、王金月（2015）；
是否通过 ISO 环境管理体系认证	正相关	Ott et al.（2017）；戚啸艳（2012）
是否发布 CSR/可持续发展报告/全球报告倡议组织 GRI 报告	正相关	Córdova et al.（2018）；Haque & Ntim（2018）；Rankin et al.（2011）
	不相关	Ott et al.（2017）；戚啸艳（2012）
是否前十大审计事务所	正相关	唐勇军等（2018）
供应链成员信息共享度	正相关	方健、徐丽群（2012）
雇员与雇员质量	正相关	Guenther et al.（2016）
客户管理评分	正相关	Guenther et al.（2016）
是否有环境管理会计工具/环境管理系统	正相关	Qian et al.（2018）；Rankin et al.（2011）
前期是否回应 CDP	正相关	Rankin et al.（2011）；Stanny & Ely（2008）

表 2-5　碳信息披露影响因素文献整理——公司特征

影响因素	相关性	相关文献
公司规模	正相关	Akbaş & Canikli（2019）；Córdova et al.（2018）；Faisal et al.（2018）；王志亮、杨媛（2017）；Gonzalez-Gonzalez & Zamora Ramírez（2016）；Kalu et al.（2016）；崔也光等（2016）；杜湘红等（2016）；Eleftheriadis & Anagnostopoulou（2015）；赵选民、吴勋（2014）；赵选民、严冠琼（2014）；戚啸艳（2012）；Prado-Lorenzo et al.（2009）；Stanny & Ely（2008）；Freedman & Jaggi（2005）
	不相关	崔也光、马仙（2014）

续表

影响因素	相关性	相关文献
公司销售额行业排名	正相关	Peng et al. (2015)
碳排放强度/碳绩效/环境绩效	正相关	罗喜英等 (2018); Giannarakis et al. (2017); Giannarakis et al. (2016); Guenther et al. (2016); 方健、徐丽群 (2012)
	负相关	Luo et al. (2018); 何玉等 (2017)
	不相关	Ott et al. (2017); Alrazi et al. (2016)
重污染行业/高碳行业/碳敏感行业	正相关	Kılıç & Kuzey (2019); Faisal et al. (2018); Jaggi et al. (2018); 王志亮、杨媛 (2017); 崔秀梅等 (2016); Kuo et al. (2015); Peng et al. (2015); 吴勋、徐新歌 (2015); 崔也光、马仙 (2014); 赵选民、吴勋 (2014); Luo et al. (2012)
	负相关	戚啸艳 (2012)
	不相关	Akbaş & Canikli (2019); 苑泽明、王金月 (2015)
是否被要求强制性披露	正相关	杨子绪等 (2018)
	不相关	Stanny (2013)
是否国企	正相关	管亚梅、李盼 (2016)
	负相关	吴勋、徐新歌 (2015)
	不相关	Faisal et al. (2018); Kuo et al. (2015)
上市年限	正相关	Kalu et al. (2016)
境外上市	正相关	崔也光、马仙 (2014)
是否 IBEX35 指数/FT500 指数/道琼斯可持续发展指数	正相关	Ott et al. (2017); Gonzalez-Gonzalez & Zamora Ramírez (2016); María & Zamora-Ramírez (2013); Stanny & Ely (2008)
	不相关	Gonzalez-Gonzalez & Zamora Ramírez (2016)
是否联合国全球契约等协会成员	正相关	María & Zamora-Ramírez (2013)

2. 企业碳信息披露的外部影响因素

企业外部因素进一步分为行业因素、地区因素、国家因素和其他因素。具体外部影响因素与碳信息披露的相关性如表2-6所示。从行业因素来看，可以发现当行业竞争较为激烈并且行业重视环境相关问题时，企业碳信息披露水平较高。从地区因素来看，可以发现地区性的环境相关管制有利于企业碳信息披露水平的提升；从国家因素来看，国家层面对于环境监管的严格程度、金融市场发展的完善程度和法律系统的健全程度都会影响企业的碳信息披露水平；从其他因素来看，企业外部第三方的监督也会促进企业碳信息披露水平的提升。

表 2-6　　碳信息披露影响因素文献整理——外部因素

类别	影响因素	相关性	相关文献
行业	行业前三大公司市场份额	正相关	Ott et al.（2017）
	行业总销售规模	负相关	Ott et al.（2017）
	行业竞争情况（HHI 值）	正相关	Peng et al.（2015）
	行业内环境相关股东决议	正相关	Reid & Toffel（2009）
	行业碳信息披露均值	正相关	Peng et al.（2015）
地区	地区政府干预	负相关	赵选民等（2015）
	注册地环境监管	正相关	崔秀梅等（2016）
	碳交易试点地区	正相关	罗喜英等（2018）
	权力距离	负相关	Luo et al.（2018）
	地区环境规制强度	正相关	杜湘红等（2016）
	公司总部所在地环境管制威胁	正相关	Reid & Toffel（2009）
国家	是否京都协定书国家	正相关	Prado-Lorenzo et al.（2009）；Freedman & Jaggi（2005）
		不相关	Luo et al.（2012）
	碳交易国家	正相关	Gallego-Álvarez et al.（2018）；Alrazi et al.（2016）；Luo et al.（2012）
		不相关	Rankin et al.（2011）
	国家环境法规	正相关	Grauel & Gotthardt（2016）
	国家温室气体政治得分	正相关	Guenther et al.（2016）
	国家气候变化法	正相关	Haque & Ntim（2018）
	国家隐含能源税	正相关	Liesen et al.（2015）
	国家风险溢价	正相关	Giannarakis et al.（2016）
	世界治理指数	正相关	Guenther et al.（2016）；Luo et al.（2012）
	国家 ISO 认证	正相关	Hsueh（2017）
	国家金融发展指数	正相关	Yu & Ting（2012）
	国家人均 GDP	正相关	Hsueh（2017）
	国家股东权利指数和投资者保护指数的强度	负相关	Yu & Ting（2012）

续表

类别	影响因素	相关性	相关文献
其他	市场风险	正相关	Gonzalez-Gonzalez & Zamora Ramírez（2016）
	分析师跟进	正相关	管亚梅、李盼（2016）
	分析师买卖评级	正相关	Giannarakis et al.（2016）
	媒体倾向性	正相关	吴勋、徐新歌（2015）
		负相关	李大元等（2016）
	媒体关注度	正相关	Guenther et al.（2016）；吴勋、徐新歌（2015）
	非政府组织报道气候相关新闻	负相关	Liesen et al.（2015）

（三）碳信息披露的后果研究

对于碳信息披露的后果研究主要分为非经济后果和经济后果两方面。非经济后果方面主要为碳信息披露对环境绩效（碳绩效）的影响研究，企业碳信息披露水平能够促进企业参与碳交易（崔也光等，2018），利用碳信息披露提升企业的环保形象以获取合法性（Galán-Valdivieso et al.，2019），企业公开披露碳减排可能会减少污染（Akpalu et al.，2017）。企业碳披露水平的变化与碳绩效（碳排放强度）的后续变化正相关（Qian & Schaltegger，2017）。但是也有学者认为企业碳信息披露并不能有效减少排放（Doda et al.，2016），并且无论是国家级强制性碳披露还是企业自愿性碳披露都没有对企业的碳排放情况产生影响（Matisoff，2013）。

对于经济后果方面的相关研究，部分学者采用事件研究法发现资本市场对企业的气候变化应对有积极反应（Hsu & Wang，2013），相关事件窗口期的累计超额收益（CAR 值）显著为正（Jiang & Luo，2018），通过 CDP 自愿披露信息被市场解读为好消息，并且对股票价值也有积极影响（Zamora-Ramírez et al.，2016）。但是也有研究表明市场可能对企业的碳信息披露产生负面反应，这意味着投资者倾向于将碳信息披露视为坏消息，因此担心企业应对全球变暖的潜在成本（Lee et al.，2015）。同时也有学者认为积极响应气候变化的企业并不能带来明显的环境绩效和经济绩效，这说明企业积极应对气候变化的行为成本是昂贵的（García-Sánchez & Prado-Lorenzo，2012）。自愿报告碳信息并定期或不定期参与 CDP 的公司，其股价不受其披露的碳排放量的影响（Bimha & Nhamo，2017；Kim & Lyon，2011）。

企业碳信息披露对企业的代理成本、债务成本和权益资本成本也有一定的影响。企业代理成本受到公司企业社会责任中碳信息披露质量的负面影响，这些信息可能会降低监督和管理的成本，并限制管理者的自私行为。然而，在高污染行业中并不一定如此。碳信息披露对隐性代理成本有缓解作用，与显性代理成本没有显著关联（周志方等，2016；Zhou et al.，2018）。企业温室气体排放会增加企业的债务成本，债权人会将公司的温室气体排放纳入其贷款决策，并对污染企业进行处罚（Maaloul，2018），对于具有碳风险意识的公司，所受到的这种惩罚较少（Jung et al.，2018）。但周等（Zhou et al.，2018）认为中国企业碳风险与债务融资成本之间的关系呈"U"形关系，不过这种关系主要存在于私营企业而非国有企业中。企业披露碳信息旨在减轻合法性压力，降低资本成本（何玉等，2014）。碳信息披露水平与权益资本成本呈显著的负相关关系（崔秀梅等，2016），市场化程度具有加强两者负相关的作用（Li et al.，2019），媒体报道也可以加强碳信息披露与股权融资成本之间的关系（Li et al.，2017）。企业利用自愿碳披露来操纵市场，特别是股票市场，以降低其资本成本（Lemma et al.，2019）。公司提高碳生产率的努力可以通过降低资本成本得到补偿，从而提高公司的价值，企业对温室气体的有效管理可减轻碳风险对权益资本成本的负面影响（Kim et al.，2015）。碳信息披露和管理所涉及的信息成本不会给公司财务资源带来负担，企业关于碳绩效的强制性和标准化信息不仅可以提高市场效率，还可以在实体经济中实现更好的资本配置（Liesen et al.，2017），碳信息披露可通过缓解投资不足和抑制过度投资的共同作用来提高企业投资效率（韩金红、余珍，2017）。

从企业基于过去会计表现所反映的财务绩效（衡量指标如ROA、ROE和销售额等）来看，不仅企业的碳减排对企业财务绩效有积极影响（Yu & Tsai，2018；Ganda & Milondzo，2018），企业碳信息披露质量的提高，也可以提高企业的财务绩效。这种影响效应存在跨期性，且对非国有上市公司的影响效果更好（李秀玉、史亚雅，2016）。当期碳信息披露质量与下一期的盈利能力、运营能力呈正相关关系（张静，2018），媒体在碳信息披露对财务绩效的正向影响关系中具有显著的倒“U”型调节作用（温素彬、周鎏鎏，2017）。

从企业基于市场未来经济所反映的企业价值（衡量指标如股价、市值和托宾Q值等）来看，投资者在决策时确实会考虑企业所披露的气候变化信息，投资者的价值判断会受到公司温室气体排放信息的影响（Griffin et al.，2017）。企业的碳排放量与企业市价负相关（Matsumura et al.，2013），企业碳排放会减少公司价值。虽然碳披露与公司会计表现上的财务绩效呈现出积极的关系，但在大多数情况下，它与公司的市场价值存在负相关关系（Ganda，2018）。但布希和霍夫曼（Busch & Hoffmann，2011）认为企业碳管理可能对公司财务表现产生积极影响。但也可能产生消极影响，会引起企业价值变动（Chapple，2013）。企业通常不会将碳排放表现不佳的成本内部化，那些在环境成果和流程中脱颖而出的企业可以提升企业价值（Misani & Pogutz，2015）。碳信息披露对企业价值创造的影响存在滞后效应，且在资本市场上这种滞后效应会随着滞后期的增长而更加显著，而在产品市场上这种滞后效应会随着滞后期的增长而减弱（杨园华、李力，2017）。企业承担社会责任会降低企业当期价值，但长期看，企业价值不会受到负面影响（李正，2006）。中国企业碳信息披露对企业价值有提升作用，碳排放越高的企业提升作用越明显，同时作为外部因素的机构投资者，也加强了碳信息披露与企业价值之间的敏感度（李雪婷等，2017）。机构投资者对气候变化的积极性可以增加股东价值（Kim & Lyon，2011），杜湘红和伍奕玲（2016）认为碳信息披露对企业价值存在显著的正向驱动效应，且这一驱动效应是通过投资者决策这一中介变量部分传导的。如果企业利益相关者（如投资者）将温室气体减排视为企业的一种无形资产，那么企业的温室气体减排将会增加公司价值（Hsu & Wang，2013），碳信息披露质量和企业价值正相关（Schiager，2012；张巧良等，2013；何玉等，2017），而王仲兵和靳晓超（2013）则认为碳信息披露水平与企业价值不存在显著的相关性。

三、文献评述

根据国内外碳信息披露研究文献的计量分析结果可发现：（1）国内外

对于碳信息披露研究属于新兴研究领域，相关文献呈逐年递增趋势，这个研究领域逐渐受到学者们的关注。（2）碳信息披露研究相对领先的是国家碳信息披露制度政策较为完善的发达国家，国际上相关文献也相对丰富，研究主题延续性相对较好。相关的研究热点围绕碳信息披露与组织行为、碳信息披露与企业会计、碳信息披露与企业战略、碳信息披露与金融、碳信息披露与气候变化，以及碳信息披露与外部感知影响之间的主题而进行。而我国较国际上碳信息披露研究起步晚，主要形成碳信息披露和碳会计两大块研究主题，相关研究热点相对较少。（3）国际上碳信息披露研究领域的前沿演进有相对明显的脉络可循，具体表现为：起源于环境信息披露的研究；然后，随着碳排放交易的发展，学者们讨论了企业碳交易与相关会计处理；紧接着，碳信息披露研究开始从环境信息披露细化延伸并分化为独立的研究领域，研究企业对于气候变化的反应与相关影响因素；最后，碳信息披露的相关文献主题发生迁移，碳信息披露的研究重心逐渐转移至企业碳信息披露对资本市场中资本成本和企业价值的影响。总体来说，厘清相关研究不同时间段的研究主题，研究主题之间的相互关联以及研究趋势，可为碳信息披露研究提供理论参考。我国相关研究尚未形成鲜明的发展趋势，研究内容仍存在较大空间，有待补充与完善。

根据国内外碳信息披露研究文献的内容分析结果可以发现：（1）学者们基于不同的理论基础研究了企业碳信息披露的多方面动机，包括企业主动或被动地规避相关风险、降低潜在成本和维护并提升企业效益。（2）在碳信息披露的影响因素方面，国内外学者们从企业内部因素和外部因素分别进行了较为翔实的探讨，尽管由于研究对象和研究理论基础的差异使得学者们的研究结论不一，存在明显的意见分歧，但是学者们考虑到的相关因素较为全面，从企业内部的财务情况、治理结构和公司特征，到企业外部的行业因素、地区因素、国家因素和其他因素，均有相关研究。对于中国的碳信息披露相关研究而言，在检索到的国内外总共 287 篇相关研究文献中，有 42 篇文献以中国企业为研究样本，其中有一半是研究中国企业碳信息披露的影响因素，并且企业内部因素和外部因素均有所涉及，研究方向较均衡。（3）在碳信息披露的后果研究中，学者们分别研究了非经济后果和包括财务绩效与企业市场价值在内的经济后果，相关研究结论存在差异。在以中国企业为研究对象的相关文献中，有15篇研究了中国企业的碳信息披露经济后果，其中有5篇是企业碳信息披露对资本市场企业价值影响的研究。这些研究的样本平均年观测值为387个，研究年限区间不超过2009~2014年间，在进一步的作用机制上，仅有杜湘红和伍奕玲（2016）研究了投资者决策在碳信息披露的市场价值影响中的中介作用，以及李雪婷等（2017）研究了机构投资者在碳信息披露的市场价值影响中的调节作用。对于中国企业碳信息披露的经济后果研究相对较少，并且在不同情境下的相关作用机制存在较大研究空间，有待补充。

随着外部利益相关者对气候变化认识的深入与环保意识的增强，监管部门、社会公众、外部投资者等开始关注企业的碳足迹与碳排放管理信息，来自气候变化的监管风险、诉讼风险、声誉风险、竞争风险等，都直接影响公司的成本水平、资产组合以及供应链的选择。资本市场逐步认识到全球经济向低碳形式的转变对企业竞争力和长期价值评估的重要影响。基于对上述已有文献的梳理归纳与总结，可以发现碳信息披露属于快速发展中的新兴研究领域，国外相关研究起步早于国内，我国尚未形成明显的研究发展脉络，碳信息披露经济后果与企业外部监督机制的相关研究尚存缺口。本书认为从当前研究进展并结合碳排放管理相关政策发展来看，对于中国企业的碳信息披露研究仍有待进一步探索，具体来说有如下几点。

（1）构建相关评价体系，准确合理地明晰中国上市公司碳信息披露特征，为构建国内明确统一的企业碳信息披露框架和完善制度建设提供依据。尽管中国已逐步出台一些相关法规鼓励与引导并强制一部分企业进行碳信息披露，但是这些现行的企业披露规范体系相关规定不够完善，而且相应的碳信息披露核算标准也不健全。这容易导致企业的碳信息披露不规范，披露依据不充分，披露程度杂乱不一，以及对其评价考核的约束力薄弱。因此，有必要通过构建合理的评价体系，判断中国上市公司碳信息披露特征，通过查漏补缺，弥补与完善中国上市公司碳信息披露建设的不足，加强与巩固现有碳信息披露建设的优势。

（2）中国企业碳信息披露的经济后果研究较为薄弱有待补充。基于合法性理论、自愿披露理论和外部性理论，企业碳信息披露更多的是通过改善外界对企业的感知，影响可由企业市场价值体现的企业未来经济发展水平，但目前针对中国企业碳信息披露市场价值的经济后果研究相对较少，并且已有研究的样本数量较少，研究年限也相对陈旧。随着我国不断出台相关新政策以加强企业低碳经济发展，已有的研究结论可能存在一定偏颇，不能全面、准确地反映企业碳信息披露的经济后果情况，因此，有必要更广度和更深度地对中国上市公司进行大样本和长年限的碳信息披露经济后果研究。

（3）补充不同情境下，尤其是在不同外部监督情境下的中国上市公司碳信息披露的经济后果研究。碳信息披露关乎环境问题，而环境保护问题已成为国际性话题，所以这个问题已不仅仅关系到企业内部，来自企业外部的监督也应当加以重视，而目前在不同外部监督情境下，针对中国上市公司碳信息披露市场价值的经济后果研究仍有待系统化并进行检验。因此，有必要深入探讨相关的多方外部监督对中国上市公司碳信息披露市场价值效应的根本路径与作用机理。

第四节 本章小结

本章从现实角度梳理了中国碳排放管理相关政策发展，提出现实中存在的企业碳信息披露相关问题；从学术研究角度介绍了理论基础与归纳分析相关文献成果，提出学术研究中存在的企业碳信息披露相关问题，并结合现实与学术研究的相关问题提出了相关研究展望。

首先，本章梳理了自 1973 年至 2019 年中国对碳排放管理的相关政策发展。我国早期的碳排放管理发展较为缓慢，相关政策内容以大体方向为主，而后中国政府逐渐强力推动碳排放管理政策，相关政策内容愈加详细明确，体现了中国政府对企业碳排放管理的重视。但是目前我国企业对碳信息披露的处理差异较大，缺乏可比性，不能有效反映碳减排政策的实施效果，这可能导致政企博弈过程中的信息不对称，使得企业有可能隐瞒其真实的碳排放信息，甚至诱导政府提供宽松的环境管制政策。

其次，本章介绍了与企业碳信息披露研究密切相关的三个基础理论：合法性理论、自愿披露理论和外部性理论。

最后，本章对从 SCI、SSCI 和 CSSCI 数据库中检索获取的所有碳信息披露研究相关文献进行了计量分析与研究内容分析。通过利用信息可视化软件 CiteSpace Ⅲ 的文献计量分析，本章识别了碳信息披露研究领域的发展脉络，总结了现有研究概况与热点，探析了研究前沿；通过对国内外碳信息披露研究文献的内容进行翔实的归纳梳理，本章分别梳理了碳信息披露的动机研究、内外部影响因素研究以及非经济后果和经济后果研究三个方面的相关研究成果。在文献翔实的研究内容分析梳理基础上，结合文献计量分析结果，本书认为碳信息披露属于快速发展中的新兴研究领域，国外相关研究起步早于国内，我国相关研究尚未形成明显的发展脉络，碳信息披露经济后果与企业外部监督机制的相关研究尚存缺口。

结合政策发展，碳信息披露关乎环境问题，环境保护问题已成为国际性话题，所以碳信息披露已不仅仅关系企业内部，来自企业外部的监督也应当加以重视，而目前在不同外部监督情境下针对中国上市公司碳信息披露市场价值的经济后果研究仍有待系统化并进行检验。本章认为，应当构建相关评价体系，准确、合理地明晰中国上市公司碳信息披露质量特征，为构建国内明确、统一的企业碳信息披露框架和完善制度建设提供依据。另外，中国企业碳信息披露的经济后果研究较为薄弱，有待补充，并且要补充不同情境下，尤其是在不同外部监督情境下中国上市公司碳信息披露的经济后果研究。

第三章

碳信息披露质量特征

碳信息披露不仅是企业在碳减排方面工作的展示窗口，投资者等利益相关者对企业碳信息的需求亦日益增加。政府及监管部门以企业碳排放量等碳信息为参考依据制定低碳发展内政外交政策；投资者考虑企业碳排放风险、碳减排成本及碳交易损益情况，以此进行投融资决策；会计师事务所等中介机构可根据企业面临的碳减排风险、碳审验鉴证等信息，考虑经营风险及拓展业务范围；企业管理者根据自身的碳排放信息制定相应的低碳战略，进行低碳管理决策等。但是目前我国并没有规范的、针对上市公司碳信息的单独披露体系，缺乏明确、统一的碳信息披露评价体系，使得企业缺少披露的依据。许多国内上市公司在年报、社会责任报告和环境报告书等相关报告中披露的碳排放信息，相对于 CDP 报告中公布的数据尚不具有针对性，外部利益相关者往往难以通过所收集到的碳管理信息来判断企业可能面临的与气候变化相关的风险和机遇。我国企业对碳信息披露处理差异较大，不能有效地反映碳减排政策的实施效果，这可能导致政企博弈过程中的信息不对称，使得企业有可能隐瞒其真实的碳排放信息，甚至诱导政府提供宽松的环境管制政策（崔也光、周畅，2017）。因此，本章将通过构建一个可综合全面地对企业披露的碳信息进行评价的指标体系，并且研发相应的智能评分软件以获取客观可靠的碳信息披露数据，通过分析这些数据，辨别上市公司的碳信息披露质量特征。

第一节　碳信息披露评价指标体系的构建①

为综合全面地辨识企业碳信息披露的质量，本节以信息披露质量特征为基础，借鉴已有学者研究成果及CDP、气候风险披露倡议（CRDI）等权威机构对碳信息披露的内容描述，来构建适合评价我国上市公司碳信息披露情况的指标体系，为进一步研究碳信息披露相关问题奠定基础。

一、碳信息披露评价方法

国内外学者对企业的碳信息披露情况进行实证研究中所采取的主要评价方法、其优缺点以及使用相关方法的部分文献如表3－1所示。

表3－1　已有研究评价碳信息披露的方法及其优缺点

评价方法1	CDP相关评分方法
内容	主要分为两类：一类是以CDP的问卷调查对象为样本，以公司的问卷答复情况来评价碳信息披露情况；另一类是以回应CDP问卷调查的企业为样本，根据该公司的答复内容对该公司评分，一般包括CDP官方提供的碳披露领导指数等指数
优点	数据信息客观、易获取
缺点	第一类仅根据问卷答复情况评价碳信息披露情况过于笼统，无法识别判断答复问卷的公司具体披露的碳信息质量。第二类仅适用于答复了CDP问卷的企业，研究样本范围有限，且不适用于问卷答复率较低的被调查国家
相关文献	Akbaş & Canikli（2019）、Luo et al.（2018）、Giannarakis et al.（2017）、Ott et al.（2017）、Grauel & Gotthardt（2016）、Zhou et al.（2016）、何玉等（2017）、李大元等（2016）、吴勋和徐新歌（2015；2014）、方健和徐丽群（2012）、戚啸艳（2012）等
评价方法2	借鉴环境会计信息披露质量评价方法
内容	通过碳信息的分类设定最佳披露条目数，然后根据样本公司所披露的情况来分析其实际披露条目数，通过公式“信息披露质量＝实际披露条目数/最佳披露条目数”来评价碳信息披露情况

① 本节主要内容已发表在《统计与决策》2015年第13期，有删改。

续表

优点	可以较为客观地评价碳信息披露的广度
缺点	不能分析公司碳信息披露的深度
相关文献	罗喜英等（2018）、孙玮（2013）
评价方法 3	指数法
内容	通过构建指数的方式评价碳信息披露情况，构建指数需将所披露的信息层层分类，确定各层级类别，使大类涵盖小类，然后设定小类别项目分值，最后得到各个小类别分值、大类别分值及总值，从而对碳信息披露的各个类别维度进行综合评价
优点	能够较为综合、全面、深入地对公司的碳信息披露情况进行评价，适用于大样本数据的研究分析
缺点	类别划分及小类别项目的设定具有一定主观性，数据收集评分的工作量较大
相关文献	Faisal et al.（2018）、Jaggi et al.（2018）、Depoers et al.（2016）、王志亮和杨媛（2017）、陈华等（2013）
评价方法 4	内容分析法
内容	通过对公司已有公开资料的内容进行分析，设定每一特定评价项目的得分值，根据得分结果对碳信息披露进行评价。 因指数法也需对公司公开信息进行分析，故广义的内容分析法也包括指数法
优点	可广泛运用于大样本研究；特定评价项目确定后，其余过程较为客观
缺点	特定评价项目的确定存在一定程度的主观性
相关文献	Kılıç & Kuzey（2019）、Kuo et al.（2015）、Liesen et al.（2015）、张静（2018）、杨子绪等（2018）、唐勇军等（2018）、苑泽明和王金月（2015）等

通过文献研读，可以发现当前学者对碳信息披露的评价方法多数基于CDP项目，主要考虑了数据的客观性及综合的碳信息质量这两方面。但各学者的评价方法存在较大的差异，不能兼顾数据的客观性及碳信息披露质量的综合分析，即使是综合的碳信息披露质量分析，也可能因评价项目设置过于繁细而导致较大的评价差异。基于这种情况，有必要重新构建碳信息披露指标体系。本书所构建的上市公司碳信息披露评价体系在保证数据的客观性基础上，既全面综合地对碳信息披露的深度进行了评价，又合理地避免了条目的过于繁细，使得其运用具有可操作性，可更便捷地辨识公司碳信息披露质量。

二、碳信息披露评价指标体系的确定

为综合全面地评价碳信息披露，本书所采用的碳信息披露评价方法为指数法，借鉴已有研究成果，通过构建碳信息披露指数来评价上市公司的碳信息披露水平。为使得所构建的指标体系最小化主观因素，具有实用性且能科学合理及系统可靠地评价上市公司碳信息披露，本书遵循三个原则确定碳信息披露评价指标：（1）相关性原则。本书选择的应当是对信息使用者（政府部门、投资者等利益相关者）有价值的碳信息评价指标，为其有效决策提供合理的依据，如碳减排风险指标对公司的潜在投资者来说，具有决定是否投资的评判价值；（2）重要性原则。本书选择的应当是信息使用者重点关注的碳信息评价指标，如公司的碳减排投入、减排绩效等指标都是信息使用者比较关心的指标；（3）可操作性原则。本书选择的碳信息披露评价指标应当是便于理解、适用性强、便于获取数据以及信息具有可比性的指标，避免因指标过于高深、计算过程复杂、难以获取数据信息等不便性而造成信息缺项，导致评价结果失真。

（一）一级指标的构建

借鉴现有学者的研究思路，本书从信息披露质量特征方面设置一级指标维度。我国《企业会计准则——基本准则》对信息披露质量特征的要求是相关性、可靠性、及时性、可比性、可理解性、重要性、谨慎性及实质重于形式。结合本书的指标构建原则，可发现并非会计准则中的各项质量特征要求都适用于评价碳信息披露，如谨慎性要求——“企业对交易或者事项进行会计确认、计量和报告应当保持应有的谨慎，不应高估资产或者收益、低估负债或者费用”，该质量特征对于评价碳信息披露的可操作性较差。

为了选取恰当的信息披露质量特征作为一级评价指标，本书整理了与碳信息披露相关的国内外研究机构及学者针对信息披露所提出的质量特征（见表3－2）。根据表3－2，可发现完整性（充分披露）、可靠性（真实性、客观性、准确性）、可比性（一致性）、及时性（时效性）和可理解性（清晰性）是提及频率较高的质量特征。

表 3-2　　国内外机构及学者评价信息披露所提出的质量特征

评估机构/学者	质量特征					
美国第 61 号审计准则公告	完整性	一致性	明晰性			
美国证券交易委员会（SEC）	充分性	透明度	可比性			
安永国际会计公司（2007）	平衡性	可靠性	可比性	易读性		
挪威船级社（2007）	完整性	可靠性	可比性	响应性	中立性	准确性
全球报告倡议组织（2006）	清晰性	可靠性	可比性	时效性	中肯性	准确性
国际石油工业环境保护协会（2005）	完整性	准确性	一致性	相关性		
社科院企业社会责任研究中心	完整性	平衡性	可比性	实质性	易读性	
润灵环球责任评级（2010）	透明度	可信度	可比性	实质性	平衡性	有效性
金蜜蜂企业发展研究中心（2009）	完整性	可信度	可比性	实质性	易读性	
中国工业企业及工业协会（2008）	完整性	可信度	可比性	实质性		
企业会计准则——基本准则（2017）	相关性	可靠性	可比性	可理解性	重要性	谨慎性
	及时性	实质重于形式				
南开大学公司治理研究中心（2004）	完整性	真实性	及时性			
深圳证券交易所（2017）	完整性	准确性	及时性	合规性	真实性	公平性
公开发行证券的公司信息披露内容与格式准则第 2 号（2016）	可靠性	相关性	真实性	可理解性		
上市公司信息披露管理办法（2017）	完整性	真实性	及时性	准确性		
陈华等（2013）	客观性	可靠性	可比性	可理解性	相关性	
吉利等（2013）	完整性	可靠性	可比性	可理解性	平衡性	相关性
彭娟、熊丹（2012）	完整性	真实性	及时性	相关性		
宋献中、龚明晓（2007）	充分披露	可靠性	可比性	可理解性	无偏性	相关性

《企业会计准则——基本准则》中对及时性、可靠性、可理解性、可比性和完整性均有所说明，第二章第十九条规定“企业对于已经发生的交易或者事项，应当及时进行会计确认、计量和报告，不得提前或者延后”。这是对信息披露质量的及时性要求；第二章第十二条要求企业应如实反映实际发生的交易或事项，保证信息披露的真实可靠、内容完整。这体现了对信息披露质量的可靠性和完整性要求；第二章第十四条要求企业披露的信息应清晰明了，便于信息使用者的理解和使用。这体现了对信息披露质量的可理解性要求。第二章第十五条明确指出企业披露的信息应当具有可比性。

这5个质量特征能较为恰当合理地综合评价企业碳信息披露情况，且符合相关性、重要性和可操作性原则。因此本书对碳信息披露的评价以及时性、可靠性、可理解性、可比性和完整性这5个维度为一级指标，然后根据各项一级指标内容设定二级指标。

（二）二级指标的构建

1. 为了反映及时性，本书设置了1个二级指标

因资本市场对信息的敏感性，上市公司信息披露的及时与否直接影响信息使用者的投资决策成败。目前我国已有很多公司将碳信息纳入到公司定期报告中，而绝大多数公司把企业的碳信息放在公司社会责任报告中环境责任部分进行披露，一般上市公司会将社会责任报告随其年度报告一同公布。因此本书将及时性的二级指标设定为报告的披露时间，根据碳信息（社会责任报告）披露时间是否及时判断企业碳信息披露的及时性。

2. 为了反映可靠性，本书设置了两个二级指标

真实可靠的信息是信息使用者评价上市公司的重要基础。上市公司在碳信息披露方面应客观说明公司的碳减排、碳核算、碳管理等方面的情况，一套采集、整理、归类、报告碳信息的完整流程能使得碳信息披露的相关数据和文字有据可查，从而提高可靠性。同时，因投资者对企业披露的信息缺乏一定的专业认识，所以独立第三方的审验鉴证是公司碳信息披露可靠性的重要支撑。因此本书对可靠性评价指标设定了两个二级指标：碳信息采集流程体系说明与是否有第三方独立审验鉴证。

3. 为了反映可理解性，本书设置了两个二级指标

由于复杂多样的信息使用者对上市公司所披露的信息认识程度不一，因此公司应尽可能披露清晰明了、便于理解的信息。复杂、广泛的碳信息借以规范的文字、数据、图表加以陈述，三种形式的平衡得当、详略得当有利于信息使用者的理解。此外，信息使用者对于碳信息所具备的专业知识不尽充分，公司应当避免使用过多的专业术语或缩略语，如果必须使用，则应做出必要的解释和说明，便于信息使用者理解。因此本书从图文说明和专业术语这两方面设定了可理解性评价指标的二级指标。

4. 为了反映可比性，本书设置了1个二级指标

可比性包含纵向可比与横向可比，纵向可比是同一公司不同年度之间的比较，由于同一公司一般信息披露策略变化不大，因此本书所设定的可比性指标为不同公司之间的横向可比指标。企业碳信息披露的可比性主要在于碳信息核算是否量化标准统一，包括计算方法的标准统一和数据单位的大众性标准统一。

5. 为了反映完整性，本书设置了8个二级指标

完整性是评价公司碳信息披露的重要内容，其涵盖了公司对碳信息各项重要内容的披露情况。本书以CDP中对碳信息披露的内容描述为基础，设定碳信息披露评价体系的完整性指标。CDP的框架经过多年的实践，得到了较好完善，相对较为完备，并具有权威性。CDP已经在全球范围内产生了巨大影响，目前CDP能代表722个管理资产总额达96万亿美元的机构投资者，其对于碳信息披露的模式已经被广泛认可和使用。但CDP主要是采用问卷调查方式，由于对披露内容没有统一的指标和标准，使企业间碳信息可比性较弱。

因此，本书在CDP对于碳信息披露内容的描述基础上，综合考虑了其他国际组织、国内外学者对碳信息披露的研究成果，建立了对于碳信息披露完整性评价的指标。

CDP关于碳信息披露内容的描述，可以总结为四个方面：与气候变化有关的机遇、风险及应对战略；气候变化方面的治理；温室气体排放管理；温室气体排放量核算。这四个方面涵盖了碳信息披露的大部分内容，但还有完善的空间。“气候风险披露倡议（CRDI）”、“气候披露准则理事会（CDSB）”和“全球报告倡议组织（GRI）”等对于碳信息披露内容也有描述，大部分内容与CDP相似（见表3－3）。与CDP不同的是，CRDI相对更关注风险问题，所以本书增加了减排风险指标的设置；GRI则是从社会责任角度考虑气候变化，较为关注绩效指标，所以本书中增加了减排绩效指标的设置。

表3－3　国际组织或项目碳信息披露内容描述

成立时间	组织或项目名称	组织背景	碳信息披露内容的描述
1997年	全球报告倡议组织（GRI）	由联合国环境规划署和美国“对环境负责的经济体联盟”共同发起	（1）企业战略和概况； （2）管理方法； （3）绩效指标

续表

成立时间	组织或项目名称	组织背景	碳信息披露内容的描述
2000 年	碳信息披露项目（CDP）	由机构投资者自愿发起，旨在基于高质量信息合理反映气候变化，并在气候变化所引起的股东价值和公司经营之间创造一种持久的关系	（1）与气候变化有关的机遇、风险及应对战略； （2）气候变化方面的治理； （3）温室气体排放管理； （4）温室气体排放量核算
2005 年	气候风险披露倡议（CRDI）	由联合国环境规划署等十四个组织发起，目的是使企业完备的气候变化造成的风险信息	（1）排放情况披露； （2）气候风险和排放管理的战略分析； （3）气候变化实质性影响分析； （4）政策性风险分析
2007 年	气候披露准则理事会（CDSB）	属于世界经济论坛，目的是通过建立全球性的、针对所有企业的气候变化报告框架，从而促进气候变化信息的披露	（1）战略分析、风险及治理； （2）温室气体排放情况
2010 年	气候变化披露指南（*Commission Guidance Regarding Disclosure Related to Climate Change*）	由美国证券交易委员会发布。该意见指出上市公司很可能从气候相关诉讼、商业机会和立法中得益或受到伤害，应及时披露此类潜在风险	（1）法律法规影响； （2）相关国际协定及条约； （3）气候变化的实质性影响

同时，考虑补贴是我国政府开展节能减排常用的政策手段之一（张国兴等，2014），国内学者王仲兵和靳晓超（2013）在建立碳信息披露评价体系时，也相应设置了减排补贴这一指标。所以本书在完整性评价体系中也设置了减排补贴的指标，最后形成了对于碳信息披露完整性的 8 个二级评价指标。

根据上述分析结果，对碳信息披露的评价确定了及时性、可靠性、可理解性、可比性和完整性这 5 个一级指标，并据此设定了相应的二级指标，根据各项二级指标内容进行赋值，最终形成了本书的碳信息披露评级指标体系（见表 3－4）。

表 3-4 碳信息披露评价指标体系的建立及其评价标准

一级指标	二级指标	指标评分标准
及时性	报告披露时间	碳信息（社会责任报告等碳信息披露载体）披露时间是否及时，在年报披露之后=0，随年报披露或之前=1
可靠性	报告采集流程体系	是否有碳信息采集流程体系说明，无体系介绍=0，有相关温室气体装置说明或计算方法介绍=1，有详细完整流程体系介绍=2
	审验鉴证	所披露的碳信息是否有第三方独立审验鉴证，无审验鉴证=0，有社会责任报告（报告中涉及碳信息，否则视为无）鉴证=1，有专门碳信息披露鉴证=2
可理解性	图文说明	披露的碳信息中文字、数据与图表的使用平衡情况，三者均无=0，仅三者之一=1，文字+数据=2，三者综合=3
	专业术语	披露的碳信息中是否有专业术语及其解释，有专业术语无解释=0，无专业术语=1，有专业术语并附解释说明=2
可比性	碳核算量化标准	碳信息核算是否量化标准统一，无计算方法及数据=0，有大众性标准化具体数据=1，有计算方法和具体数据=2
完整性	减排战略	战略规划中是否存在对于碳减排的说明，无说明=0，简单说明=1，详细说明=2
	减排目标	是否披露了碳减排目标，无减排目标说明=0，仅定性说明=1，定性+定量说明=2
	减排管理	减排职能机构的设立情况、减排管理制度的建立及其他有关碳减排的措施说明，无减排管理说明=0，简单说明=1，详细说明=2
	减排风险	政府管制造成的不减排风险、气候变化带来的经营风险、减排造成可能的经济效益损失等减排风险说明，无减排风险说明=0，简单说明=1，详细说明=2
	减排投入	为碳减排所投入的技术改进、项目投资，以及缴纳的排污费用、罚款等说明，无减排投入说明=0，仅定性说明=1，定性+定量说明=2
	减排补贴	是否获得政府的减排补助及奖励金等碳信息披露，无说明=0，简单说明=1，详细说明=2
	减排核算	核算方法、节约用能吨数、减排吨数等碳信息披露，无核算说明=0，仅定性说明=1，定性+定量说明=2
	减排绩效	减排产生的经济效益、环境效益、社会效益、获得荣誉等碳信息披露，无说明=0，仅定性说明=1，定性+定量说明=2

三、碳信息披露评价工具[①]

在碳信息披露质量评价的相关研究中，目前较常用的测度方法是 CDP 相关内容评价法及对年报和社会责任报告的人工文本分析法。CDP 向企业提供了一个工具，对“非可测量，无以管理”的碳信息进行管理。自 2008 年起 CDP 每年对我国市值最大的 100 家上市公司实施专门调查，2008 ~ 2018 年收到的回复企业数分别是 5、11、13、11、23、32、45、19、21、25 和 29 家。这相对于中国几千家上市公司而言显然微乎其微。目前中国学者的研究大多采用对年报和社会责任报告的人工文本分析方法，对不同样本的上市公司碳信息披露质量进行评价。虽然这种方法有一定的好处，但其工作量上的局限性亦随着信息量的扩大与上市公司量的增多而凸显，表现在抽样调查的人为性，手工标记的低效率，长期工作或集体工作的信度问题。若能突破这些研究限制，找到新的研究工具高效地评价上市公司碳信息披露质量，则可全面地分析上市公司披露的碳信息，推动碳信息披露质量研究。但目前在国内尚未有相关的工具被广泛应用。上市公司年报是向预期使用者提供公司全面信息的媒介。2013 年新版上市公司年报准则规定，“年报不得刊登带有祝贺、恭维、推荐性的措辞，不得含有欺诈、误导内容的词句”，“语言表述平实，清晰易懂，力戒空洞、模板化”，因此上市公司年报中的语言多为中性表述，大部分不带有感情色彩，较适合计算机识别与处理。

本书按照如图 3 - 1 所示流程，依据如表 3 - 4 所示的构建的碳信息披露质量评价体系，运用 Java 语言，借鉴陈国辉和韩海文（2010）的样本选取方法，将沪深两市截至 2015 年 12 月底的 2888 家 A 股上市公司，按照 2012 年中国证监会发布的《上市公司行业分类指引》，分为 6 大类行业 90 小类行业。对 90 小类行业内的公司按照市值从高到低排序，抽取每个行业排名前 10% 的企业，并剔除掉 2014 年之后新上市的企业（考虑到这些企业距离实施此项研究内容的 2015 年仅上市一年，其年报和社会责任报告等

---

① 本节主要内容已发表在《统计与决策》2016 年第 17 期，有删改。

碳信息披露载体披露体系还不算完整），得到280家用以提取关键字信息来源的公司。对这些上市公司在年报、社会责任报告、环境报告书和可持续发展报告等文件中披露的碳信息文本进行采集、处理与分析，借鉴阿拉齐等（Alrazi et al.，2016）保证评分可靠性的方法，采取两组人独立评分验证，对有差异的评分进行协商讨论达成一致，凝练年报等碳信息披露文本载体中的关键词、关键句，开发了一款以中文文本挖掘技术为基础的智能评分软件，以提高上市公司碳信息披露质量评价的效率。

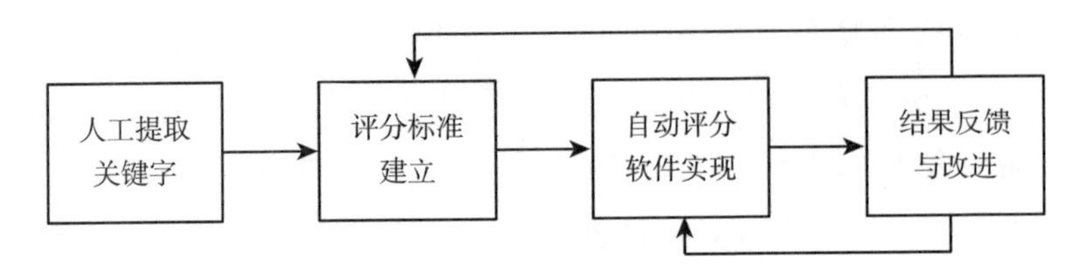

图3-1 软件开发总体流程

按照前述设计思路，软件评分结果与之前的人工评分结果比较，其准确率仍存在一些偏差。通过不断排查软件评分和人工评分的区别，发现人工评分准确率并不高，其核心问题是不同的人对不同关键字的重要程度的评价存在差异，再加上其他人为因素的影响，人工评分不值得完全相信，但需要承认的是之前人工评分提取的关键字对于初步评分标准文件的建立是至关重要的。在后续的调试中我们并没有刻意去与人工评分结果进行对比修正，而是每一次评分后由软件对关键字出现频率和出现位置进行统计与标定，再由人工去判断某关键字的重要程度与相应得分的合理性。即一边重新进行人工评分一边对软件的标准文件进行修正，使得软件评分结果的正确率有了极大的提高。

通过软件在原文中对每个关键字的定位，重新界定关键字的重要程度，一些普遍出现的关键字被作为减分项减去或删除。如在年报中有许多家公司会标示“xx公司是否是重污染企业——否”这样的内容，但由于包含“重污染”这样的预设关键词，软件在评分时会加以考虑，但其实这家公司并非碳排放重点监控的公司，于是在标准文件中，将年报中的“公司是否是重污染企业”作为减分项减去。需要提出的是，诸如此类的特点是在多家公司样本中发现后才进行删除的，若仅一家公司则不会进行改动。

将语义相近的字词进行词性与语义逻辑上的组合，并预设一定的字数与标点间隔，来避免软件对同一语义的关键字进行多次识别判断。如判断审验鉴证的评分标准文件中的“第三方核证、第三方国际核查机构、第三方机构核查、第三方审核、第三方独立鉴证、GMP 认证、碳减排认证、外部认证审核”等关键字，被提炼成了“（第三方｜独立机构）［^。］{0, 10}（核证｜核查｜认证｜审核｜鉴证）”这样一条正则表达式。

为了评估软件评分的有效性，需比较 280 家样本公司的人工评分和软件评分结果的一致性程度，借鉴阿拉齐等（Alrazi et al., 2016）和陈华等（2013）的检验方法，将评分结果按照股票代码排序，得到两列随机数据，采用相关系数来衡量这两列随机数理的密切程度。经过计算人工评分和软件评分的总分值相关系数为 0.923，在 0.01 的水平上显著相关。其他评分项也得出类似的结果。图 3-2 所示的针对总分项软件评分和人工评分的相关性情况，表明软件的评分结果有效。

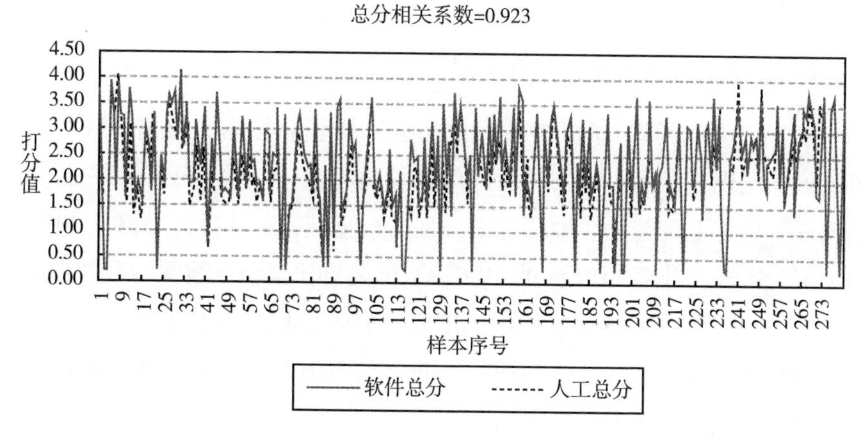

图 3-2　软件评分和人工评分总分比较

第二节　碳信息披露质量特征的评价

一、研究样本选取

本书运用上述所构建的上市公司碳信息披露评价指标体系，结合所研发的计算机智能评分软件，对 2008 ~ 2017 年我国在沪深两市上市的全部 A 股上市公司的年报、社会责任报告、环境报告书和可持续发展报告等碳信息披露载体进行内容分析，并获取客观可靠的上市公司碳信息披露质量数据。选择 2008 年作为上市公司样本研究的起始年份，是因为原国家环保总局在 2007 年发布了《环境信息公开办法（试行）》（2008 年生效），鼓励企业自愿公开主要污染物（包括碳排放）的名称、排放方式、排放浓度和总量、超标、超总量情况等 9 类企业环境信息。这是中国企业碳信息披露发展历程中较为关键的时点，因此本书选择 2008 ~ 2017 年的十年区间作为研究时间区间。本书剔除了因所公布的碳信息披露载体为加密文件等原因不能被评分软件读取的上市公司，最终获得了研究样本 2008 ~ 2017 年共 24774 个观测值。

二、中国上市公司碳信息披露质量特征年度分析

（一）碳信息披露总体情况年度分析

表 3 – 5 为 2008 ~ 2017 年中国上市公司碳信息披露总分描述性统计结果。可以发现，中国上市公司的碳信息披露均值逐年稳定上升，中位数也呈现逐年稳定上升趋势。中国上市公司碳信息披露整体得分均值从 2008 年的 7.335 逐渐上升到 2017 年的 11.019，但是对比碳信息披露指数的得分区域 [0，28]，可以发现尽管中国上市公司的碳信息披露水平为稳定上升趋势，相对于碳信息披露评价指标体系而言，中国上市公司整体的碳信息披露水平仍偏低，有较大提升空间。

表 3 – 5　2008 ~ 2017 年中国上市公司碳信息披露总分描述性统计结果

年度	2008	2009	2010	2011	2012	2013	2014	2015	2016	2017
平均	7.335	7.802	8.013	8.381	9.408	9.694	9.596	9.868	10.294	11.019
中位数	7	7	7	8	9	9	9	10	10	11
标准差	5.344	5.406	5.498	5.571	5.461	5.379	5.401	5.278	5.228	5.287
最小值	1	1	1	1	0	1	1	1	1	1
最大值	22	24	24	23	24	24	23	25	25	24
观测数	1589	1741	2098	2336	2461	2503	2627	2820	3111	3488

对年度碳信息披露得分情况进行方差分析，结果显示 P 值为 0.000，通过显著性检验。因此，可认为 2008 ~ 2017 年中国上市公司碳信息披露水平存在明显差异，逐年发生了显著变化。

（二）碳信息披露各项性质年度分析

为了分析本书所构建的碳信息披露指标体系中各项一级指标的得分情况，使得 5 个一级指标的得分值具有同质性及可比性，本书对各个指标的得分结果，采用功效系数法对各项一级指标得分进行归一化处理。功效系数法的计算公式为：

$$D = [(X_i - X_{min})/(X_{max} - X_{min})] \times A + B$$

其中，D 为指标归一化后得分，X_i 为第 i 项指标的初始得分值，X_{min} 为第 i 项指标初始分值值域中最小值，X_{max} 为第 i 项指标初始分值值域中最大值，A、B 为已知常数，A 为转换数值“放大”或“缩小”的倍数，B 是对转换数值平移的“平移量”，本书取 A 为 1，B 为 0，五项一级指标的值域归一化为 [0，1]。

表 3 – 6 为 2008 ~ 2017 年中国上市公司碳信息披露各项性质得分均值结果，结合图 3 – 3 上市公司碳信息披露各个性质归一化均值雷达图可以发现，5 个性质基本上均呈现了逐年递增的趋势，与上市公司碳信息披露总分发展趋势表现一致。

表 3 – 6　2008 ~ 2017 年中国上市公司碳信息披露各个性质归一化均值

年份	及时性	可靠性	可理解性	可比性	完整性
2008	0.728	0.090	0.406	0.119	0.249
2009	0.748	0.089	0.417	0.134	0.272
2010	0.775	0.114	0.422	0.132	0.275
2011	0.784	0.128	0.427	0.142	0.292
2012	0.859	0.153	0.443	0.144	0.340
2013	0.886	0.158	0.450	0.146	0.352
2014	0.877	0.154	0.444	0.136	0.351
2015	0.896	0.159	0.448	0.144	0.363
2016	0.924	0.164	0.459	0.157	0.381
2017	0.939	0.188	0.471	0.184	0.413

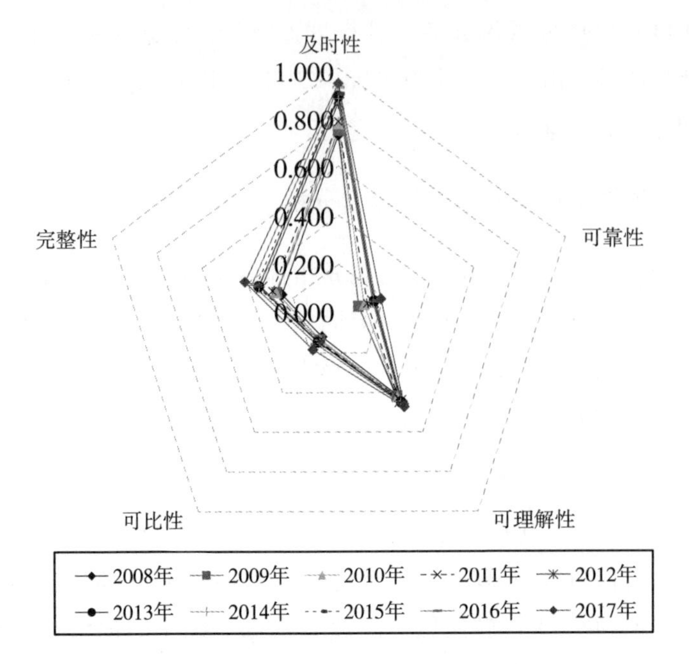

图 3－3　2008～2017 年中国上市公司碳信息披露评价体系一级指标归一化均值

具体而言，及时性是上市公司碳信息披露表现最好的性质，从 2008 年的 0.728 到 2017 年的 0.924，体现大多数上市公司都能及时披露碳信息，基本上能做到碳信息披露不晚于年报披露或同步披露。上市公司通常将碳相关信息置于社会责任报告中披露，多数上市公司的社会责任报告随年报一同发布，故具有较好的及时性。

可靠性虽然也呈现了逐年递增的趋势，但总体上市公司碳信息披露的可靠性得分偏低，仅从 2008 年的 0.090 上升到 2017 年的 0.188。进一步来看可靠性指标中的两个二级指标（见图 3－4）：十年来不超过 11.7% 的上市公司公开披露其具有碳信息采集流程体系，说明从企业内部的信息采集流程体系方面提升的可靠性较为薄弱，体现企业内部碳信息披露的规范化有待加强；不过关于上市公司所披露的碳信息的第三方独立审验鉴证，从 2008 年的 33.3% 提升到了 64.4%，可见上市公司更多的是从独立第三方的审验鉴证来提升其碳信息披露的可靠性。

可理解性的年度变化幅度相对较小，从 2008 年的 0.406 缓慢提升到 2017 年的 0.417，在 5 个性质中可理解性为得分第二高的性质，但其得分

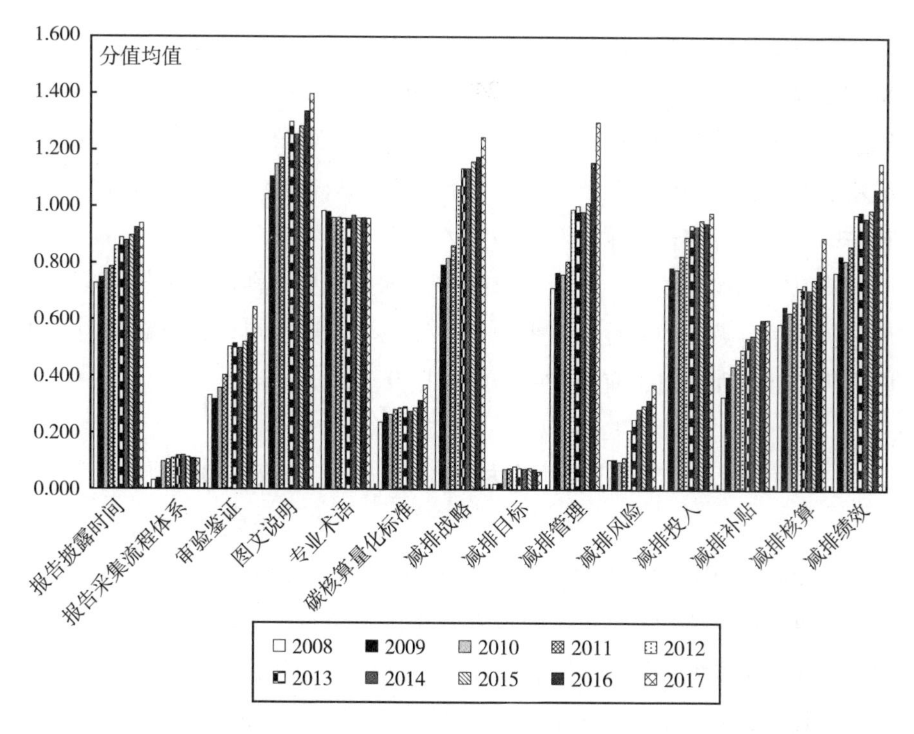

图 3-4　2008～2017 年中国上市公司碳信息披露评价体系二级指标均值

均值依然偏低，未超过 50% 的上市公司碳信息披露具有良好的可理解性。进一步来看可理解性指标中的两个二级指标（见图 3-4）：十年来上市公司碳信息披露中对于专业术语的使用表现差异不大，图文说明的丰富化则逐年递增，体现上市公司越来越关注碳信息披露的表现形式，加强了文字、数据与图表的使用平衡情况。多数公司仅以文字描述的形式来披露其碳相关信息，且多数不涉及专业术语，部分公司以较为多样、图表结合的方式来披露其碳相关信息。但总体上由于缺乏相应的政策规范，上市公司详尽地披露碳信息需付出更多成本，而沿用已有披露流程并不会对自身造成重大影响，上市公司不倾向于对当前企业内碳信息披露形式进行改变，因此上市公司的碳信息披露可理解性年度变化幅度较小。

可比性的年度差异较小，且上市公司间碳信息披露的可比性明显偏低，仅从 2008 年的 0.119 提升到 2017 年的 0.184，体现中国上市公司所披露的碳信息核算数据横向之间可比性较差，核算数据不统一，碳信息核算在量化标准统一上仍有待进一步加强。

完整性有较为明显的逐年递增趋势，但总体上市公司碳信息披露的完整性得分较低，仅从2008年的0.249上升到2017年的0.413。进一步来看完整性指标中的八个二级指标（见图3-4）。上市公司更倾向于披露减排战略、减排管理和减排绩效等定性内容，对于减排投入、减排核算和减排补贴的披露有待加强，且为避免相关风险对企业发展的影响，上市公司对于减排风险的披露较少，对减排目标方面的披露更是薄弱。总体而言，上市公司碳信息披露的完整性水平偏低，体现了我国上市公司的碳信息披露内容仍不够全面完整，有待进一步加强提升。

三、中国上市公司碳信息披露质量特征地区分析

从2008~2017年中国不含港澳台地区的31个省级行政区域的上市公司碳信息披露分值均值情况，可以发现中国省级行政区域的上市公司碳信息披露质量演变发展情况，整体上呈现逐年递增趋势，这与上述年度分析结果一致。具体从各个地区来看，东西部地区的上市公司碳信息披露随年度发展未呈现明显差异，但南北方地区的上市公司碳信息披露随着年度发展出现明显的差异，北方省级区域的上市公司碳信息披露水平逐渐高于南方省级区域的上市公司碳信息披露水平。结合城市发展水平来看，中国上市公司碳信息披露水平较高的省级行政区域并非北上广深这四个经济体量最大的一线城市，上市公司碳信息披露水平未与地区经济发展水平同步，这与本书第二章中通过政策梳理所发现的企业碳排放管理与国家经济发展的不协调相一致。

对2008~2017年上市公司碳信息披露进行省域组间方差分析，结果显示P值为0.000，通过显著性检验。因此，可认为2008~2017年中国不同省级行政区域之间的上市公司碳信息披露水平存在显著差异。

四、中国上市公司碳信息披露质量特征行业分析

如图3-5所示的2008~2017年中国不同行业的上市公司碳信息披露分值均值情况，可以发现碳信息披露水平相对较高的行业基本上都是重污

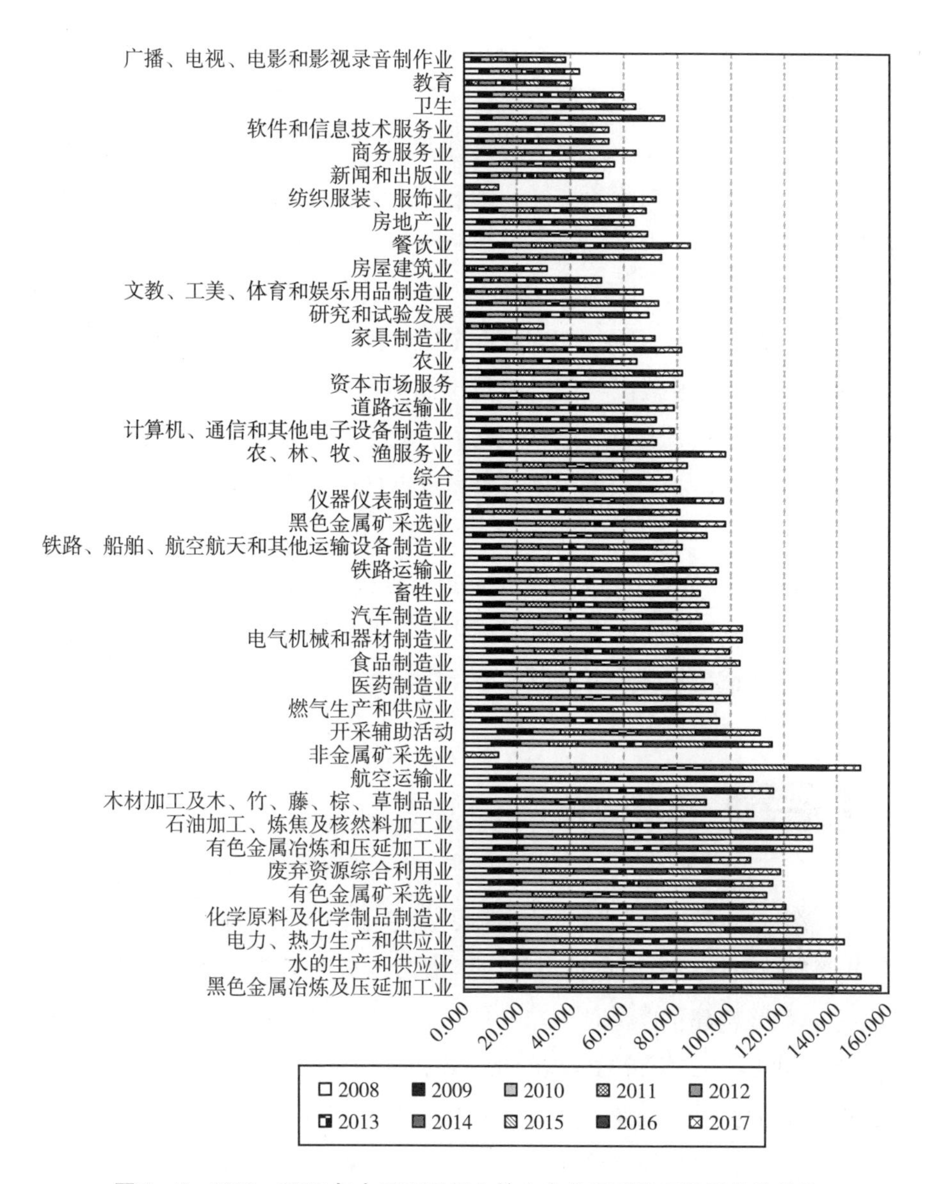

图 3-5 2008~2017 年中国不同行业的上市公司碳信息披露分值均值

染行业和碳排放强度较高的行业。2010 年 9 月 14 日，环保部公布的《上市公司环境信息披露指南》（征求意见稿）中提出火电、钢铁、水泥、电解铝、煤炭、冶金、化工、石化、建材、造纸、酿造、制药、发酵、纺织、制革和采矿业等 16 类行业为重污染行业。2013 年 10 月至 2015 年 7 月，国家发改委气候司分三批先后印发了 24 个行业的《温室气体排放核算方法与报告指南（试行）》，包括电解铝、电网、发电、钢铁、化工、镁冶炼、民航、平板玻璃、水泥、陶瓷（第一批共10个行业）；石油和天然气生产、石油化工、独立焦化和煤炭生产（第二批共4个行业）；造纸和纸制品生产、其他有色金属冶炼和压延加工业、电子设备制造、机械设备制造、矿山、食品/烟草及酒/饮料和精制茶、公共建筑运营单位、陆上交通运输、氟化工企业、工业其他行业（第三批共10个行业）。2016年1月，国家发改委发布《关于切实做好全国碳排放权交易市场启动重点工作的通知》，规定全国碳市场第一阶段拟涵盖的重点排放行业，包括石化、化工、建材、钢铁、有色、造纸、电力、航空8个行业。这体现了在政府部门相关监管下，相应的重污染行业和重点排放行业的上市公司碳信息披露逐渐得到重视。

对2008~2017年上市公司碳信息披露进行行业组间方差分析，结果显示P值为0.000，通过显著性检验。因此，可认为2008~2017年中国不同行业之间的上市公司碳信息披露水平存在显著差异。

第三节 本章小结

本章以信息披露质量特征为基础，借鉴了已有学者研究成果及CDP、CRDI等权威机构对碳信息披露的内容描述，确定了碳信息披露的评价指标体系，最终构建了以及时性、可靠性、可理解性、可比性和完整性5个一级指标共14个二级指标的碳信息披露指标体系。综合考虑了已有学者研究成果、企业会计准则及CDP等权威碳信息研究机构的不同视角，所构建的上市公司碳信息披露评价体系相对于其他学者的研究而言具有一定的创新性，在保证了数据的客观性基础上，既全面综合地对碳信息披露的深度进行了评价，又合理地避免了条目的过于繁细，使得本章所构建的指标体系运用切实可行，益于利益相关者获取所需信息进行科学决策，充实已有研究指标体系，推动碳信息披露研究进程。通过对我国上市公司碳信息披露质量的评价工具进行研究，根据构建的评价上市公司碳信息披露情况指标体系，凝练年报和社会责任报告中的关键词、关键句，运用文本挖掘技术，开发了一款评价我国上市公司碳信息披露质量的评分软件。并通过有效性分析，表明软件的评分效果是值得信任的。软件评分方法可以克服调查问卷法和人工文本分析方法抽样调查的人为性、手工标记的低效率及长期工作或集体工作的信度问题，有助于对上市公司的碳信息披露进行客观的分析，促进碳信息披露质量的研究。

本章选取了2008~2017年我国在沪深上市的全部A股上市公司的年报、社会责任报告、环境报告书和可持续发展报告等碳信息披露载体进行内容分析，获取了共24774个观测值的上市公司碳信息披露质量数据，分别从年度、地区和行业三个方面深入分析上市公司碳信息披露质量特征。分析结果显示：

（1）2008~2017年中国上市公司碳信息披露年度质量存在显著变化，呈现稳定上升趋势，但相较于碳信息披露评价指标体系总分而言，中国上市公司整体的碳信息披露水平仍偏低，有较大提升空间。

（2）2008~2017年中国上市公司碳信息披露5项性质基本上也呈现逐年递增趋势，其中，及时性是上市公司碳信息披露表现最好的性质，可理解性和可比性年度变化较小且分值较低，可靠性和完整性虽得分偏低但逐年递增。具体而言，上市公司基本上能做到碳信息披露不晚于年报披露或同步披露，能较为及时地披露碳信息。可靠性虽然也呈现了逐年递增的趋势，但总体上市公司碳信息披露的可靠性得分偏低，从企业内部信息采集流程体系方面提升的可靠性较为薄弱，企业内部碳信息披露的规范化有待加强，上市公司更多的是从独立第三方的审验鉴证来提升其碳信息披露的可靠性。可理解性的年度变化幅度相对较小，其得分均值依然偏低，未超过50%的上市公司碳信息披露具有良好的可理解性。多数公司仅以文字描述形式来披露其碳相关信息，且多数不涉及专业术语，部分公司以较为多样、图表结合的方式披露其碳相关信息。但总体上由于缺乏相应政策规范，上市公司详尽地披露碳信息需付出更多成本，而沿用已有披露流程并不会对自身造成重大影响，上市公司不倾向于对当前企业内碳信息披露形式进行改变，因此上市公司的碳信息披露可理解性年度变化幅度较小。可比性的年度差异较小，且上市公司之间碳信息披露的可比性明显偏低。中国上市公司所披露的碳信息核算数据横向之间可比性较差，核算数据不统一，碳信息核算在量化标准统一上仍有待进一步加强。完整性有较为明显的逐年递增趋势，但总体上市公司碳信息披露的完整性得分较低，我国上市公司的碳信息披露内容仍不够全面完整，有待进一步加强提升。上市公司更倾向于披露减排战略、减排管理和减排绩效等定性内容，对于减排投入、减排核算和减排补贴的披露有待加强，且为避免相关风险对企业发展的影响，上市公司对于减排风险的披露也较少，对减排目标方面的披露更是薄弱。

（3）2008～2017年中国不含港澳台地区的31个省级行政区域之间的上市公司碳信息披露水平存在显著差异，整体呈现逐年递增趋势，东西部地区差异不明显，南北部地区差异明显，且地区碳信息披露水平与其经济发展水平不同步。具体来看，东西部地区的上市公司碳信息披露随年度发展未呈现明显差异，但南北方地区的上市公司碳信息披露随着年度发展出现明显的差异，北方省级区域的上市公司碳信息披露水平逐渐高于南方省级区域的上市公司碳信息披露水平，且中国上市公司碳信息披露水平较高的省级行政区域并非北上广深这四个经济体量最大的一线城市，上市公司碳信息披露水平未与地区经济发展水平同步，这与本书第二章中通过政策梳理所发现的企业碳排放管理与国家经济发展的不协调相一致。

（4）2008～2017年中国不同行业之间的上市公司碳信息披露水平存在显著差异，碳信息披露水平高的行业与我国相关政府部门发布的重污染行业与碳排放强度较高的行业名单基本相一致，体现了在政府部门的相关监管下，相应的重污染行业和重点排放行业的上市公司碳信息披露逐渐得到重视。

总体而言，基于构建的上市公司碳信息披露评价指标体系，本章利用所研发的评分软件获取了2008～2017年中国上市公司碳信息披露质量数据，通过对这些数据的分析，发现中国上市公司碳信息披露质量总体水平偏低，并且存在显著的时间异质性、地区异质性和行业异质性。下文将基于本章所获取的碳信息披露数据，关注不同外部监督情境下中国上市公司碳信息披露的经济后果研究。

第四章

碳信息披露的价值效应：政府监督视角

根据第二章中对碳信息披露的后果研究文献归纳与分析，本研究发现在以中国企业为研究对象的相关文献中，有15篇研究了中国企业的碳信息披露经济后果，其中，有5篇是企业碳信息披露对市场价值影响的研究（闫海洲、陈百助，2017；李雪婷等，2017；杨园华、李力，2017；杜湘红、伍奕玲，2016；王仲兵、靳晓超，2013）。这些研究的样本平均年观测值为387个，研究年限区间不超过2009～2014年。在进一步的作用机制研究上，仅有杜湘红和伍奕玲（2016）研究了投资者决策在碳信息披露的市场价值影响中的中介作用，以及李雪婷等（2017）研究了机构投资者在碳信息披露的市场价值影响中的调节作用。总体而言，对于中国企业碳信息披露的市场价值研究相对较少，并且在不同情境下的相关作用机制也存在较大研究空间，有待补充。

在第三章中，本书运用构建的上市公司碳信息披露评价指标体系对2008～2017年中国上市公司碳信息披露质量特征进行了衡量与分析，在下文的分析中，将以第三章所获取的2008～2017年中国上市公司碳信息披露数据为基础，并在明晰碳信息披露的价值效应后，分别从政府监督视角、媒体监督视角和分析师监督视角三个方面剖析碳信息披露的价值效应。本章将探索碳信息披露的价值效应，并检验不同政府监督视角下碳信息披露的价值效应，具体包括政府补助的引导作用对碳信息披露的价值效应的中介作用，以及政府环境监管的管制作用对碳信息披露的价值效应的调节作用。图4－1标明了本章内容在研究问题中所处的位置。

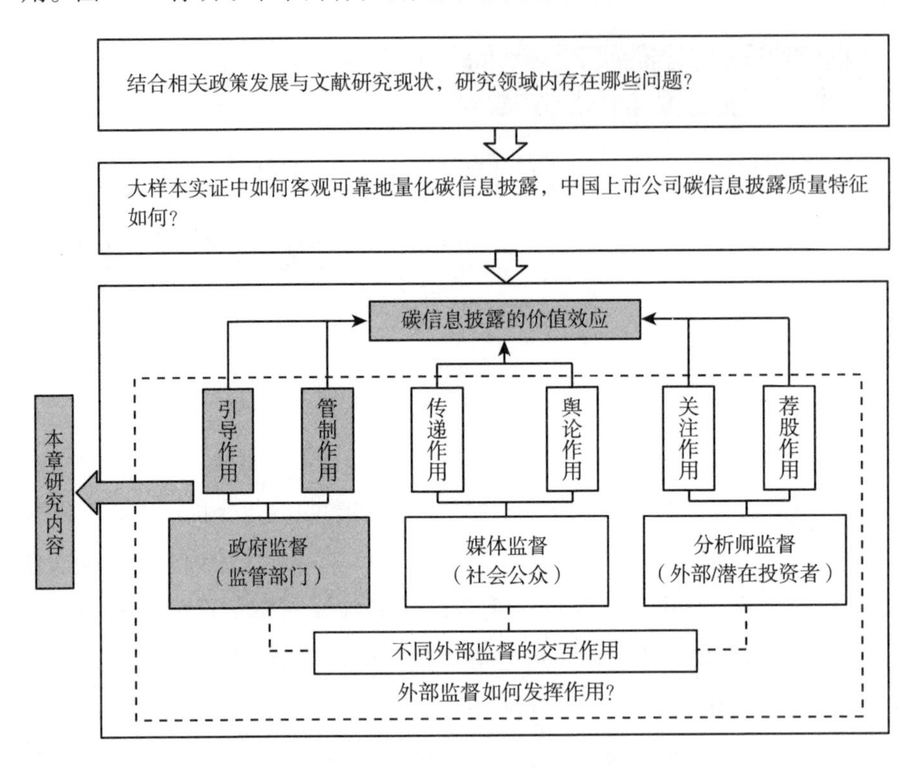

图4－1　本章（第四章）内容在研究问题中所处位置

第一节　研究背景

我国企业作为经济市场的主体，承担着节能减排的重任。碳信息披露是企业向外界展示其节能减排的窗口，在国家降低碳排放的发展背景下，社会各界对企业碳信息披露的要求也日益突出。企业进行碳信息披露的最终目标是提高自身利益（费迟，2013），上市公司进行企业碳管理行为会引起企业价值变动（Chapple et al.，2013），投资者的价值判断受到企业披露的碳信息的影响（Griffin et al.，2017），企业希望通过碳信息披露提升其声誉及公众形象，提高企业价值。但进行碳信息披露也可能增加企业在环境方面的管理成本，进而降低企业价值（Busch & Hoffmann，2011）。对于碳信息披露与企业价值的关系，学者们基于相对较少的研究样本和差异化的研究理论基础所得到的研究结论尚未统一，存在明显的意见分歧。

2015 年 9 月 18 日，美国环境保护署（EPA）公开指责德国大众汽车公司在碳排放测试中进行数据作弊，EPA 当日表示，大众将因上述问题面临美国政府高达 180 亿美元的罚款。大众汽车之后承认碳排放数据作弊，其股价在事件发生后的两个交易日内分别暴跌近 20%，导致其市值较上一个交易日收盘蒸发约三分之一。不仅如此，大众“排放门”事件于 2015 年 11 月 4 日展开了“第二季”，德国运输部在联邦议会表示大众汽车涉及二氧化碳尾气排放数据造假，其股价当日大幅跳水 9.5%。在这一情势下，大众以“自曝家丑”的方式开始“自救”，主动披露其二氧化碳排放问题，并给出经济损失 20 亿欧元的预估。对大众而言，政府监督下曝光的“排放门”严重影响其合法性地位，而保持碳信息透明公开是其赢回客户、合作伙伴、投资者及公众信任并挽救其企业价值的重要手段。

政府监管作为社会生态环境中的重要组成部分，对企业这一行为主体的碳信息披露行为及其价值创造能力产生一定的影响。外部监管环境对碳信息披露的影响较大（张巧良等，2013）。高碳排放的企业可能面临更高的法律诉讼风险（肖序、郑玲，2011），企业信息披露可降低潜在的法律诉讼风险（Baginski et al.，2002）。监管制度环境会影响企业行为（夏立军、陈信元，2007），企业的行为受到外部来自政府监管的强制性压力（贾兴平、刘益，2014）。在不同的监管环境下，企业的碳信息披露行为也会产生差异。我国不同地区的法律监管环境完善程度仍具有较大差异（周中胜等，2012），完善的监管环境能够提升企业绩效，有效地推进经济增长（韩美妮、王福胜，2016；La Porta et al.，2000）。此外，企业碳信息披露也能帮助政府相关部门监督和约束公司管理层，政府部门可通过政府补助引导与支持企业提高其碳排放的管理能力，培养企业养成减排和盈利协同发展的意识，从而主动开展碳规划和管理工作。可见在不同的政府监督情境下，碳信息披露的价值效应可能存在差异。

对于碳信息披露与企业价值的关系，本章将利用2008～2017年中国上市公司碳信息披露数据，结合恰当的理论基础，分析并实证检验碳信息披露的价值效应，此部分的检验结果也将为后面章节的研究分析奠定基础。对于不同政府监督情境下的碳信息披露的价值效应，本章将政府监督对上市公司碳信息披露的价值效应的作用机制细分为政府环境监管的管制作用与政府补助的引导作用两部分内容，深入分析政府环境监管的管制作用对碳信息披露的价值效应的调节作用，以及政府补助的引导作用对碳信息披露的价值效应的中介作用。

第二节 理论分析与假设提出

一、碳信息披露的价值效应①

合法性理论（Suchman，1995）是指在某个社会构建的规范、价值、信念以及定义系统中，企业的行为被认为是合适的或恰当的一般性认知或假定。在当前低碳经济发展背景下，“低碳”观念已逐渐深入人心，碳排放量大的企业有动机主动披露其更多的碳信息，以获取社会公众意识中的合法性地位。

企业为获得合法性地位所进行的碳信息披露行为需要付出昂贵的成本（Hsu & Wang，2013；García-Sánchez & Prado-Lorenzo，2012）。企业在披露过程中需要花费大量探索性成本和精力去学习或寻找咨询机构协助完成，包括污染物排放管理成本等（郑玲、周志方，2010），这些成本可能大于该行为所带来的收益（Mittal & Sinha，2008）。碳信息披露行为会减少企业利益（赵选民、严冠琼，2014），碳信息披露水平与企业价值负相关（Ganda，2018）。那么，此时碳信息披露水平与企业价值的关系如图4－2中A线所示。

① 本小节中碳信息披露与企业价值关系的相关内容已发表在《统计研究》2016年第33期，有删改。

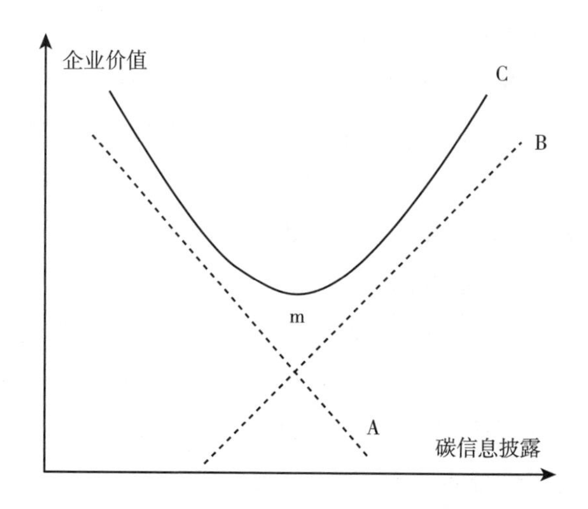

图4－2　碳信息披露与企业价值的关系

自愿披露理论则认为公司为了避免逆向选择问题而倾向于披露“好消息”抑制“坏消息”（Dye，1985；Verrecchia，1983）。被披露的信息可能会改变公司未来的现金流（Dye，1985），具有更好环境绩效的公司向市场发出自愿信息，这些信息对别的公司特别是环境绩效较低的公司来说是无法复制的，这表明公司的环境战略和承诺（Clarkson et al.，2008）。具有更好环境绩效的公司可通过自愿披露与绩效较差的公司区分开来，公司会选择传达积极的信息，即可提高市场预期的信息（Verrecchia，1983）。良好的环境绩效可能会给公司带来无形价值（如绿色商誉等）或审查其流程所带来的成本效益（Clarkson et al.，2013）。对于环境绩效差的企业，自愿披露则可能存在由于未来碳减排标准提高而导致成本增加的风险（Cormier et al.，2005）。因此环境绩效好的公司更愿意向投资者及潜在股东披露环境信息或更多的碳信息，这并非纯粹是企业的义务行为，而可能是有目的的，即对市场施加一定程度的影响，以提高公司声誉，从而增加企业价值。

企业通常不会将碳排放表现不佳的成本内部化，那些在环境成果和流程中脱颖而出的企业可以提升企业价值（Misani & Pogutz，2015）。投资者与企业存在信息不对称，企业通过自愿披露内部信息表达良好的态度，减少这种不对称性，从而降低不披露而引起的筹资等风险。企业进行碳信息披露，一方面能够缓解投资者与企业信息不对称的情况，增进投资者对企业的认同和信任，进而增加投资，实现企业价值的提升；另一方面，如果投资者不能从市场上获得有价值的信息，将提高其投资成本，投资者必将期望更高的资本收益，而这势必会挤压企业利润，同时阻碍企业资本运作，提高资本成本，降低企业价值。投资者对上市公司未来预期的乐观或悲观判断，会受到企业披露的碳相关信息的影响（闫海洲、陈百助，2017），所以企业有动机通过披露信息促进投资者乐观判断，许多绩效良好的企业实践了这样的策略（Healy & Palepu，2001）。上市公司所披露的社会责任相关信息质量越高，投资者越倾向于乐观判断，这可以降低上市公司获取外部融资的成本（Dhaliwal et al.，2011）。碳信息披露是企业的理性选择（何玉等，2014），碳信息披露水平作为企业自愿环境信息披露水平的代理变量与企业价值正相关（闫海洲、陈百助，2017；李雪婷等，2017；杜湘红、伍奕玲，2016；Schiager，2012）。那么，此时碳信息披露与企业价值的关系如图 4 -2 中 B 线所示。

结合基于合法性理论和自愿披露理论两方观点，本书认为企业碳信息披露的价值效应是两方不同观点的综合体现。在碳信息披露行为所增加成本降低企业价值与碳信息披露行为促进投资者乐观情绪所增加的企业价值的共同影响下，碳信息披露与企业价值的关系具有“临界点效应”，在临界点 m 两侧的状态不一致。碳信息披露水平未达到 m 点时，企业碳信息披露仍不足以吸引资本市场上的投资者，但同时碳信息披露成本的存在会损耗一定的企业价值，这使得企业价值与碳信息披露呈负相关关系。而一旦碳信息披露水平达到 m 点后，企业碳信息披露水平越高越有利于吸引资本市场上的投资者，投资者逐渐意识到企业碳信息披露所带来的投资机遇，并做出乐观的投资决策时，碳信息披露为企业带来的收益逐渐大于其披露成本，企业价值与碳信息披露水平呈正相关关系。因此，碳信息披露水平与企业价值应呈“U”型关系，如图 4 -2 中 C 线所示。

基于上述分析，提出假设 1 如下：

H1：在其他条件不变的情况下，碳信息披露水平与企业价值呈“U”型关系。即在临界点左侧，碳信息披露与企业价值负向相关；在临界点右

侧，碳信息披露与企业价值正相关。碳信息披露水平未达到临界点水平时，碳信息披露水平越高的上市公司企业价值越低，但达到临界点后，碳信息披露水平越高的上市公司企业价值越高。

二、政府监督视角下的碳信息披露的价值效应

基于外部性理论，企业碳排放管理行为具有明显的外部性。造成环境污染的企业对社会和其他企业产生了负外部性的影响，如果企业将自身碳排放管理问题置于外部而无须付出相应代价，那么企业将会追逐自身利益而罔顾社会环境利益，为此，须通过一些措施使外部问题内部化。政府可通过两方面举措来影响企业的碳排放管理及其价值创造：一方面，政府可通过管制作用使得具有国家强制力的环境监管来影响企业的相关行为，企业的行为受到来自外部政府监管的强制性压力（贾兴平、刘益，2014）。监管制度条件可通过影响企业某些特定行为的损益，来影响企业相关行为的动机与决策偏好，良好的监管环境能增加企业创造价值的能力（韩美妮、王福胜，2016；La Porta et al.，2000）。因此，政府管制作用下的环境监管作为社会生态系统环境中的重要组成部分，对企业披露相关碳信息的行为及其企业价值创造能力具有一定的调节作用。另一方面，政府可通过对政府补助资源合理分配的引导作用来帮助企业降低其披露成本进而提升企业价值，最终加强企业外部环境保护意识。政府掌握着众多的稀缺资源，其中政府补助是最为直接的资源，也是政府能够较为灵活分配的一种资源。政府在利用政府补助促进企业发展的同时，也希望企业能帮助实现政策性目标（Shleifer & Vishny，1994）。企业在面临外部监督压力时，很可能会顺应政府的低碳发展目标而披露更多的环境相关信息以获得政府补助（姚圣、周敏，2017），企业通过碳信息披露获得政府补贴也有助于上市公司社会效益的发挥（唐清泉、罗党论，2007）。因此，政府监督可通过环境监管的管制作用和政府补助的引导作用对上市公司碳信息披露的价值效应产生影响，如图4－3所示。

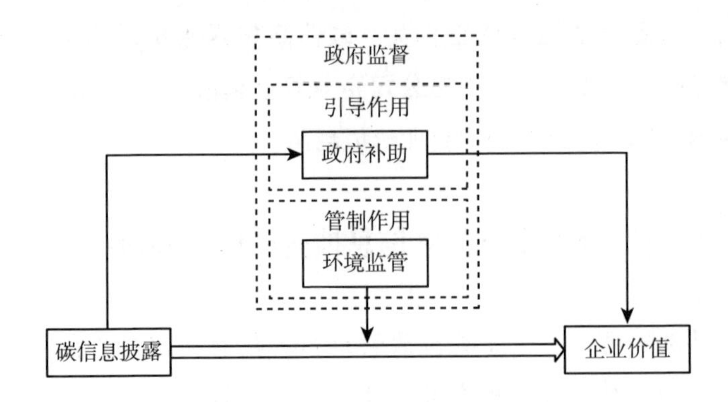

图4-3　政府监督视角下碳信息披露的价值效应关系

（一）政府补助对碳信息披露的价值效应的引导作用

政府为了实现地区经济社会发展的目标，提升政绩，需要企业协调配合，尤其在节能减排、低碳发展背景下，政府期望企业能具有良好的环保意识，实现低碳发展目标。我国具有“政治集中、经济分权”的制度特征，政府掌握着包括政府补助在内的大量资源的分配权（杨其静，2011）。政府在进行资源分配时的自由裁量权非常大，可以决定向哪些企业主体进行资源的发放（Hellman et al.，2003）。从政府的角度看，在政府和企业之间信息不对称广泛存在的情况下，政府在分配资源时往往会优先考虑获取了更多有关信息的企业，这使得政府能够更加了解企业的实际情况，从而对其产生信任。从企业的角度看，企业的生存发展在很大程度上需要其在面对外部环境（包括政府）时具有强大的交往和谈判能力（Pfeffer & Salancik，2003）。对政策动向感知更加敏锐的企业能够更有效地与政府官员进行沟通（陈维等，2015）；企业通过迎合政府要求的信息披露能及时把握政府资源发放标准从而赢得先机。因此，企业更愿意为了获得下一期的政府补助而增加与环境有关信息的披露（姚圣、周敏，2017）。

企业在进行碳信息披露时需要付出专有化成本，其中可能包括：披露时的核算成本（通过自主学习或向专业机构求助完成碳披露核算）、潜在的商业机密泄露与受到管制处罚甚至诉讼的风险，以及企业在开展低碳减排工作时进行的大量环保投资。企业通过碳信息披露获取政府补助资金支持不仅能提升企业履行低碳减排责任的能力，补贴其付出的成本比如购买低碳设备和支付碳核算成本，降低其受到环保处罚或投诉的可能性，从而提升企业价值，而且政府补助具有信号作用（吕久琴、周俊佑，2012）。获得政府补助的企业是经过“同行业专家”评审决定，对众多申请企业进行严格筛选选择出来的，评审过程本质上是对优质项目的筛选过程。所以政府补助作为一种信号，向投资者传递了企业相关项目良好的“信号”，这一信号作用对投资者决策的影响可以通过企业价值变动反映出来。

因此，对于政府补助在企业碳信息披露的价值效应中的作用，提出假设 2 如下：

H2：其他条件不变时，在碳信息披露与企业价值的“U”型关系中，政府补助具有中介作用，上市公司的碳信息披露可通过政府补助影响其企业价值。

（二）政府环境监管对碳信息披露的价值效应的管制作用[①]

企业与政府监管部门的目标差异使得企业与政府监管部门之间存在博弈。企业以企业价值最大化为经营目标，政府监管部门则以民众公共利益为主要目标，包括保障良好的生态环境、宏观调控环境资源的耗用和地区经济发展等（覃朝晖等，2017）。企业通过碳信息披露传达自身碳排放管理行为，为了保障公共利益，政府监管部门会对企业的碳排放行为及其碳信息披露进行监督。企业与监管部门之间为不完全信息，在双方不存在“串通”的合作前提下，企业可采取的策略为高水平碳信息披露和低水平碳信息披露。假设上市公司正常经营不重视碳信息披露（即低水平碳信息披露）时的收益为 E，企业披露高水平碳信息的成本为 C，进行高水平碳信息披露时可获得的超额收益为 e，e 可能为正，也可能为负；监管部门对于环境问题可采取的策略为高水平环境监管和低水平环境监管，在良好的生态环境下监管部门可获得的公众利益为 B，进行高水平环境监管时的监管成本为 S，监管部门监管企业的不良碳排放行为的处罚为 P，那么企业

---

① 本小节中政府环境监管对碳信息披露的价值效应的管制作用的相关内容已发表在《统计研究》2018 年第 9 期，有删改。

与监管部门之间的博弈矩阵如表4-1所示。

表4-1 企业与监管部门的博弈矩阵

企业	高水平环境监管	低水平环境监管
高水平碳信息披露	E+e-C，B-S	E+e-C，B
低水平碳信息披露	E-P，P-S	E，-B

假设政府监管部门进行高水平环境监管的概率为p，企业进行高水平碳信息披露的概率为q。那么政府监管部门的期望收益函数π_1则为：

$$\pi_1 = p[q(B-S)+(1-q)(P-S)]+(1-p)[qB+(1-q)(-B)]$$

企业的期望收益函数π_2则为：

$$\pi_2 = q[p(E+e-C)+(1-p)(E+e-C)]+(1-q)[p(E-P)+(1-p)E]$$

为使博弈双方的收益最大，使得$\partial\pi_1/\partial p=0$和$\partial\pi_2/\partial q=0$，可得：

$$q = 1 - S/(P+B)$$

$$p = (C-e)/P$$

可以发现，当博弈双方利益最大化达到均衡状态时，监管部门对企业的处罚以及公众利益要求较高时，企业进行高水平碳信息披露的概率增大，这体现出监管部门要获取较高的公众利益，对于环境监管处罚力度较大时，会促进企业高水平的碳信息披露。均衡状态时，企业的利益最大化（企业价值最大化）与企业进行碳信息披露所获取的超额收益及披露成本两者孰大相关。当企业披露成本比碳信息披露带来的超额收益大时，政府监管部门进行高水平环境监管的概率增大；当企业披露成本比碳信息披露带来的超额收益小时，政府监管部门进行高水平环境监管的概率减小。这体现了企业碳信息披露成本以及碳信息披露带来的超额收益与政府监管部门进行的环境监管之间的关系对企业的价值最大化产生一定影响。

考虑碳信息披露与企业价值的"U"型关系，当企业披露成本比碳信息披露带来的超额收益大时，碳信息披露成本对企业价值造成一定损耗，而监管制度建设和执行力度较好时，监管制度上的规范可促进企业间碳信息披露内容的统一规范性（沈洪涛、冯杰，2012），从而降低企业为充分披露碳信息而产生的不必要探索性成本，避免更多披露成本对企业价值的损耗。且在环境监管完善地区，企业的相关社会责任履行状况越好（周中胜等，2012），上市公司信息披露质量越高（魏志华、李常青，2009），企业的代理成本降低越显著（叶勇等，2013）。因此，当企业披露成本大于其所带来的超额收益，企业披露碳信息会损耗部分企业价值时，良好的环境监管可有效降低企业碳信息的披露成本对企业价值的损耗，促进企业碳信息披露与企业价值关系的正向发展。

当企业的碳信息披露成本小于其所带来的超额收益时，企业披露碳信息可促进投资者对企业的乐观判断，降低企业的外部融资成本（Dhaliwal et al.，2011），从而提升企业价值。在不完善的环境监管水平下，金融市场发展受限，使企业外部融资空间有限（Brown et al.，2013），碳信息披露难以通过缓解融资约束来提升企业价值。而在环境监管完善地区，监管机构较为成熟，外部监督效果更强（黄雷等，2016），外部利益相关者具有良好的环境监管意识，有助于外部利益相关者辨别企业碳信息披露质量。结合合法性理论，在外部监管环境压力的约束下，企业遵从外部对企业履行低碳发展的规范和期望，可使其获得合法性地位及生存必需的资源（Gjølberg，2009）。企业高水平的碳信息披露质量更有利于企业获取合法性地位及获取外部投资者的乐观投资判断。在完善的监管环境下，金融市场较为发达且资本充沛（Brown et al.，2013），能有效降低企业的筹资成本（叶陈刚等，2015），从而提升企业价值。因此，当企业披露成本比碳信息披露带来的超额收益小时，企业碳信息披露可以获得更多超额收益，在良好的环境监管水平下，融资便利性可加强企业碳信息披露与企业价值的正向关系。

综合环境监管在企业碳信息披露与企业“U”型关系中的作用，提出假设 3 如下：

H3：其他条件不变时，在碳信息披露与企业价值的“U”型关系中，环境监管具有调节作用，良好的环境监管有助于增强企业碳信息披露与企业价值的正向关系。

第三节 研究设计

一、变量定义与模型构建

（一）变量定义

被解释变量为企业价值（Firm Value）。企业价值包括企业的经营能力、获利能力、潜在的发展机会等各个方面。学者们对企业价值的衡量一般分为两类：一类是从企业基于过去会计表现所反映的财务绩效（衡量指标如 ROA、ROE 和销售额等）（Yu & Tsai，2018；Ganda & Milondzo，2018）；另一类是从企业基于市场未来经济所反映的企业价值（衡量指标如股价、市值和托宾 Q 值等）（Matsumura et al.，2013；Busch & Hoffmann，2011；Chapple et al.，2013；Misani & Pogutz，2015；Ganda，2018）。基于会计表现的企业价值衡量侧重于使用公司资源时内部决策的效率，但可能会受到管理人员的操纵；以市场反应为基础的测算方法不太容易在会计程序和管理操作上产生差异，而是假设市场效率是充分的（Hassan & Romilly，2018）。本章借鉴多数学者基于市场未来经济所反映的企业价值衡量方法，根据前文文献综述中所搜索到的以企业价值为因变量研究碳信息披露内容的 11 篇文献，有 6 篇文献使用了企业市值来衡量企业价值（Matsumura et al.，2013；Chapple et al.，2013；Zamora-Ramírez & González-González，2016；张巧良等，2013；杨园华、李力，2017；杨子绪等，2018），据此我们认为采用企业市值来衡量企业价值较具有借鉴价值，因此本书亦采用企业市值来衡量企业价值。企业碳信息披露一般随年报或社会责任报告等相关信息载体，在相应会计年度的次年 4 月 30 日前披露，因此碳信息披露的影响效应存在跨期性（李秀玉、史亚雅，2016），对企业价值创造的影响存在滞后效应（杨园华、李力，2017）。并且，为控制碳信息披露与企业价值关系中的因果关系，在检验上市公司碳信息披露的价值效应时，被解释变量企业价值采用延后一期的会计报表日的企业市值来衡量。

解释变量为碳信息披露（Carbon Disclosure Index）。本章采用前述第三章中所构建的碳信息披露评价指标体系，以及如表3－4所示的评价标准，来综合全面地衡量上市公司的碳信息披露水平。该指标体系从碳信息披露的及时性、可比性、可靠性、可理解性和完整性5个一级指标出发，设置相应的二级评价指标（共14个二级指标），可较为系统客观地对企业碳信息披露进行合理评价（具体指标构建过程见第三章第一节）。

中介变量为政府补助（Government Subsidy）。使用企业获得的政府补助额来衡量政府补助。政府补助数据来源于样本企业的“非经常损益”科目下“计入当期损益的政府补助”，去除“与企业业务密切相关，按照国家统一标准定额或定量享受”的部分。

调节变量为环境监管（Environmental Supervision）。为反映不同地区的环境监管情况，本章借鉴已有学者关于环境监管的研究（宋建波等，2018；崔秀梅等，2016等），采用国内学者认可度较高的中国城市污染源监管信息公开指数（Pollution Information Transparency Index，PITI）来衡量环境监管，该指数越高，表示该地区的环境监管水平越完善。该指数出自自然资源保护协会和公众环境研究中心，二者共同对中国城市污染源监管记录、交流互动、排放数据和环评信息公开等内容进行评价，并发布《城市污染源监管信息公开指数（PITI）报告》。

控制变量。一方面，为控制本章研究内容的内生性问题，通过倾向得分匹配法（PSM）减少样本的选择性偏差和避免企业其他特征变量的干扰，需构建检验企业碳信息披露选择的Logit回归模型，在该模型中加入可能对企业碳信息披露产生影响的因素变量。根据第二章第三节第二小节中碳信息披露的影响因素研究文献综述结果，添加包括财务指标、公司治理指标、公司特征和相关外部因素在内的影响因素变量，具体包括公司规模（Size）（Córdova et al.，2018）、资产负债率（Leverage）（Faisal et al.，2018）、资本收益率（ROE）（张静，2018；崔也光等，2016）、营业收入增长率（Operating Income Growth Rate）（王志亮、杨媛，2017；崔也光、马仙，2014）、股权集中度（Equity Concentration）

(Calza et al.，2016)、机构持股比例（Institutional Shareholding）（Akbaş & Canikli，2019)、董事会规模（Board Size）（Kılıç & Kuzey，2019)、董事会独立性（Board Independence）（Jaggi et al.，2018)、是否两职合一(Duality）（Prado-Lorenzo & Garcia-Sanchez，2010)、是否四大会计师事务所审计（Big Four）（唐勇军等，2018)、是否国有企业（SOE）（管亚梅、李盼，2016)、上市年限（Listing Period）（Kalu et al.，2016)、是否披露社会责任报告（CSR）（Haque & Ntim，2018)、是否重污染行业(Heavy Pollution Industry）（Kılıç & Kuzey，2019）和是否在碳交易试点省市（Carbon Trading Pilot）（罗喜英等，2018)，并添加年份（Year）和行业（Industry）哑变量来控制年份和行业的固定效应，行业划分依据为2012 年证监会公布的行业分类。

另一方面，为检验上市公司碳信息披露的价值效应，以及不同政府监督情境下碳信息披露的价值效应，借鉴已有学者的研究，添加对企业价值可能产生影响的变量（Hassan & Romilly，2018；李雪婷等，2017；杜湘红、伍奕玲，2016；Misani & Pogutz，2015；王仲兵、靳晓超，2013；Busch & Hoffmann，2011)，具体包括公司规模（Size)、资产负债率(Leverage)、资本收益率（ROE)、营业收入增长率（Operating Income Growth Rate)、股权集中度（Equity Concentration)、机构持股比例（Institutional Shareholding)、董事会规模（Board Size)、董事会独立性（Board Independence)、是否两职合一（Duality)、是否四大会计师事务所审计(Big Four)、是否国有企业（SOE)、上市年限（Listing Period)、是否披露社会责任报告（CSR)、是否重污染行业（Heavy Pollution Industry)、是否在碳交易试点省市（Carbon Trading Pilot)、是否有违规被处罚(Punishment)、市场风险 β 值（Beta）和中国经济政策不确定性指数(Economic Policy Uncertainty)，并添加年份（Year）和行业（Industry）哑变量来控制年份和行业的固定效应，行业划分依据为 2012 年证监会公布的行业分类。

对所有连续型变量进行了上下 1% 的缩尾（Winsorize）处理。变量定义内容见表 4－2。

表 4-2　　变量定义表

变量名称		变量符号	变量定义
被解释变量	企业价值（Firm Value）	*FV*	企业市值的自然对数
解释变量	碳信息披露（Carbon Disclosure Index）	*CDI*	由第三章中第一节所构建的碳信息披露评价指标体系衡量
中介变量	政府补助（Government Subsidy）	*GS*	（企业获得的政府补助 +1）的自然对数
调节变量	环境监管（Environmental Supervision）	*ES*	中国城市污染源监管信息公开指数
控制变量	公司规模（Size）	*Size*	企业总资产的自然对数
	资产负债率（Leverage）	*Lev*	总负债/总资产
	资本收益率（ROE）	*ROE*	净利润/净资产
	营业收入增长率（Operating Income Growth）	*OIG*	（本年营业收入 - 上年营业收入）/上年营业收入
	股权集中度（Equity Concentration）	*EC*	公司第一大股东持股比例
	机构持股比例（Institutional Shareholding）	*IS*	基金、券商、保险、信托、银行等投资机构持股比例总和
	董事会规模（Board Size）	*BS*	董事人数
	董事会独立性（Board Independence）	*BI*	独立董事人数/董事人数
	是否两职合一（Duality）	*Dual*	董事长与总经理兼任情况，同一人为 1，否则为 0
	是否四大会计师事务所审计（Big Four）	*BF*	上市公司是否由四大会计师事务所审计，是为 1，否为 0
	是否国有企业（SOE）	*SOE*	上市公司是否为国有企业，是为 1，否为 0
	上市年限（Listing Period）	*LP*	当期年份与公司上市年份差值
	是否披露社会责任报告（CSR）	*CSR*	上市公司是否披露社会责任报告，是为 1，否为 0
	是否重污染行业（Heavy Pollution Industry）	*HPI*	上市公司所属行业是否为重污染行业，是为 1，否为 0
	是否在碳交易试点省市（Carbon Trading Pilot）	*CTP*	上市公司注册地是否在 7 个碳交易试点省市，是为 1，否为 0

续表

变量名称		变量符号	变量定义
控制变量	是否有违规被处罚（Punishment）	*Pun*	上市公司当期是否有违规被处罚，是为1，否为0
	市场风险β值（Beta）	*Beta*	资本资产定价模型（CAPM）中的风险因子β值
	中国经济政策不确定性（Economic Policy Uncertainty）	*EPU*	芝加哥大学和斯坦福大学联合发布的由 Davis、Liu 和 Sheng 共同开发的中国经济政策不确定指数
	年份（Year）	*Year*	年份哑变量
	行业（Industry）	*Ind*	行业哑变量，依据证监会2012年行业分类

（二）模型构建

为控制内生性问题，根据已有研究成果，企业碳信息披露存在较多内外部影响因素（具体见第二章第三节第二小节的相关文献综述），这些影响因素的存在可能使得企业有选择地进行碳信息披露，并且企业间这些特征变量的差异可能干扰碳信息披露的价值效应，从而影响本章研究结果。本章首先通过倾向得分匹配法（PSM）减少样本的选择性偏差和避免企业其他特征变量的干扰，根据样本碳信息披露年均值设定碳信息披露高于年均值的上市公司为处理组（Treated），碳信息披露低于年均值的上市公司为控制组（Untreated），加入上市公司碳信息披露的影响因素变量以及年份和行业变量的固定效应，设定用于检验碳信息披露选择的 Logit 回归模型，如模型（4－1）所示：

$$\begin{aligned} CDI_{i,t} = {} & \lambda_0 + \lambda_1 Size_{i,t} + \lambda_2 Lev_{i,t} + \lambda_3 ROE_{i,t} + \lambda_4 OIG_{i,t} + \lambda_5 EC_{i,t} + \lambda_6 IS_{i,t} \\ & + \lambda_7 BS_{i,t} + \lambda_8 BI_{i,t} + \lambda_9 Dual_{i,t} + \lambda_{10} BF_{i,t} + \lambda_{11} SOE_{i,t} + \lambda_{12} LP_{i,t} \\ & + \lambda_{13} CSR_{i,t} + \lambda_{14} HPI_{i,t} + \lambda_{15} CTP_{i,t} + \varepsilon_{i,t} \end{aligned} \tag{4-1}$$

根据上述 Logit 回归模型检验结果中显著影响碳信息披露的变量来作为特征变量进行样本匹配，以减少样本的自选择偏差和避免企业其他特征变量的干扰，然后根据匹配结果，以剔除未匹配成功的观测值后的样本进行后续实证分析。本章进行倾向得分匹配后的样本也将作为后续章节研究样本的基础。

为检验碳信息披露的价值效应（假设 1），因碳信息披露的影响效应存在跨期性（李秀玉、史亚雅，2016），对企业价值创造的影响存在滞后效应（杨园华、李力，2017），为控制内生性问题中碳信息披露与企业价值关系中的因果关系，在检验上市公司碳信息披露的价值效应时，被解释变量采用延后一期的企业价值来衡量。构建如模型（4－2）所示的实证模型，被解释变量 FV 为上市公司 i 第 $t+1$ 年的企业价值，解释变量 CDI 为上市公司 i 第 t 年的碳信息披露。为检验碳信息披露与企业价值的“U”型关系，借鉴佟岩等（2015）的“U”型关系检验模型，在模型中加入碳信息披露的平方项。其余为控制变量，并在模型中添加了年份和行业的哑变量来控制年份和行业的固定效应。若碳信息披露平方项（CDI^2）的系数 α_2 显著为正，则可验证假设 1，反映上市公司碳信息披露与企业价值存在“U”型关系，并可结合碳信息披露（CDI）的系数 α_1 计算出碳信息披露与企业价值“U”型关系的临界点。

$$\begin{aligned}FV_{i,t+1} = {} & \alpha_0 + \alpha_1 CDI_{i,t} + \alpha_2 CDI_{i,t}^2 + \alpha_3 Size_{i,t+1} + \alpha_4 Lev_{i,t+1} + \alpha_5 ROE_{i,t+1} \\ & + \alpha_6 OIG_{i,t+1} + \alpha_7 EC_{i,t+1} + \alpha_8 IS_{i,t+1} + \alpha_9 BS_{i,t+1} + \alpha_{10} BI_{i,t+1} \\ & + \alpha_{11} Dual_{i,t+1} + \alpha_{12} BF_{i,t+1} + \alpha_{13} SOE_{i,t+1} + \alpha_{14} LP_{i,t+1} \\ & + \alpha_{15} CSR_{i,t} + \alpha_{16} HPI_{i,t+1} + \alpha_{17} CTP_{i,t+1} + \alpha_{18} Pun_{i,t+1} \\ & + \alpha_{19} Beta_{i,t+1} + \alpha_{20} EPU_{i,t+1} + \varepsilon_{i,t} \qquad (4-2)\end{aligned}$$

为检验政府补助对碳信息披露的价值效应的引导作用（假设 2），借鉴 Baron & Kenny（1986）所提出的因果逐步回归检验中介效应的经典模型，遵循温忠麟等（2004）所提出的中介效应检验程序，在结合模型（4－2）的基础上，构建如模型（4－3）和模型（4－4）所示模型，根据 3 个模型检验结果判断政府补助在上市公司碳信息披露与企业价值关系中是否存在中介作用。被解释变量 FV 为上市公司 i 第 $t+1$ 年的企业价值，解释变量 CDI 为上市公司 i 第 t 年的碳信息披露，中介变量 GS 为上市公司 i 第 $t+1$ 年获取的政府补助，其余为控制变量，并在模型中添加了年份和行业的哑变量来控制年份和行业的固定效应。若在模型（4－2）中碳信息披露平方项的系数 α_2 显著为正的前提下，模型（4－3）中碳信息披露平方项

（CDI^2）的系数 γ_2 显著的同时模型（4－4）中政府补助（GS）的系数 μ_3 也显著，则可验证假设2，反映政府补助在上市公司碳信息披露与企业价值的“U”型关系中的中介作用。同时若模型（4－4）中碳信息披露平方项（CDI^2）的系数 μ_2 也显著，则体现政府补助在碳信息披露与企业价值的关系中具有部分中介作用，否则为完全中介作用。

$$
\begin{aligned}
GS_{i,t+1} = {} & \gamma_0 + \gamma_1 CDI_{i,t} + \gamma_2 CDI_{i,t}^2 + \gamma_3 Size_{i,t+1} + \gamma_4 Lev_{i,t+1} + \gamma_5 ROE_{i,t+1} \\
& + \gamma_6 OIG_{i,t+1} + \gamma_7 EC_{i,t+1} + \gamma_8 IS_{i,t+1} + \gamma_9 BS_{i,t+1} + \gamma_{10} BI_{i,t+1} \\
& + \gamma_{11} Dual_{i,t+1} + \gamma_{12} BF_{i,t+1} + \gamma_{13} SOE_{i,t+1} + \gamma_{14} LP_{i,t+1} \\
& + \gamma_{15} CSR_{i,t} + \gamma_{16} HPI_{i,t+1} + \gamma_{17} CTP_{i,t+1} + \gamma_{18} Pun_{i,t+1} \\
& + \gamma_{19} Beta_{i,t+1} + \gamma_{20} EPU_{i,t+1} + \varphi_{i,t}
\end{aligned}
\tag{4－3}
$$

$$
\begin{aligned}
FV_{i,t+1} = {} & \mu_0 + \mu_1 CDI_{i,t} + \mu_2 CDI_{i,t}^2 + \mu_3 GS_{i,t+1} + \mu_4 Size_{i,t+1} + \mu_5 Lev_{i,t+1} \\
& + \mu_6 ROE_{i,t+1} + \mu_7 OIG_{i,t+1} + \mu_8 EC_{i,t+1} + \mu_9 IS_{i,t+1} + \mu_{10} BS_{i,t+1} \\
& + \mu_{11} BI_{i,t+1} + \mu_{12} Dual_{i,t+1} + \mu_{13} BF_{i,t+1} + \mu_{14} SOE_{i,t+1} \\
& + \mu_{15} LP_{i,t+1} + \mu_{16} CSR_{i,t} + \mu_{17} HPI_{i,t+1} + \mu_{18} CTP_{i,t+1} \\
& + \mu_{19} Pun_{i,t+1} + \mu_{20} Beta_{i,t+1} + \mu_{21} EPU_{i,t+1} + \tau_{i,t}
\end{aligned}
\tag{4－4}
$$

为检验政府环境监管对碳信息披露的价值效应的管制作用（假设3），构建如模型（4－5）所示的实证模型来判断环境监管在上市公司碳信息披露与企业价值关系中是否存在调节作用。被解释变量 FV 为上市公司 i 第 $t+1$ 年的企业价值，解释变量 CDI 为上市公司 i 第 t 年的碳信息披露，调节变量 ES 为上市公司 i 在第 t 年所面对的环境监管情况，其余为控制变量，并在模型中添加了年份和行业的哑变量来控制年份和行业的固定效应。若在碳信息披露平方项（CDI^2）的系数 β_2 显著为正的前提下，碳信息披露平方项与环境监管的交乘项（$CDI^2 \times ES$）的系数 β_4 亦显著，则可验证假设3，反映出环境监管在上市公司碳信息披露与企业价值的“U”型关系中的调节作用。

$$
\begin{aligned}
FV_{i,t+1} = {} & \beta_0 + \beta_1 CDI_{i,t} + \beta_2 CDI_{i,t}^2 + \beta_3 CDI_{i,t} \times ES_{i,t} + \beta_4 CDI_{i,t}^2 \times ES_{i,t} \\
& + \beta_5 ES_{i,t} + \beta_6 Size_{i,t+1} + \beta_7 Lev_{i,t+1} + \beta_8 ROE_{i,t+1} + \beta_9 OIG_{i,t+1} \\
& + \beta_{10} EC_{i,t+1} + \beta_{11} IS_{i,t+1} + \beta_{12} BS_{i,t+1} + \beta_{13} BI_{i,t+1} + \beta_{14} Dual_{i,t+1} \\
& + \beta_{15} BF_{i,t+1} + \beta_{16} SOE_{i,t+1} + \beta_{17} LP_{i,t+1} + \beta_{18} CSR_{i,t} + \beta_{19} HPI_{i,t+1} \\
& + \beta_{20} CTP_{i,t+1} + \beta_{21} Pun_{i,t+1} + \beta_{22} Beta_{i,t+1} + \beta_{23} EPU_{i,t+1} + \delta_{i,t}
\end{aligned}
\tag{4－5}
$$

二、样本与数据来源

本章以2008~2017年我国在沪深两市上市的全部A股上市公司为初始样本，选择2008年作为上市公司样本研究的起始年份是因为原国家环保总局在2007年发布了《环境信息公开办法（试行）》（2008年生效），国家自此开始鼓励企业自愿公开主要污染物（包括碳排放）的名称、排放方式、排放浓度和总量、超标、超总量情况等9类企业环境信息。这是中国企业碳信息披露发展历程中较为关键的时点，因此选择了自2008~2017年的十年区间作为研究时间区间。通过对2008~2017年我国在沪深两市上市的全部A股上市公司发布在上海证券交易所和深圳证券交易所官方网站上的年报、社会责任报告、环境报告书和可持续发展报告等碳信息披露载体进行内容分析，以获取客观可靠的上市公司碳信息披露质量数据。剔除因所公布的碳信息披露载体为加密文件等原因不能被有效读取的上市公司样本，最终获得了如表4-3所示的研究样本，样本分布逐年递增，2008~2017年共24774个观测值。因碳信息披露对企业价值创造的影响存在滞后效应，且为控制碳信息披露与企业价值关系中的因果关系，被解释变量采用延后一期的企业价值来衡量，所以上市公司对应碳信息披露的企业价值数据为2009~2018年的相应观测值。

表4-3　　初始研究样本分布

年份	2008	2009	2010	2011	2012	2013	2014	2015	2016	2017	总计
样本量	1589	1741	2098	2336	2461	2503	2627	2820	3111	3488	24774
占比%	6.41	7.03	8.47	9.43	9.93	10.10	10.60	11.38	12.56	14.08	100.00

企业价值相关数据和政府补助相关数据以及部分控制变量来自CSMAR数据库和RESSET数据库。环境监管数据来自自然资源保护协会和公众环境研究中心共同对中国城市污染源监管记录、交流互动、排放数据和环评信息公开等内容进行评价后发布的《城市污染源监管信息公开指数（PITI）报告》。控制变量中的中国经济政策不确定性数据来自芝加哥大学和斯坦福大学联合发布的由戴维斯等人共同开发的中国经济政策不确定

指数。

因从CSMAR数据库和RESSET数据库所获取的变量数据中存在少量缺失的情况，在进行的实证模型回归时，剔除模型（4-1）中所涉及的影响因素变量共478个缺失的观测值，剔除模型（4-2）、模型（4-3）、模型（4-4）和模型（4-5）中涉及的企业价值变量826个缺失的观测值和控制变量缺失的170个观测值，以23300个观测值对研究样本进行倾向得分匹配。

根据模型（4-1）结果进行倾向得分匹配后（详细内容见第四章第四节第一部分的倾向得分匹配结果），样本观测值中处理组的6个观测值及控制组的27个观测值未得到匹配（Off support），其余观测值均匹配成功（On support），以剔除共33个观测值的未匹配成功样本后的剩余样本23267个观测值为基础进行模型（4-2）、模型（4-3）和模型（4-4）的实证回归分析。

由于环境监管的PITI报告中未包括海南与西藏地区的相关数据，因此在进行模型（4-5）的环境监管的调节作用检验时的样本，未包含海南和西藏地区的上市公司共347个观测值，以22953个观测值再次根据模型（4-1）进行倾向得分匹配以控制内生性。倾向得分匹配后（详细内容见第四章第四节第一部分的倾向得分匹配结果），样本观测值中处理组的5个观测值及控制组的28个观测值未得到匹配（Off support），其余观测值均匹配成功（On support），以剔除共33个观测值的未匹配成功样本后的剩余样本22920个观测值为基础进行模型（4-5）的实证回归分析。

第四节 实证结果

一、倾向得分匹配结果

（一）模型（4-2）、模型（4-3）和模型（4-4）样本倾向得分匹配结果

1. 描述性统计分析

为进行模型（4-2）、模型（4-3）和模型（4-4）研究样本的倾向

得分匹配而设定了模型（4－1），表4－4为该模型中涉及变量的描述统计表。上市公司碳信息披露 *CDI* 的23300个观测值中，样本均值为0.479，体现样本中约有47.9%的上市公司的碳信息披露水平高于年均值。

表4－4　　模型（4－2）、模型（4－3）和模型（4－4）样本倾向得分匹配变量的描述性统计

变量	平均数	中位数	标准差	最小值	最大值	观测数
$CDI_{i,t}$	0.479	0.000	0.500	0.000	1.000	23300
$Size_{i,t}$	21.840	21.655	1.446	18.960	26.872	23300
$Lev_{i,t}$	0.444	0.435	0.226	0.046	1.037	23300
$ROE_{i,t}$	0.065	0.071	0.117	－0.627	0.340	23300
$OIG_{i,t}$	0.469	0.121	1.481	－0.745	11.499	23300
$EC_{i,t}$	35.244	33.304	15.151	8.497	74.976	23300
$IS_{i,t}$	6.556	3.793	7.578	0.000	36.213	23300
$BS_{i,t}$	8.810	9.000	1.824	5.000	15.000	23300
$BI_{i,t}$	0.372	0.333	0.055	0.091	0.800	23300
$Dual_{i,t}$	0.247	0.000	0.431	0.000	1.000	23300
$BF_{i,t}$	0.063	0.000	0.243	0.000	1.000	23300
$SOE_{i,t}$	0.415	0.000	0.493	0.000	1.000	23300
$LP_{i,t}$	15.064	15.000	7.012	2.000	29.000	23300
$CSR_{i,t}$	0.237	0.000	0.425	0.000	1.000	23300
$HPI_{i,t}$	0.680	1.000	0.466	0.000	1.000	23300
$CTP_{i,t}$	0.381	0.000	0.486	0.000	1.000	23300

2. 相关分析

为进行模型（4－2）、模型（4－3）和模型（4－4）研究样本的倾向得分匹配而设定了模型（4－1），表4－5为该模型中涉及变量的相关系数表，Logit模型中碳信息披露与大多数的影响因素变量相关，与已有研究成果一致。

表 4-5　模型（4-2）、模型（4-3）和模型（4-4）样本倾向得分匹配变量的相关系数

变量	(1)	(2)	(3)	(4)	(5)	(6)	(7)	(8)	(9)	(10)	(11)	(12)	(13)	(14)	(15)
$CDI_{i,t}$	1														
$Size_{i,t}$	**0.292**	1													
$Lev_{i,t}$	**0.122**	**0.485**	1												
$ROE_{i,t}$	**0.014**	**0.088**	**-0.150**	1											
$OIG_{i,t}$	**-0.087**	**-0.012**	**0.081**	**0.038**	1										
$EC_{i,t}$	**0.082**	**0.196**	**0.024**	**0.119**	0.010	1									
$IS_{i,t}$	**0.060**	**0.208**	**0.047**	**0.223**	-0.005	**-0.103**	1								
$BS_{i,t}$	**0.156**	**0.353**	**0.215**	**0.040**	**-0.049**	**0.011**	**0.089**	1							
$BI_{i,t}$	**-0.024**	0.010	**-0.022**	**-0.017**	**0.026**	**0.045**	-0.004	**-0.420**	1						
$Dual_{i,t}$	**-0.094**	**-0.198**	**-0.173**	**0.020**	**-0.014**	**-0.045**	**-0.024**	**-0.179**	**0.098**	1					
$BF_{i,t}$	**0.123**	**0.437**	**0.167**	**0.079**	**-0.039**	**0.116**	**0.079**	**0.201**	**0.024**	**-0.079**	1				
$SOE_{i,t}$	**0.142**	**0.360**	**0.312**	**-0.063**	0.007	**0.205**	**0.025**	**0.274**	**-0.063**	**-0.293**	**0.149**	1			
$LP_{i,t}$	**0.043**	**0.238**	**0.402**	**-0.097**	**0.103**	**-0.060**	**0.065**	**0.130**	**-0.055**	**-0.246**	**0.042**	**0.457**	1		
$CSR_{i,t}$	**0.303**	**0.447**	**0.156**	**0.095**	**-0.032**	**0.074**	**0.146**	**0.188**	**0.017**	**-0.104**	**0.241**	**0.212**	**0.131**	1	
$HPI_{i,t}$	**0.215**	**-0.086**	**-0.115**	**-0.035**	**-0.151**	**0.016**	**-0.047**	**-0.051**	0.010	**0.052**	**-0.068**	**-0.090**	**-0.156**	**-0.037**	1
$CTP_{i,t}$	**-0.082**	**0.077**	**-0.015**	**0.054**	**0.037**	**0.030**	**0.027**	**0.021**	**0.048**	**0.038**	**0.144**	**0.028**	**0.013**	**0.035**	**-0.136**

注：系数加粗表示在 10% 显著性水平下显著。

3. 倾向得分匹配结果

采用方差膨胀因子（VIF 值）检验模型的多重共线性。为进行模型（4－2）、模型（4－3）和模型（4－4）研究样本的倾向得分匹配而设定的模型（4－1）中涉及变量的 VIF 值均小于 3，表明模型中变量之间不存在多重共线性。

表 4－6 为进行倾向得分匹配所构建的模型（4－1）的回归检验结果，结果显示 *Size*、*OIG*、*BS*、*Dual*、*LP*、*CSR*、*HPI* 和 *CTP* 这 8 个变量对上市公司碳信息披露这一倾向有显著影响，说明这些变量所代表的因素可能会使得上市公司更倾向于进行碳信息披露，其他变量无显著影响。将不显著的变量排除，选取显著的 8 个变量作为倾向得分匹配的特征变量，以减少样本的自选择偏差，采用最近邻匹配法，设置 1∶4 配比。

表 4－6　　模型（4－1）回归结果

变量	Coef.	Robust Std. Err.	z
$Size_{i,t}$	0.3995 ***	0.0190	21.08
$Lev_{i,t}$	0.0291	0.0909	0.32
$ROE_{i,t}$	－0.1994	0.1495	－1.33
$OIG_{i,t}$	－0.0342 ***	0.0116	－2.95
$EC_{i,t}$	0.0011	0.0012	0.99
$IS_{i,t}$	0.0035	0.0022	1.60
$BS_{i,t}$	0.0441 ***	0.0114	3.86
$BI_{i,t}$	0.0254	0.3217	0.08
$Dual_{i,t}$	－0.1394 ***	0.0379	－3.68
$BF_{i,t}$	－0.0503	0.0796	－0.63
$SOE_{i,t}$	0.0660	0.0406	1.63
$LP_{i,t}$	－0.0188 ***	0.0030	－6.32
$CSR_{i,t}$	1.3502 ***	0.0442	30.56
$HPI_{i,t}$	0.6379 *	0.3686	1.73
$CTP_{i,t}$	－0.2186 ***	0.0342	－6.40
_cons	－9.9465 ***	0.5077	－19.59
Ind F. E.		Yes	
Year F. E.		Yes	
# obs.		23300	
Pseudo R^2		0.2253	

注：***，** 和 * 分别表示在 1%、5% 和 10% 的显著性水平下显著。

倾向得分匹配后处理效应结果显示 ATT 的 t 值为 -3.99，在 1% 水平下显著，处理效应较好，说明匹配后样本上市公司碳信息披露的企业价值存在显著差异。特征变量的数据平衡检查发现匹配后特征变量的标准化偏差均小于 10%，对比匹配前的结果，特征变量的标准化偏差大幅缩小，且大多数特征变量的 t 检验结果显示经匹配后处理组与控制组无系统差异，匹配效果较好。经倾向得分匹配后，样本观测值中处理组的 6 个观测值及控制组的 27 个观测值未得到匹配（Off support），其余观测值均匹配成功（On support），进行倾向评分匹配仅损失少量样本观测值，剔除 33 个未匹配成功的观测值，以匹配成功的样本共 23267 个观测值为基础进行模型（4-2）、模型（4-3）和模型（4-4）的实证回归，以控制研究内生性问题。

（二）模型（4-5）样本倾向得分匹配结果

由于环境监管的 PITI 报告中未包括海南与西藏地区的相关数据，因此在进行模型（4-5）的环境监管的调节作用检验时的样本，未包含海南和西藏地区的上市公司共 347 个观测值。为控制研究内生性，以 22953（23300-347）个观测值再次根据模型（4-1）进行倾向得分匹配，以匹配后的样本检验模型（4-5）的实证回归结果。

1. 描述性统计分析

表 4-7 为进行模型（4-5）研究样本的倾向得分匹配而设定的模型（4-1）中涉及变量的描述统计表。上市公司碳信息披露 CDI 的 22953 个观测值中，样本均值为 0.481，体现样本中约有 48.1% 的上市公司的碳信息披露水平高于年均值。

表 4-7　模型（4-5）样本倾向得分匹配变量的描述性统计

变量	平均数	中位数	标准差	最小值	最大值	观测数
$CDI_{i,t}$	0.481	0.000	0.500	0.000	1.000	22953
$Size_{i,t}$	21.846	21.659	1.448	18.960	26.872	22953
$Lev_{i,t}$	0.445	0.436	0.225	0.046	1.037	22953
$ROE_{i,t}$	0.065	0.071	0.116	-0.627	0.340	22953

续表

变量	平均数	中位数	标准差	最小值	最大值	观测数
$OIG_{i,t}$	0.463	0.119	1.467	-0.745	11.499	22953
$EC_{i,t}$	35.319	33.358	15.120	8.497	74.976	22953
$IS_{i,t}$	6.583	3.831	7.590	0.000	36.213	22953
$BS_{i,t}$	8.819	9.000	1.829	5.000	15.000	22953
$BI_{i,t}$	0.371	0.333	0.055	0.091	0.800	22953
$Dual_{i,t}$	0.247	0.000	0.431	0.000	1.000	22953
$BF_{i,t}$	0.063	0.000	0.243	0.000	1.000	22953
$SOE_{i,t}$	0.416	0.000	0.493	0.000	1.000	22953
$LP_{i,t}$	15.008	15.000	7.003	2.000	29.000	22953
$CSR_{i,t}$	0.238	0.000	0.426	0.000	1.000	22953
$HPI_{i,t}$	0.682	1.000	0.466	0.000	1.000	22953
$CTP_{i,t}$	0.387	0.000	0.487	0.000	1.000	22953

2. 相关分析

表4-8为进行模型（4-5）研究样本的倾向得分匹配而设定的模型（4-1）中涉及变量的相关系数表，Logit模型中碳信息披露与大多数的影响因素变量相关，与已有研究成果一致。

3. 倾向得分匹配结果

采用方差膨胀因子（VIF值）检验模型的多重共线性。为进行模型（4-5）研究样本的倾向得分匹配而设定的模型（4-1）中涉及变量的VIF值均小于3，表明模型中变量之间不存在多重共线性。

表4-9为进行倾向得分匹配所构建的模型（4-1）回归检验结果，结果显示*Size*、*ROE*、*OIG*、*IS*、*BS*、*Dual*、*LP*、*CSR*、*HPI*和*CTP*这10个变量对上市公司碳信息披露这一倾向有显著影响，说明这些变量所代表的因素可能会使得上市公司更倾向于进行碳信息披露，其他变量无显著影响。将不显著的变量排除，选取显著的10个变量作为倾向得分匹配的特征变量，以减少样本的自选择偏差，采用最近邻匹配法，设置1∶4配比。

表 4－8　　模型（4－5）样本倾向得分匹配变量的相关系数

变量	(1)	(2)	(3)	(4)	(5)	(6)	(7)	(8)	(9)	(10)	(11)	(12)	(13)	(14)	(15)
$CDI_{i,t}$	1														
$Size_{i,t}$	**0.291**	1													
$Lev_{i,t}$	**0.123**	**0.489**	1												
$ROE_{i,t}$	0.011	**0.087**	**-0.151**	1											
$OIG_{i,t}$	**-0.087**	-0.010	**0.083**	**0.041**	1										
$EC_{i,t}$	**0.080**	**0.195**	**0.025**	**0.117**	**0.012**	1									
$IS_{i,t}$	**0.060**	**0.207**	**0.047**	**0.225**	-0.002	**-0.104**	1								
$BS_{i,t}$	**0.155**	**0.355**	**0.216**	**0.040**	**-0.047**	0.010	**0.088**	1							
$BI_{i,t}$	**-0.023**	**0.012**	**-0.021**	**-0.017**	**0.025**	**0.046**	-0.004	**-0.419**	1						
$Dual_{i,t}$	**-0.092**	**-0.197**	**-0.176**	**0.022**	**-0.013**	**-0.045**	**-0.022**	**-0.179**	**0.098**	1					
$BF_{i,t}$	**0.125**	**0.438**	**0.167**	**0.081**	**-0.038**	**0.119**	**0.079**	**0.203**	**0.022**	**-0.079**	1				
$SOE_{i,t}$	**0.141**	**0.360**	**0.314**	**-0.064**	0.007	**0.205**	**0.026**	**0.274**	**-0.063**	**-0.294**	**0.149**	1			
$LP_{i,t}$	**0.047**	**0.243**	**0.405**	**-0.095**	**0.102**	**-0.052**	**0.066**	**0.135**	**-0.058**	**-0.249**	**0.044**	**0.464**	1		
$CSR_{i,t}$	**0.302**	**0.448**	**0.161**	**0.097**	**-0.029**	**0.072**	**0.146**	**0.191**	**0.016**	**-0.103**	**0.243**	**0.212**	**0.135**	1	
$HPI_{i,t}$	**0.215**	**-0.086**	**-0.118**	**-0.038**	**-0.153**	**0.012**	**-0.048**	**-0.054**	**0.013**	**0.051**	**-0.067**	**-0.089**	**-0.154**	**-0.036**	1
$CTP_{i,t}$	**-0.087**	**0.075**	**-0.017**	**0.052**	**0.041**	**0.027**	**0.024**	**0.017**	**0.052**	**0.039**	**0.146**	**0.027**	**0.020**	**0.035**	**-0.141**

注：系数加粗表示在 10% 显著性水平下显著。

表 4-9　模型（4-1）回归结果

变量	Coef.	Robust Std. Err.	z
$Size_{i,t}$	0.3975***	0.0191	20.77
$Lev_{i,t}$	-0.0063	0.0922	-0.07
$ROE_{i,t}$	-0.2603*	0.1515	-1.72
$OIG_{i,t}$	-0.0335***	0.0118	-2.85
$EC_{i,t}$	0.0011	0.0012	0.95
$IS_{i,t}$	0.0040*	0.0022	1.81
$BS_{i,t}$	0.0419***	0.0115	3.64
$BI_{i,t}$	0.0619	0.3245	0.19
$Dual_{i,t}$	-0.1325***	0.0381	-3.48
$BF_{i,t}$	-0.0228	0.0802	-0.28
$SOE_{i,t}$	0.0445	0.0410	1.09
$LP_{i,t}$	-0.0170***	0.0030	-5.66
$CSR_{i,t}$	1.3375***	0.0445	30.05
$HPI_{i,t}$	0.6040*	0.3689	1.64
$CTP_{i,t}$	-0.2344***	0.0343	-6.84
_cons	-9.8353***	0.5106	-19.26
Ind F. E.		Yes	
Year F. E.		Yes	
# obs.		22953	
Pseudo R^2		0.2252	

注：***，** 和 * 分别表示在 1%、5% 和 10% 的显著性水平下显著。

倾向得分匹配后处理效应结果显示 ATT 的 t 值为 -4.29，在 1% 水平下显著，处理效应较好，说明匹配后样本上市公司碳信息披露的企业价值存在显著差异。特征变量的数据平衡检查发现匹配后特征变量的标准化偏差均小于 10%，对比匹配前的结果，特征变量的标准化偏差大幅缩小，且大多数特征变量的 t 检验结果显示处理组与控制组无系统差异，匹配效果较好。经倾向得分匹配后，样本观测值中处理组的 5 个观测值及控制组的 28 个观测值未得到匹配（Off support），其余观测值均匹配成功（On support），进行倾向评分匹配仅损失少量观测值，剔除 33 个未匹配成功的观测值，以匹配成功的样本共 22920 个观测值为基础进行模型（4-5）的实证回归，以控制研究内生性问题。

二、描述性统计分析

表4－10为对样本进行倾向得分匹配后，为检验碳信息披露的价值效应以及政府补助对碳信息披露的价值效应的引导作用而设定的模型（4－2）、模型（4－3）和模型（4－4）中涉及变量的描述统计表。上市公司企业价值 *FV* 的23267个观测值中，样本均值为22.781，中位数为22.606，最小值为20.735，最大值为27.250。上市公司碳信息披露 *CDI* 的23267个观测值中，样本均值为9.486，中位数为9.000，最小值为0.000，最大值为25.000。上市公司获取的政府补助 *GS* 的23267个观测值中，样本均值为15.268，中位数为16.143，最小值为0.000，最大值为20.333。

表4－10　模型（4－2）、模型（4－3）和模型（4－4）中变量的描述性统计

变量	平均数	中位数	标准差	最小值	最大值	观测数
$FV_{i,t+1}$	22.781	22.606	1.207	20.735	27.250	23267
$CDI_{i,t}$	9.486	9.000	5.476	0.000	25.000	23267
$GS_{i,t+1}$	15.268	16.143	4.100	0.000	20.333	23267
$Size_{i,t+1}$	22.037	21.818	1.411	19.226	27.023	23267
$Lev_{i,t+1}$	0.454	0.446	0.221	0.052	0.999	23267
$ROE_{i,t+1}$	0.056	0.067	0.147	−0.923	0.346	23267
$OIG_{i,t+1}$	0.483	0.137	1.493	−0.777	11.818	23267
$EC_{i,t+1}$	34.702	32.625	15.049	8.418	74.856	23267
$IS_{i,t+1}$	6.574	3.984	7.384	0.000	34.891	23267
$BS_{i,t+1}$	8.763	9.000	1.817	5.000	15.000	23267
$BI_{i,t+1}$	0.373	0.333	0.056	0.000	0.800	23267
$Dual_{i,t+1}$	0.243	0.000	0.429	0.000	1.000	23267
$BF_{i,t+1}$	0.065	0.000	0.246	0.000	1.000	23267
$SOE_{i,t+1}$	0.412	0.000	0.492	0.000	1.000	23267
$LP_{i,t+1}$	15.058	15.000	7.012	2.000	29.000	23267
$CSR_{i,t}$	0.237	0.000	0.425	0.000	1.000	23267

续表

变量	平均数	中位数	标准差	最小值	最大值	观测数
$HPI_{i,t+1}$	0.681	1.000	0.466	0.000	1.000	23267
$CTP_{i,t+1}$	0.381	0.000	0.486	0.000	1.000	23267
$Pun_{i,t+1}$	0.145	0.000	0.352	0.000	1.000	23267
$Beta_{i,t+1}$	1.094	1.095	0.270	0.402	1.866	23267
$EPU_{i,t+1}$	126.257	122.200	35.732	92.100	206.600	23267

表4-11为对样本进行倾向得分匹配后，为检验政府环境监管对碳信息披露的价值效应的管制作用而设定的模型（4-5）中涉及变量的描述统计表。上市公司企业价值 *FV* 的22920个观测值中，样本均值为22.784，中位数为22.607，最小值为20.735，最大值为27.250。上市公司碳信息披露 *CDI* 的22920个观测值中，样本均值为9.516，中位数为9.000，最小值为1.000，最大值为25.000。环境监管 *ES* 的22920个观测值中（环境监管数据未涵盖海南和西藏地区的上市公司），样本均值为50.376，中位数为52.450，最小值为10.200，最大值为79.600。

表4-11　　　　模型（4-5）中变量的描述性统计

变量	平均数	中位数	标准差	最小值	最大值	观测数
$FV_{i,t+1}$	22.784	22.607	1.210	20.735	27.250	22920
$CDI_{i,t}$	9.516	9.000	5.476	0.000	25.000	22920
$ES_{i,t}$	50.376	52.450	15.406	10.200	79.600	22920
$Size_{i,t+1}$	22.043	21.823	1.413	19.226	27.023	22920
$Lev_{i,t+1}$	0.454	0.447	0.221	0.052	0.999	22920
$ROE_{i,t+1}$	0.056	0.067	0.147	-0.923	0.346	22920
$OIG_{i,t+1}$	0.477	0.136	1.480	-0.777	11.818	22920
$EC_{i,t+1}$	34.771	32.770	15.022	8.418	74.856	22920
$IS_{i,t+1}$	6.599	4.007	7.393	0.000	34.891	22920
$BS_{i,t+1}$	8.772	9.000	1.822	5.000	15.000	22920
$BI_{i,t+1}$	0.373	0.333	0.056	0.000	0.800	22920
$Dual_{i,t+1}$	0.243	0.000	0.429	0.000	1.000	22920

续表

变量	平均数	中位数	标准差	最小值	最大值	观测数
$BF_{i,t+1}$	0.065	0.000	0.246	0.000	1.000	22920
$SOE_{i,t+1}$	0.413	0.000	0.492	0.000	1.000	22920
$LP_{i,t+1}$	15.002	15.000	7.003	2.000	29.000	22920
$CSR_{i,t}$	0.238	0.000	0.426	0.000	1.000	22920
$HPI_{i,t+1}$	0.683	1.000	0.465	0.000	1.000	22920
$CTP_{i,t+1}$	0.386	0.000	0.487	0.000	1.000	22920
$Pun_{i,t+1}$	0.144	0.000	0.352	0.000	1.000	22920
$Beta_{i,t+1}$	1.094	1.096	0.270	0.402	1.866	22920
$EPU_{i,t+1}$	126.278	122.200	35.753	92.100	206.600	22920

三、相关分析

表4－12为对样本进行倾向得分匹配后，为检验碳信息披露的价值效应及政府补助对碳信息披露的价值效应的引导作用而设定的模型（4－2）、模型（4－3）和模型（4－4）中涉及变量的相关系数表。企业价值、碳信息披露和政府补助显著相关。企业价值也与大部分控制变量相关，与已有研究相符。

表4－13为对样本进行倾向得分匹配后，为检验政府环境监管对碳信息披露的价值效应的管制作用而设定的模型（4－5）中涉及变量的相关系数表。企业价值、碳信息披露和环境监管显著相关。

四、回归结果

采用方差膨胀因子（VIF值）检验模型的多重共线性。模型（4－2）、模型（4－3）、模型（4－4）和模型（4－5）中涉及变量的VIF值均小于3，表明模型中变量之间不存在多重共线性。

表 4-12　模型（4-2）、模型（4-3）和模型（4-4）中变量的相关系数

变量	(1)	(2)	(3)	(4)	(5)	(6)	(7)	(8)	(9)	(10)	(11)	(12)	(13)	(14)	(15)	(16)	(17)	(18)	(19)	(20)
$FV_{i,t+1}$	1																			
$CDI_{i,t}$	**0.326**	1																		
$GS_{i,t+1}$	**0.169**	**0.216**	1																	
$Size_{i,t+1}$	**0.921**	**0.377**	**0.205**	1																
$Lev_{i,t+1}$	**0.425**	**0.129**	**-0.030**	**0.469**	1															
$ROE_{i,t+1}$	**0.155**	0.004	**0.052**	**0.085**	**-0.163**	1														
$OIG_{i,t+1}$	-0.003	**-0.118**	**-0.128**	**-0.025**	**0.070**	**0.039**	1													
$EC_{i,t+1}$	**0.167**	**0.100**	**0.059**	**0.206**	**0.037**	**0.124**	**0.013**	1												
$IS_{i,t+1}$	**0.321**	**0.029**	**0.077**	**0.196**	**0.038**	**0.202**	-0.009	**-0.100**	1											
$BS_{i,t+1}$	**0.325**	**0.166**	**0.013**	**0.347**	**0.208**	**0.056**	**-0.036**	**0.020**	**0.087**	1										
$BI_{i,t+1}$	**0.024**	**-0.021**	0.010	**0.011**	**-0.019**	**-0.031**	**0.020**	**0.038**	-0.008	**-0.433**	1									
$Dual_{i,t+1}$	**-0.156**	**-0.090**	**0.012**	**-0.172**	**-0.149**	0.004	**-0.011**	**-0.051**	-0.017	**-0.181**	**0.101**	1								
$BF_{i,t+1}$	**0.445**	**0.164**	-0.002	**0.442**	**0.165**	**0.080**	**-0.039**	**0.119**	**0.081**	**0.194**	**0.025**	**-0.076**	1							
$SOE_{i,t+1}$	**0.291**	**0.147**	**0.018**	**0.332**	**0.282**	**-0.015**	**0.015**	**0.226**	0.009	**0.271**	**-0.061**	**-0.285**	**0.148**	1						
$LP_{i,t+1}$	**0.207**	-0.009	**-0.154**	**0.201**	**0.352**	**-0.054**	**0.100**	**-0.033**	**0.046**	**0.139**	**-0.059**	**-0.232**	**0.042**	**0.451**	1					
$CSR_{i,t}$	**0.438**	**0.375**	**0.107**	**0.442**	**0.148**	**0.062**	**-0.040**	**0.074**	**0.122**	**0.186**	**0.013**	**-0.098**	**0.242**	**0.210**	**0.132**	1				
$HPI_{i,t+1}$	**-0.111**	**0.263**	**0.179**	**-0.098**	**-0.114**	**-0.024**	**-0.148**	0.005	**-0.049**	**-0.058**	0.007	**0.047**	**-0.076**	**-0.091**	**-0.155**	**-0.038**	1			
$CTP_{i,t+1}$	**0.113**	**-0.076**	**-0.018**	**0.087**	0.007	**0.044**	**0.030**	**0.029**	**0.033**	**0.021**	**0.045**	**0.036**	**0.145**	**0.030**	**0.012**	**0.035**	**-0.135**	1		
$Pun_{i,t+1}$	**-0.036**	**-0.016**	**-0.017**	**-0.035**	**0.068**	**-0.105**	0.004	**-0.076**	**-0.027**	**-0.017**	-0.002	**0.019**	**-0.048**	**-0.053**	**0.019**	**-0.023**	0.007	**-0.011**	1	
$Beta_{i,t+1}$	**-0.100**	**-0.027**	**0.046**	**-0.074**	**-0.087**	**-0.021**	**-0.012**	**-0.015**	**-0.121**	**-0.051**	0.008	**0.042**	**-0.064**	-0.010	**-0.153**	**-0.027**	-0.010	**0.026**	**-0.024**	1
$EPU_{i,t+1}$	**-0.068**	**0.105**	**0.071**	**0.056**	**-0.026**	**-0.052**	**-0.031**	**-0.029**	**-0.108**	**-0.054**	**0.038**	**0.046**	-0.005	**-0.080**	**-0.180**	-0.010	**0.019**	0.004	0.000	**-0.034**

注：系数加粗表示在 10% 显著性水平下显著。

表 4 - 13　　模型（4 - 5）中变量的相关系数

变量	(1)	(2)	(3)	(4)	(5)	(6)	(7)	(8)	(9)	(10)	(11)	(12)	(13)	(14)	(15)	(16)	(17)	(18)	(19)	(20)
$FV_{i,t+1}$	1																			
$CDI_{i,t}$	**0.326**	1																		
$ES_{i,t}$	**0.087**	**0.036**	1																	
$Size_{i,t+1}$	**0.922**	**0.377**	**0.097**	1																
$Lev_{i,t+1}$	**0.427**	**0.129**	**-0.105**	**0.472**	1															
$ROE_{i,t+1}$	**0.155**	0.004	**0.046**	**0.086**	**-0.165**	1														
$OIG_{i,t+1}$	-0.001	**-0.116**	-0.006	**-0.023**	**0.072**	**0.040**	1													
$EC_{i,t+1}$	**0.166**	**0.097**	-0.004	**0.205**	**0.038**	**0.123**	**0.014**	1												
$IS_{i,t+1}$	**0.320**	**0.027**	**-0.030**	**0.194**	**0.036**	**0.204**	-0.007	**-0.101**	1											
$BS_{i,t+1}$	**0.328**	**0.166**	**-0.072**	**0.349**	**0.209**	**0.057**	**-0.035**	**0.020**	**0.087**	1										
$BI_{i,t+1}$	**0.024**	**-0.020**	**0.041**	**0.013**	**-0.017**	**-0.031**	**0.020**	**0.039**	-0.007	**-0.432**	1									
$Dual_{i,t+1}$	**-0.154**	**-0.090**	**0.086**	**-0.170**	**-0.151**	0.006	-0.011	**-0.051**	**-0.015**	**-0.181**	**0.101**	1								
$BF_{i,t+1}$	**0.446**	**0.167**	**0.092**	**0.443**	**0.165**	**0.082**	**-0.038**	**0.122**	**0.081**	**0.196**	**0.023**	**-0.076**	1							
$SOE_{i,t+1}$	**0.291**	**0.146**	**-0.154**	**0.332**	**0.285**	**-0.015**	**0.015**	**0.225**	0.009	**0.270**	**-0.061**	**-0.286**	**0.149**	1						
$LP_{i,t+1}$	**0.210**	-0.004	**-0.223**	**0.205**	**0.355**	**-0.052**	**0.099**	**-0.025**	**0.047**	**0.144**	**-0.063**	**-0.234**	**0.044**	**0.459**	1					
$CSR_{i,t}$	**0.439**	**0.374**	**0.058**	**0.444**	**0.153**	**0.064**	**-0.039**	**0.073**	**0.121**	**0.188**	**0.011**	**-0.096**	**0.245**	**0.211**	**0.135**	1				
$HPI_{i,t+1}$	**-0.110**	**0.264**	**-0.079**	**-0.098**	**-0.117**	**-0.026**	**-0.150**	0.002	**-0.049**	**-0.060**	0.009	**0.046**	**-0.074**	**-0.090**	**-0.153**	**-0.037**	1			
$CTP_{i,t+1}$	**0.112**	**-0.082**	**0.350**	**0.084**	-0.010	**0.042**	**0.034**	**0.026**	**0.030**	**0.018**	**0.049**	**0.036**	**0.146**	**0.028**	**0.019**	**0.035**	**-0.140**	1		
$Pun_{i,t+1}$	**-0.036**	**-0.016**	**-0.032**	**-0.034**	**0.069**	**-0.105**	0.003	**-0.074**	**-0.030**	**-0.017**	-0.003	**0.020**	**-0.048**	**-0.054**	**0.017**	**-0.023**	0.009	-0.010	1	
$Beta_{i,t+1}$	**-0.104**	**-0.030**	**0.112**	**-0.078**	**-0.087**	**-0.022**	-0.010	**-0.019**	**-0.123**	**-0.053**	0.007	**0.045**	**-0.065**	**-0.013**	**-0.152**	**-0.029**	**-0.012**	**0.025**	**-0.022**	1
$EPU_{i,t+1}$	**-0.067**	**0.104**	**0.286**	**0.056**	**-0.026**	**-0.052**	**-0.030**	**-0.031**	**-0.108**	**-0.054**	**0.040**	**0.046**	-0.005	**-0.081**	**-0.180**	-0.011	**0.018**	0.004	0.000	**-0.034**

注：系数加粗表示在 10% 显著性水平下显著。

（一）碳信息披露的价值效应

根据表4－14中模型（4－2）的回归结果，CDI^2 的系数 α_2 为0.0003，并在1%水平下显著，CDI 的系数 α_1 为－0.0100，并在1%水平下显著。图4－4所示为模型（4－2）中设置其他控制变量为均值时碳信息披露与企业价值回归结果关系，体现我国上市公司碳信息披露与企业价值存在显著的"U"型关系，这验证了假设1。

表4－14　　　　模型（4－2）回归结果

变量	Coef.	Robust Std. Err.	t
$CDI_{i,t}$	－0.0100 ***	0.0016	－6.10
$CDI^2_{i,t}$	0.0003 ***	0.0001	4.35
$Size_{i,t+1}$	0.7061 ***	0.0035	202.09
$Lev_{i,t+1}$	0.1681 ***	0.0155	10.86
$ROE_{i,t+1}$	0.5058 ***	0.0220	22.98
$OIG_{i,t+1}$	0.0055 ***	0.0021	2.65
$EC_{i,t+1}$	0.0007 ***	0.0002	3.77
$IS_{i,t+1}$	0.0182 ***	0.0004	48.17
$BS_{i,t+1}$	0.0093 ***	0.0016	5.65
$BI_{i,t+1}$	0.3398 ***	0.0480	7.08
$Dual_{i,t+1}$	－0.0013	0.0059	－0.22
$BF_{i,t+1}$	0.1905 ***	0.0120	15.87
$SOE_{i,t+1}$	－0.0409 ***	0.0063	－6.51
$LP_{i,t+1}$	0.0063 ***	0.0005	13.15
$CSR_{i,t}$	0.0883 ***	0.0066	13.44
$HPI_{i,t+1}$	－0.3148 ***	0.0296	－10.63
$CTP_{i,t+1}$	0.0430 ***	0.0052	8.31
$Pun_{i,t+1}$	－0.0055	0.0069	－0.81
$Beta_{i,t+1}$	－0.1143 ***	0.0106	－10.80
$EPU_{i,t+1}$	－0.0013 ***	0.0001	－11.23
_cons	7.2535 ***	0.0844	86.98
Ind F. E.		Yes	
Year F. E.		Yes	
# obs.		23267	
Adjusted R^2		0.9145	

注：***，**，*分别表示在1%、5%和10%的显著性水平下显著。

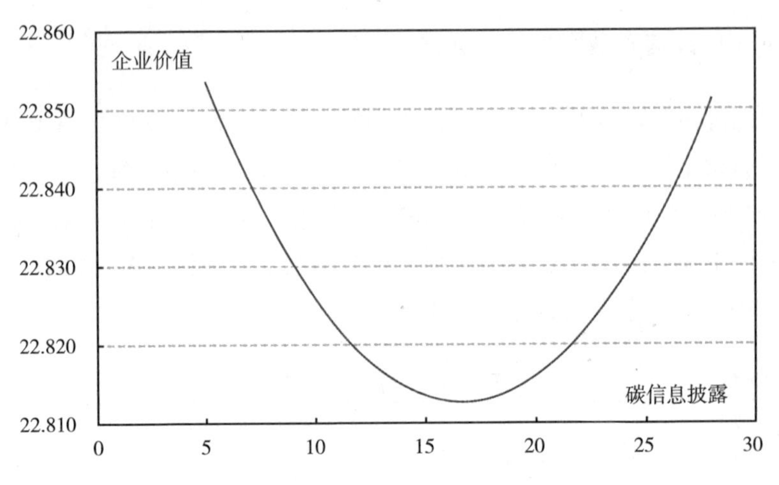

图 4-4 模型（4-2）碳信息披露与企业价值回归结果关系

结合碳信息披露的系数 α_1 可计算出碳信息披露与企业价值“U”型关系的临界点。根据回归结果，为计算出碳信息披露水平临界值，对 CDI 求偏导：$\partial FV/\partial CDI = -0.0100 + 2 \times 0.0003 \times CDI$，偏导结果为0时的 CDI 为临界值，此时 FV 最小，即 $-0.0100 + 2 \times 0.0003 \times CDI = 0$，可得 CDI 的临界值为16.6667。这说明当上市公司碳信息披露水平不足16.6667时，其企业价值与碳信息披露水平呈负相关关系。当上市公司碳信息披露水平超过16.6667时，其企业价值与碳信息披露水平呈正相关关系。结合当前我国上市公司的碳信息披露情况，2008～2017年间中国上市公司的碳信息披露年均值水平均未达到16.6667（详细内容见第三章表3-5），因此多数上市公司的碳信息披露与企业价值呈负相关关系。

（二）政府监督视角下碳信息披露的价值效应

1. 政府补助对碳信息披露的价值效应的引导作用

表4-15为模型（4-2）、模型（4-3）和模型（4-4）的回归结果，模型（4-2）中 CDI^2 的系数 α_2 显著为正，模型（4-3）中 CDI^2 的系数 γ_2 为 -0.0064，并在1%水平下通过显著性检验，CDI 的系数 γ_1 为0.1869，并在1%水平下通过显著性检验。同时，模型（4-4）中政府补助（GS）的系数 μ_3 为 -0.0033，亦在1%水平下通过显著性检验。在 α_2 显著的前提下，γ_2 和 μ_3 的回归结果均显著，说明政府补助在碳信息披露

与企业价值的关系中存在显著的中介作用，即我国碳信息披露可通过政府补助这一中介变量对上市公司的企业价值产生影响，这验证了假设2。同时模型（4－4）中 CDI^2 的系数 μ_2 为0.0003，也在1%水平下通过显著性检验，则体现政府补助在碳信息披露与企业价值的关系具有部分中介作用。

表4－15　　模型（4－2）、模型（4－3）和模型（4－4）回归结果

变量	模型（4－2）	模型（4－3）	模型（4－4）
	$FV_{i,t+1}$	$GS_{i,t+1}$	$FV_{i,t+1}$
$CDI_{i,t}$	－0.0100*** （－6.10）	0.1869*** （10.77）	－0.0094*** （－5.72）
$CDI^2_{i,t}$	0.0003*** （4.35）	－0.0064*** （－7.96）	0.0003*** （4.07）
$GS_{i,t+1}$			－0.0033*** （－4.31）
$Size_{i,t+1}$	0.7061*** （202.09）	1.2689*** （40.09）	0.7103*** （197.42）
$Lev_{i,t+1}$	0.1681*** （10.86）	－0.1495 （－0.90）	0.1676*** （10.85）
$ROE_{i,t+1}$	0.5058*** （22.98）	1.2606*** （6.73）	0.5099*** （23.18）
$OIG_{i,t+1}$	0.0055*** （2.65）	－0.1293*** （－4.95）	0.0051** （2.45）
$EC_{i,t+1}$	0.0007*** （3.77）	－0.0018 （－0.96）	0.0007*** （3.73）
$IS_{i,t+1}$	0.0182*** （48.17）	0.0176*** （5.30）	0.0183*** （48.24）
$BS_{i,t+1}$	0.0093*** （5.65）	－0.0252 （－1.46）	0.0092*** （5.61）
$BI_{i,t+1}$	0.3398*** （7.08）	－0.5369 （－1.18）	0.3381*** （7.05）
$Dual_{i,t+1}$	－0.0013 （－0.22）	0.0046 （0.09）	－0.0013 （－0.22）

续表

变量	模型（4-2）	模型（4-3）	模型（4-4）
	$FV_{i,t+1}$	$GS_{i,t+1}$	$FV_{i,t+1}$
$BF_{i,t+1}$	0.1905*** (15.87)	-0.8483*** (-6.41)	0.1877*** (15.67)
$SOE_{i,t+1}$	-0.0409*** (-6.51)	0.2294*** (3.46)	-0.0401*** (-6.38)
$LP_{i,t+1}$	0.0063*** (13.15)	-0.0801*** (-16.78)	0.0060*** (12.59)
$CSR_{i,t}$	0.0883*** (13.44)	-0.1225** (-2.03)	0.0879*** (13.39)
$HPI_{i,t+1}$	-0.3148*** (-10.63)	16.4599*** (25.21)	-0.2603*** (-8.14)
$CTP_{i,t+1}$	0.0430*** (8.31)	0.0591 (1.19)	0.0432*** (8.35)
$Pun_{i,t+1}$	-0.0055 (-0.81)	-0.0914 (-1.43)	-0.0059 (-0.85)
$Beta_{i,t+1}$	-0.1143*** (-10.80)	0.4083*** (3.93)	-0.1130*** (-10.67)
$EPU_{i,t+1}$	-0.0013*** (-11.23)	0.0049*** (3.68)	-0.0013*** (-11.09)
_cons	7.2535*** (86.98)	-29.1944*** (-29.59)	7.1568*** (83.32)
Ind F. E.	Yes	Yes	Yes
Year F. E.	Yes	Yes	Yes
# *obs.*	23267	23267	23267
Adjusted R^2	0.9145	0.3012	0.9146

注：括号内为t值；***，**，*分别表示在1%、5%和10%的显著性水平下显著。

2. 政府环境监管对碳信息披露的价值效应的管制作用

由于按照模型（4-5）进行数据分析的结果显示，环境监管与碳信息披露一次项的交乘项（$CDI \times ES$）的系数为-0.0004，以及环境监管ES的系数为0.0006，未通过显著性检验，因此对模型（4-5）进行修正，去除模型中$CDI \times ES$和ES这两项，保留模型（4-5）中其余变量。

表4-16中显示的修正后模型（4-5）的回归结果表明，CDI 和 CDI^2 的系数分别为-0.0144和0.0003，并且通过显著性水平检验。在加入了 ES 变量后，模型结果依然反映企业碳信息披露与企业价值呈“U”型关系。ES 与 CDI^2 的交乘项（$CDI^2 \times ES$）的系数为 5.57×10^{-6}，系数为正，在1%水平下通过显著性检验，验证了假设3，反映环境监管在上市公司碳信息披露与企业价值的“U”型关系中具有显著的调节作用。

表4-16　　模型（4-5）回归结果

变量	Coef.	Robust Std. Err.	t
$CDI_{i,t}$	-0.0144***	0.0018	-7.85
$CDI^2_{i,t}$	0.0003***	0.0001	3.13
$CDI^2_{i,t} \times ES_{i,t}$	5.57e-06***	1.32e-06	4.21
$Size_{i,t+1}$	0.7194***	0.0037	196.72
$Lev_{i,t+1}$	0.1844***	0.0169	10.93
$ROE_{i,t+1}$	0.5145***	0.0232	22.22
$OIG_{i,t+1}$	0.0066***	0.0023	2.94
$EC_{i,t+1}$	0.0008***	0.0002	3.93
$IS_{i,t+1}$	0.0187***	0.0005	41.12
$BS_{i,t+1}$	0.0227***	0.0020	11.28
$BI_{i,t+1}$	0.4979***	0.0558	8.92
$Dual_{i,t+1}$	0.0018	0.0063	0.29
$BF_{i,t+1}$	0.2843***	0.0146	19.46
$SOE_{i,t+1}$	-0.0494***	0.0070	-7.09
$LP_{i,t+1}$	0.0054***	0.0005	10.27
$CSR_{i,t}$	0.0683***	0.0072	9.51
$HPI_{i,t+1}$	-0.0405	0.0264	-1.53
$CTP_{i,t+1}$	0.0707***	0.0056	12.68
$Pun_{i,t+1}$	-0.0151**	0.0075	-2.01
$Beta_{i,t+1}$	-0.1663***	0.0127	-13.13
$EPU_{i,t+1}$	-0.0015***	0.0001	-11.34
_cons	7.2204***	0.0856	84.38
Ind F. E.		Yes	
Year F. E.		Yes	
# obs.		22920	
Adjusted R^2		0.9047	

注：***，**，*分别表示在1%、5%和10%的显著性水平下显著。

根据模型（4－5）回归结果，设置其他控制变量为均值的情况下，可获得如图4－5所示的不同环境监管条件下碳信息披露与企业价值的关系图。图4－5反映了环境监管水平取值分别为30、50和70时，碳信息披露与企业价值的关系。由图4－5可知，当监管环境取值由小及大变化时，企业碳信息披露与企业价值的“U”型关系中的临界点逐渐变小，两者逐渐偏向正向关系，且相应的临界点时的企业价值更高。根据表4－16回归结果和图4－5的模拟回归关系，本书通过进一步对碳信息披露指数求偏导计算，获得不同环境监管下的碳信息披露与企业价值斜率。碳信息披露与企业价值的斜率代表着两者关系的变化，当斜率小于0时，两者负相关；当斜率等于0时，为两者关系的临界点；当斜率大于0时，两者正相关。

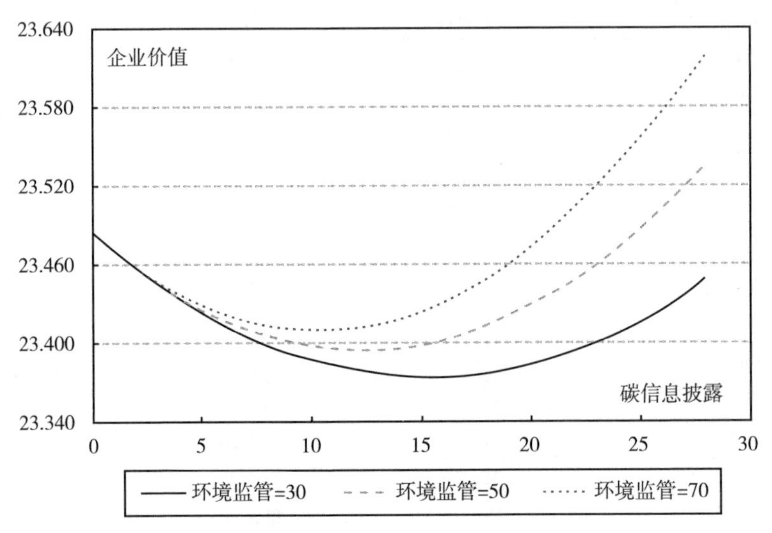

图4－5 不同环境监管条件下碳信息披露与企业价值的关系

对 *CDI* 求偏导可得：

$$\partial FV/\partial CDI = -0.0144 + 2 \times 0.0003 \times CDI + 5.57 \times 10^{-6} \times 2 \times ES \times CDI$$

由上式可知，同一碳信息披露（*CDI*）水平下，环境监管（*ES*）取值越高，斜率越大；环境监管（*ES*）取值越大，碳信息披露与企业价值“U”型关系的临界点值越小，斜率越偏向于正值。偏导结果为0时的 *CDI* 为临界值，此时FV最小，当 *ES* 分别为30、50和70时，可得 *CDI* 的临界值分别为15.414、12.446和10.436，体现了环境监管越完善，碳信息披露与企业价值“U”型关系中的碳信息披露临界点越小，且临界点的企业价值越高，越有利于偏向碳信息披露与企业价值“U”型关系中的正向关系。这验证了假设3，即当其他条件不变时，在碳信息披露与企业价值的“U”型关系中，环境监管具有调节作用，良好的环境监管有助于增强企业碳信息披露与企业价值的正向关系。

第五节 稳健性检验

一、利用功效系数法衡量碳信息披露

根据第三章第一节，为综合全面地对公司碳信息披露水平进行评价，我们构建了碳信息披露评价指标体系并设定了评分标准（见表3－4），以衡量我国上市公司的碳信息披露水平，其中包含5个一级指标和14个二级指标。由表3－4可以发现5个一级指标的值域不一致，为避免指标体系评分标准上存在的权重偏差影响研究结果的稳健可靠性，使评价体系得分值具有同质性，我们对各个指标的得分结果，采用前文所述功效系数法对各项一级指标得分进行归一化处理，最终得分值为各项指标归一化得分值之和，如此可使得各项指标的值域一致，权重相等。将各项指标的值域归一化为［0，1］，那么各个上市公司的最终得分值域为［0，5］，即最终所得的碳信息披露指数（*CDI*）其值域为［0，5］，以利用功效系数法进行归一化后的 *CDI* 值衡量企业碳信息披露的水平，重新运行研究模型以检验研究稳健性。表4－17为利用功效系数法进行归一化后的 *CDI* 值来衡量企业碳信息披露的水平，重新运行模型（4－2）、模型（4－3）、模型（4－4）和模型（4－5）的回归结果。

表4－17　替换碳信息披露衡量方式后回归结果

变量	模型（4－2）	模型（4－3）	模型（4－4）	模型（4－5）
	$FV_{i,t+1}$	$GS_{i,t+1}$	$FV_{i,t+1}$	$FV_{i,t+1}$
$CDI_{i,t}$	－0.0449*** （－5.02）	0.8195*** （8.43）	－0.0421*** （－4.71）	－0.0731*** （－7.38）
$CDI^2_{i,t}$	0.0077*** （3.29）	－0.1370*** （－5.60）	0.0073*** （3.09）	0.0104*** （3.26）

续表

变量	模型（4-2）	模型（4-3）	模型（4-4）	模型（4-5）
	$FV_{i,t+1}$	$GS_{i,t+1}$	$FV_{i,t+1}$	$FV_{i,t+1}$
$GS_{i,t+1}$			-0.0034*** (-4.44)	
$CDI_{i,t}^2 \times ES_{i,t}$				0.0001*** (3.75)
$Size_{i,t+1}$	0.7055*** (202.25)	1.2761*** (40.31)	0.7098*** (197.61)	0.7184*** (196.70)
$Lev_{i,t+1}$	0.1673*** (10.80)	-0.1353 (-0.81)	0.1668*** (10.80)	0.1833*** (10.85)
$ROE_{i,t+1}$	0.5059*** (22.97)	1.2594*** (6.73)	0.5102*** (23.18)	0.5150*** (22.22)
$OIG_{i,t+1}$	0.0057*** (2.71)	-0.1314*** (-5.03)	0.0052** (2.50)	0.0069*** (3.04)
$EC_{i,t+1}$	0.0007*** (3.76)	-0.0018 (-0.97)	0.0007*** (3.73)	0.0008*** (3.90)
$IS_{i,t+1}$	0.0182*** (48.11)	0.0178*** (5.35)	0.0183*** (48.19)	0.0187*** (41.12)
$BS_{i,t+1}$	0.0093*** (5.62)	-0.0248 (-1.44)	0.0092*** (5.57)	0.0227*** (11.24)
$BI_{i,t+1}$	0.3414*** (7.12)	-0.5658 (-1.25)	0.3395*** (7.08)	0.5014*** (8.98)
$Dual_{i,t+1}$	-0.0007 (-0.13)	-0.0040 (-0.08)	-0.0008 (-0.13)	0.0025 (0.41)
$BF_{i,t+1}$	0.1910*** (15.88)	-0.8630*** (-6.52)	0.1880*** (15.67)	0.2842*** (19.46)
$SOE_{i,t+1}$	-0.0410*** (-6.54)	0.2313*** (3.48)	-0.0402*** (-6.41)	-0.0496*** (-7.12)
$LP_{i,t+1}$	0.0063*** (13.18)	-0.0805*** (-16.80)	0.0060*** (12.60)	0.0054*** (10.36)
$CSR_{i,t}$	0.0856*** (12.97)	-0.0896 (-1.47)	0.0853*** (12.93)	0.0633*** (8.78)

续表

变量	模型（4-2）	模型（4-3）	模型（4-4）	模型（4-5）
	$FV_{i,t+1}$	$GS_{i,t+1}$	$FV_{i,t+1}$	$FV_{i,t+1}$
$HPI_{i,t+1}$	-0.3271*** (-11.12)	16.6773*** (25.49)	-0.2702*** (-8.49)	-0.0394 (-1.50)
$CTP_{i,t+1}$	0.0437*** (8.44)	0.0476 (0.96)	0.0438*** (8.46)	0.0714*** (12.68)
$Pun_{i,t+1}$	-0.0054 (-0.78)	-0.0944 (-1.47)	-0.0057 (-0.83)	-0.0147** (-1.96)
$Beta_{i,t+1}$	-0.1144*** (-10.81)	0.4096*** (3.94)	-0.1130*** (-10.67)	-0.1665*** (-13.13)
$EPU_{i,t+1}$	-0.0013*** (-11.43)	0.0052*** (3.90)	-0.0013*** (-11.28)	-0.0015*** (-11.45)
_cons	7.2686*** (87.50)	-29.3664*** (-29.87)	7.1684*** (83.74)	7.2456*** (85.03)
Ind F. E.	Yes	Yes	Yes	Yes
Year F. E.	Yes	Yes	Yes	Yes
# obs.	23267	23267	23267	22920
Adjusted R^2	0.9144	0.3000	0.9145	0.9046

注：括号内为t值；***，**，*分别表示在1%、5%和10%的显著性水平下显著。

由表4-17可知，模型（4-2）中，CDI^2 的系数为0.0077，并在1%水平下显著，CDI 的系数 α_1 为-0.0499，并在1%水平下显著，体现我国上市公司碳信息披露与企业价值存在显著的“U”型关系，与假设1结论一致，假设1结果稳健。

模型（4-2）中 CDI^2 的系数显著为正，模型（4-3）中 CDI^2 的系数、CDI 的系数及模型（4-4）中政府补助（GS）的系数均在1%水平下通过显著性检验，体现政府补助在碳信息披露与企业价值的关系中存在显著的中介作用。同时模型（4-4）中 CDI^2 的系数也在1%水平下显著为正，体现政府补助在碳信息披露与企业价值的关系中具有部分中介作用，与假设2结论一致，假设2结果稳健。

模型（4-5）中 CDI 和 CDI^2 的系数分别为-0.0731和0.0104，并通过显著性水平检验，ES 与 CDI^2 的交乘项（$CDI^2 \times ES$）的系数在1%水平

下显著为正，反映环境监管在上市公司碳信息披露与企业价值的“U”型关系中具有显著的调节作用，与假设3结论一致，假设3结果稳健。

二、剔除企业社会责任报告的影响

多数上市公司将社会责任报告作为企业碳信息披露的载体，将碳排放管理情况作为社会责任中的一部分进行披露，虽然本书所构建的碳信息披露指标从企业年度报告、社会责任报告等碳信息披露载体中提取了企业碳排放管理相关的信息披露，但是可能存在企业社会责任报告对碳信息披露的替代性解释，即企业碳信息披露的相关影响可能源自其社会责任报告的影响。为排除企业社会责任报告对研究内容的替代性解释，以和讯网上市公司社会责任报告专业评测体系公布的社会责任报告评分（以 *CSR_Score* 表示）作为上市公司社会责任报告水平的代理变量。和讯网上市公司社会责任报告专业评测体系共有股东责任、员工责任、供应商、客户和消费者权益责任、环境责任和社会责任5项一级指标，各项分别设立二级和三级指标对社会责任进行全面的评价。其中涉及二级指标13个、三级指标37个，自2010年起对上市公司进行社会责任报告评测，因此我们采用2010～2017年和讯网社会责任报告评分以及本章研究变量相应年度范围的数据进行本节稳健性检验。

我们采用如下两个步骤检验剔除社会责任报告因素后上市公司碳信息披露的价值效应，并检验不同政府监督情境下碳信息披露的价值效应。

第一步，运用回归残差剔除社会责任报告的影响。由于企业碳信息披露与企业价值的“U”型关系可能是由于社会责任报告所导致的，因此需排除社会责任报告对企业价值的影响。运用残差回归的方式，以企业价值FV为被解释变量，以社会责任报告的代理变量 *CSR_Score* 为解释变量进行回归，从而获取残差项 *Residuals*。此残差项 *Residuals* 为排除了社会责任报告影响后的数值。

第二步，以上一步所获取的残差项 *Residuals* 为被解释变量，以碳信息披露 *CDI* 为解释变量，纳入其余控制变量，再次进行模型（4-2）、模型（4-3）、模型（4-4）和模型（4-5）的实证回归。

表4－18为排除社会责任报告因素后，重新运行模型（4－2）、模型（4－3）、模型（4－4）和模型（4－5）的回归结果。

表4－18　排除社会责任报告因素后的回归结果

变量	模型（4－2）	模型（4－3）	模型（4－4）	模型（4－5）
	$Residuals_{i,t+1}$	$GS_{i,t+1}$	$Residuals_{i,t+1}$	$Residuals_{i,t+1}$
$CDI_{i,t}$	－0.0187*** （－8.06）	0.1754*** （9.72）	－0.0180*** （－7.76）	－0.0173*** （－7.78）
$CDI_{i,t}^2$	0.0006*** （5.12）	－0.0060*** （－7.23）	0.0006*** （4.91）	0.0002* （1.69）
$GS_{i,t+1}$			－0.0040*** （－3.77）	
$CDI_{i,t}^2 \times ES_{i,t}$				6.68e－06*** （4.64）
$Size_{i,t+1}$	0.6659*** （148.99）	1.2318*** （37.29）	0.6709*** （143.61）	0.6546*** （159.41）
$Lev_{i,t+1}$	0.4042*** （20.46）	－0.0472 （－0.28）	0.4040*** （20.49）	0.3907*** （20.00）
$ROE_{i,t+1}$	0.2990*** （11.94）	1.1834*** （6.31）	0.3038*** （12.13）	0.2842*** （11.54）
$OIG_{i,t+1}$	0.0078*** （2.91）	－0.1411*** （－5.04）	0.0072*** （2.70）	0.0084*** （3.12）
$EC_{i,t+1}$	0.0001 （0.39）	－0.0022 （－1.16）	0.0001 （0.35）	0.0001 （0.59）
$IS_{i,t+1}$	0.0151*** （29.31）	0.0161*** （4.56）	0.0152*** （29.44）	0.0160*** （31.51）
$BS_{i,t+1}$	0.0080*** （3.33）	－0.0234 （－1.32）	0.0079*** （3.30）	0.0091*** （4.01）
$BI_{i,t+1}$	0.3815*** （5.69）	－0.4217 （－0.90）	0.3798*** （5.67）	0.3384*** （5.29）
$Dual_{i,t+1}$	－0.0013 （－0.17）	0.0132 （0.25）	－0.0012 （－0.16）	0.0013 （0.18）
$BF_{i,t+1}$	0.1512*** （7.96）	－0.7764*** （－5.60）	0.1481*** （7.80）	0.0993*** （5.69）

续表

变量	模型（4-2）	模型（4-3）	模型（4-4）	模型（4-5）
	$Residuals_{i,t+1}$	$GS_{i,t+1}$	$Residuals_{i,t+1}$	$Residuals_{i,t+1}$
$SOE_{i,t+1}$	-0.0388*** (-4.41)	0.1936*** (2.77)	-0.0380*** (-4.32)	-0.0386*** (-4.61)
$LP_{i,t+1}$	0.0107*** (17.01)	-0.0779*** (-16.06)	0.0104*** (16.45)	0.0116*** (19.53)
$CSR_{i,t}$	-0.5269*** (-50.96)	-0.0649 (-1.06)	-0.5272*** (-51.01)	-0.4780*** (-48.76)
$HPI_{i,t+1}$	-0.3210*** (-5.99)	16.4396*** (23.06)	-0.2547*** (-4.50)	0.0094 (0.22)
$CTP_{i,t+1}$	0.0317*** (4.57)	0.0713 (1.42)	0.0320*** (4.61)	0.0412*** (6.08)
$Pun_{i,t+1}$	0.0216** (2.45)	-0.1012 (-1.57)	0.0212** (2.41)	0.0262*** (3.01)
$Beta_{i,t+1}$	-0.1072*** (-7.87)	0.3513*** (3.27)	-0.1058*** (-7.76)	-0.0947*** (-7.29)
$EPU_{i,t+1}$	0.0030*** (23.82)	0.0029*** (2.74)	0.0031*** (23.91)	-0.0032*** (-24.48)
_cons	-15.4578*** (-131.61)	-27.9003*** (-26.21)	-15.5704*** (-128.51)	-15.9790*** (-166.53)
Ind F. E.	Yes	Yes	Yes	Yes
Year F. E.	Yes	Yes	Yes	Yes
# obs.	20241	20241	20241	19949
Adjusted R^2	0.8439	0.2992	0.8440	0.7935

注：括号内为t值；***，**，*分别表示在1%、5%和10%的显著性水平下显著。

由表4-18可知，模型（4-2）中，CDI^2 的系数为0.0006，并在1%水平下显著，CDI 的系数 α_1 为-0.0187，并在1%水平下显著，体现我国上市公司碳信息披露与企业价值存在显著的“U”型关系，与假设1结论一致，假设1结果稳健。

模型（4-2）中 CDI^2 的系数显著为正，模型（4-3）中 CDI^2 的系数、CDI 的系数以及模型（4-4）中政府补助（GS）的系数均在1%水平下通过显著性检验，体现政府补助在碳信息披露与企业价值的关系中存在显著的中介作用。同时模型（4－4）中 CDI^2 的系数也在1%水平下显著为正，体现政府补助在碳信息披露与企业价值的关系中具有部分中介作用，与假设2结论一致，假设2结果稳健。

模型（4－5）中 CDI 和 CDI^2 的系数分别为－0.0173和0.0002，并通过显著性水平检验，ES 与 CDI^2 的交乘项（$CDI^2 \times ES$）的系数在1%水平下显著为正，反映环境监管在上市公司碳信息披露与企业价值的"U"型关系中具有显著的调节作用，与假设3结论一致，假设3结果稳健。

第六节 本章小结

本章以深沪两市所有A股上市公司为初始研究样本，在剔除变量缺失值并进行样本的倾向得分匹配以控制研究内生性问题后，分析了上市公司碳信息披露与企业价值的关系，并检验不同政府监督视角下碳信息披露的价值效应。研究结果表明：

（1）在控制其他影响因素的条件下，碳信息披露水平与企业价值呈显著"U"型关系。在临界点左侧，碳信息披露与企业价值负相关；在临界点右侧，碳信息披露与企业价值正相关，即碳信息披露水平越高的企业价值越低，达到临界点后碳信息披露水平越高企业价值越高。根据回归结果计算所得临界点碳信息披露分值，并结合第三章中国上市公司碳信息披露现状分析结果，我们发现目前中国上市公司碳信息披露水平较低，仍未达到临界点，因此多数上市公司碳信息披露与其企业价值的关系处于负相关阶段。上市公司可参考本书碳信息披露评价标准，提高自身碳信息披露水平至临界点右侧，以提升企业价值。

（2）在政府监督视角下，政府补助的引导作用对碳信息披露的价值效应存在部分中介作用。在控制其他影响因素的条件下，企业碳信息披露可通过政府补助对企业价值产生影响，政府补助是企业碳信息披露发挥价值效应的有效通道。

（3）在政府监督视角下，政府环境监管的管制作用对碳信息披露的价值效应具有调节作用。在控制其他影响因素的条件下，环境监管对碳信息披露与企业价值的“U”型关系具有调节作用，环境监管越完善，碳信息披露与企业价值“U”型关系中的碳信息披露临界点越小，且临界点的企业价值越高，越有利于偏向碳信息披露与企业价值“U”型关系中的正向关系，良好的环境监管有助于增强碳信息披露与企业价值的正向关系。

（4）在检验了碳信息披露与企业价值的“U”型关系及政府监督视角下碳信息披露的价值效应基础上，通过功效系数法重新衡量碳信息披露以避免所构建的碳信息披露指标体系权重偏差的影响，以及剔除社会责任报告因素的影响以检验其替代性解释后研究结论依然稳健。

本章在研究中国上市公司碳信息披露的价值效应时，不但综合考虑了合法性理论和自愿披露理论对碳信息披露与企业价值关系的不同观点，而且突破了其他研究仅考虑碳信息披露与企业价值的单一线性关系而忽视两者为非线性关系可能性的局限，发现了中国上市公司碳信息披露与企业价值的“U”型关系，并且计算出了该“U”型关系的“临界点”以明确碳信息披露与企业价值正负向关系的转变关键点，也进一步丰富了中国上市公司碳信息披露经济后果的研究内容。另外，在验证碳信息披露与企业价值的“U”型关系基础上，本章结合理论分析并运用博弈论的思想与方法，推导了政府监督对碳信息披露价值效应的作用，为深入理解和掌握政府监督视角下碳信息披露的价值效应提供了重要的理论依据与实证数据支撑，为企业在政府监督下充分提升碳信息披露水平并提高企业价值，以及为政府的相关低碳发展建设提供了实证支持。

第五章

碳信息披露的价值效应：媒体监督视角

在第三章中，我们运用构建的上市公司碳信息披露评价指标体系对2008~2017年中国上市公司碳信息披露质量特征进行了衡量与分析。在第四章中，我们在第三章的数据基础上验证了中国上市公司碳信息披露与企业价值的“U”型关系，并检验了不同政府监督情境下碳信息披露的价值效应，包括政府环境监管的管制作用对碳信息披露的价值效应的调节作用，以及政府补助的引导作用对碳信息披露的价值效应的中介作用。第四章检验了来自监管方的政府监督视角下的碳信息披露的价值效应，本章将研究焦点进一步转移到来自社会公众的媒体监督视角下的上市公司碳信息披露的价值效应上。在本章的分析中，将以第三章所获取的2008~2017年中国上市公司碳信息披露数据为基础，在第四章验证的中国上市公司碳信息披露与企业价值的“U”型关系前提下，从媒体监督视角剖析碳信息披露的价值效应。本章将检验媒体报道次数的传递作用对碳信息披露的价值效应的中介作用，以及媒体报道倾向的舆论作用对碳信息披露的价值效应的调节作用，以检验不同媒体监督情境下的碳信息披露的价值效应。图5-1标明了本章内容在研究问题中所处的位置。

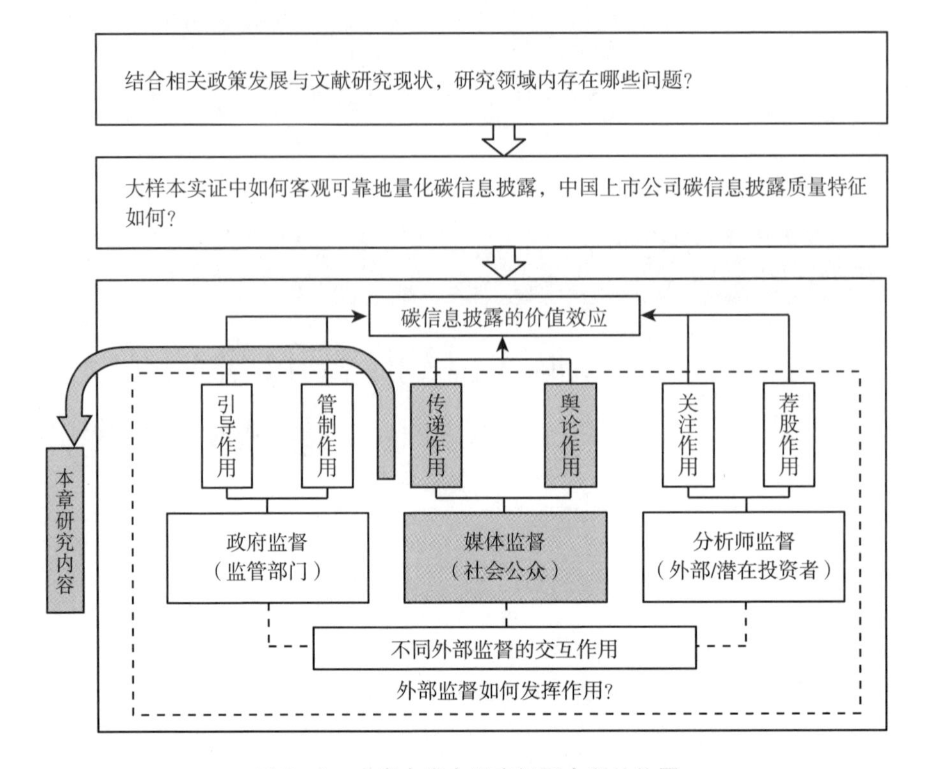

图5-1 本章内容在研究问题中所处位置

第一节 研究背景

在信息化越来越深入社会生活方方面面的今天，媒体的关注对于企业公众形象的塑造作用愈加显现，企业的每一个举动都会通过媒体迅速传播，影响公众特别是潜在投资者对于企业的判断。媒体，即传播信息的媒介，是信息宣传的载体或工具，社会公众需要借助这一中介物来传递及获取信息。报刊、电视、网络等新闻媒体通过发挥其重要的舆论导向，以及收集信息、传递信息的作用，推动资本市场的信息流动，促进资本市场的有效及快速发展。媒体的关注和报道加速了市场的优胜劣汰，促使更多的上市公司开始更多地注重通过媒体报道等方式，增加公司的知名度和在大众认知中的潜在影响力。

为保证信息的有效性，媒体需要结合市场和大众的实际需求对报道的内容不断地更新。媒体所包含的范畴是广泛的，传统媒体有电视、广播、报纸及杂志，而新兴媒体则有互联网、手机等。媒体作为社会信息发布、收集的舆论导向主体，具有信息中介与公司治理两大作用，是独立于行政、立法与司法以外的"第四权力"（夏楸、郑建明，2015）。媒体对企业的报道可以大大提高企业信息披露的透明度，在有效的资本市场中，企业所披露的信息将影响投资者对其价值的判断。媒体监督对我国上市公司的行为具有显著的监督治理功能，媒体关注度高的企业，其生产效率、公司业绩和社会责任等也相对较高（孔东民等，2013），企业履行社会责任的表现及相关信息的披露，影响着市场对企业未来发展的评价（朱松，2011）。现有学者对于媒体功能特征的评价大体可分为两类：一类是针对媒体的信息传递功能，以报道次数衡量媒体关注度，检验媒体关注是否具有直接的市场反应；另一类是针对媒体的信息解读与舆论塑造功能，以媒体报道态度倾向衡量媒体在公司治理中发挥的作用（宋子博、谭添，2015）。

企业进行碳信息披露的最终目标是提高自身利益（费迟，2013），上市公司进行企业碳管理行为会引起企业价值变动（Chapple et al.，2013），投资者的价值判断受到企业披露的碳信息的影响，企业希望通过碳信息披露提升企业声誉及公众形象，提高企业价值。但进行碳信息披露也可能增加企业在环境方面的管理成本，而降低企业价值（Busch & Hoffmann，2011）。外部监管环境对碳信息披露与企业价值的相关性影响较大（张巧良等，2013），媒体监督这一外部因素水平的提高，有助于企业环境相关信息披露质量的提高，并且可显著提升环境信息披露降低融资成本的积极作用（叶陈刚等，2015）。媒体监督一般包括媒体报道次数及其进一步的正负面报道倾向，媒体报道次数与报道倾向对企业的相关行为与价值创造会产生不同的影响。

对于不同媒体监督情境下的碳信息披露的价值效应，本章将其作用机制细分为媒体报道次数的传递作用与媒体报道倾向的舆论作用两部分，深入分析媒体报道次数的传递作用对碳信息披露的价值效应的中介作用，以及媒体报道倾向的舆论作用对碳信息披露的价值效应的调节作用。

第二节 理论分析与假设提出

在信息化高度发展的今天，媒体成为信息传递和舆论监督的有效途径。媒体报道不仅是信息传递工具，还是能引发全民关注甚至轰动效应的“指挥棒”。随着信息传播速度的加快，媒体对于事件的报道和曝光甚至走在了执法部门的监管前面，因此无孔不入的媒体也就成为独立于立法、司法和行政之外的“第四权力”。除了信息传播，媒体也在发挥着相应监督管理的功能（Dyck & Zingales，2002）。

企业明显具有外部性的碳排放行为，造成的环境污染对社会和其他企业产生了负外部性的影响。企业的碳排放管理行为也受到外部社会公众的压力，社会压力主要源自媒体，媒体向市场和利益相关者传递相关信息，进而对公司及利益相关者的行为起到一定的监督、约束或引导作用（Dyck et al.，2008）。媒体可通过两方面举措影响企业的碳排放管理及其价值创造。一方面，媒体可通过报道次数的传递作用帮助企业向外部传达其披露的碳信息，大量的媒体报道可能吸引更多潜在投资者关注从而提升企业价值。在有效的资本市场上，任何信息都能及时、准确地反映到企业价值中，媒体关注可以通过影响资本市场进而改变管理者的行为，因为媒体关注带来了市场压力，提高了股票市场股价的敏感性，对公司价值有着重大的影响。因此，企业为获得合法性地位，有动机自主披露更多碳信息，媒体作为信息传递平台，传递更多企业相关信息，投资者获得更多有利信息后，做出投资判断，而这最终在公司市场价值上会有所反映。可见媒体关注在上市公司碳信息披露与企业价值的关系中，是传递信息的桥梁。另一方面，媒体可通过报道倾向来影响企业的相关行为。根据合法性理论，企业是否具有合法性是来自社会公众对企业的评判，而舆论在社会公众对企业的认知和对企业合法性的评判过程中起着重要的作用（沈洪涛、冯杰，2012）。随着社会公众的环境保护意识日趋增加与环境保护理念的社会常态化，媒体的舆论监督使得企业面临的环境污染压力日益突出，媒体舆论倾向性会给企业带来较强的环境合法性压力。所以，媒体舆论作用下的媒体报道倾向可能会影响社会公众对企业的合法性判断，进而影响企业碳信息披露的价值效应，对企业披露相关碳信息的行为及其企业价值创造能力具有一定的调节作用。因此，如图5－2所示，媒体监督可通过媒体报道次数的传递作用和媒体报道倾向的舆论作用两方面来对上市公司碳信息披露的价值效应产生影响。

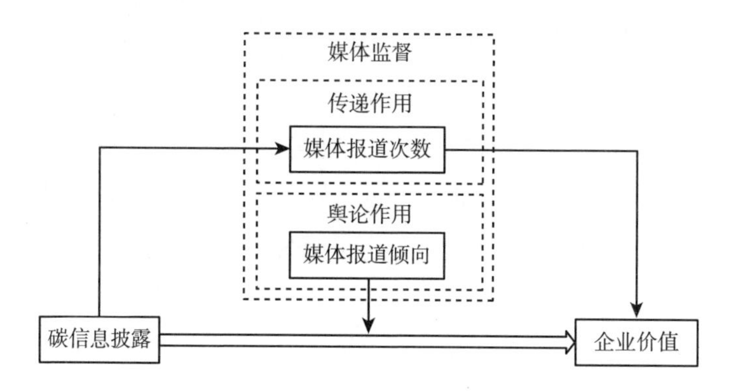

图5－2 媒体监督视角下碳信息披露的价值效应关系

一、媒体报道次数对碳信息披露的价值效应的传递作用[①]

投资者通过媒体这一信息传递平台获取更多上市公司的信息，减少对投资前景的不确定性判断及对预期风险补偿的要求，在投资者改变预期风险报酬率的同时，即意味着其愿意出更高的价格来购买公司的股票。在有效资本市场上，任何信息都能及时、准确地反映到企业价值中，那么企业为获得合法性地位，有动机自主披露更多碳信息，媒体作为信息传递平台，传递更多企业相关信息，投资者获得更多有利信息后，做出投资判断，这最终在公司市场价值上会有所反映。媒体的关注是信息传递的重要形式，新闻媒体的报道数量与社会公众的关注度呈正相关（Carroll & McCombs，2003），能显著提高企业在社会公众面前的曝光率，提高企业信息披露的效率，更有效地向广大投资人进行信息传递，吸引投资人关注并投资，从而进一步提高企业价值。

---

① 本小节中的相关内容已发表在《统计研究》2016年第33期，有删改。

碳信息披露与媒体关注度之间存在显著正向关系（陈华等，2015），媒体的报道有助于降低上市公司权益资本的成本（卢文彬等，2014），获得更高媒体关注度的企业具有更高的知名度，企业知名度可提高消费者的消费意识，从而提高公司价值（Schuler & Cording，2006），媒体关注度对企业绩效具有显著的正面影响（刘聪，2014）。目前，碳相关信息多数在上市公司的社会责任报告中被披露，因此对碳信息披露的研究可借鉴社会责任相关研究。媒体对社会责任的报道可以影响投资者对公司未来发展前景形成更高的期望，这可能会推高股票价格，企业社会责任的知名度也可以传达新的信息给投资者，使投资者和潜在投资者对公司发展前景形成较高的期望，提高公司价值。媒体关注、社会责任与企业价值三者之间存在相关性（Solomon，2012）。媒体关注可以通过影响资本市场来改变管理者的行为，因为媒体关注带来了市场压力，提高了股票市场股价的敏感性，对公司价值有着重大的影响（于忠泊，2011）。较高的公司价值和股票收益行为与公司履行社会责任行为较多地被媒体报道有关，对于积极承担社会责任的公司来说，其行为的可见度对其价值的影响更加强烈（Byun & Oh，2012）。可见媒体报道次数在上市公司社会责任相关的信息披露与企业价值的关系中，是传递信息的桥梁。那么媒体报道次数在碳信息披露与企业价值的关系中是否有此作用？基于此，拟提出假设1：

H1：媒体报道次数在碳信息披露和企业价值的关系中具有中介作用，碳信息披露可通过媒体报道次数来影响企业价值。

二、媒体报道倾向对碳信息披露的价值效应的舆论作用

媒体报道存在有偏性，大众传媒中的“偏向”现象体现在报道的两个方面：一方面是事实层面的偏离，即失实报道，报道偏离了事实真相；另一方面是媒体报道的观念态度偏向。媒体报道大多是出自人为传播和转述，在此过程中，媒体人也会不可避免地带有主观色彩，从而使报道内容产生偏离。这两个层面的偏离很好地解释了两类偏离的动机：新闻炮制和

观念分歧。前者是媒体为故意制造出轰动的效果吸引大众目光，从而进行偏于客观事实的报道；后者是媒体对信息接受者的观点及看法进行方向性的引导。媒体的有偏性可能来源于媒体信息的输出方面，由于媒体的输出是由媒体人进行的，而媒体人的喜好、价值观等主观因素会在一定程度上影响其对于事实的报道，从而产生一定的偏向性。媒体的有偏性也可能来源于对市场、大众等信息接收和使用者的情绪追捧，对于市场已经形成倾向性的观点会继续进行倾向性的报道（Mullainathan & Shleifer，2005）。媒体报道时，可能会通过选择性地遗漏等方式，对事实进行挑选性的报道（Shapiro & Gentzkow，2006）。

在大数据时代下，社会公众在海量信息面前形成了短期和表面性的关注，很难对信息有深入的挖掘和独立的见解，多数情况下不会深究媒体报道背后所产生的偏向性问题。这种情况下，信息受众通常会以媒体报道作为真实信息来源，并把媒体态度倾向当作大多数人的态度倾向。如此一来，媒体对企业的报道倾向给社会公众营造了一个对企业合法性判断的舆论偏向环境。媒体这一外部治理因素在碳信息披露对其绩效的影响关系中具有强化作用（温素彬、周鎏鎏，2017）。对于有负面舆论倾向报道的企业，其披露的碳信息越多，社会公众越可能倾向于解读其碳排放方面存在的问题较多，企业披露的碳信息越有可能被解读为企业的“坏消息”，而当企业碳信息披露被视为“坏消息”时其企业价值会受到资本市场的惩罚（Matsumura et al.，2013）；对于有正面舆论倾向报道的企业，其披露的碳信息更可能为其赢得在社会公众中的合法性地位，其碳信息披露更可能向资本市场传递良好的碳减排管理信号从而吸引潜在投资者，进而提升其企业价值。可见，不同的媒体报道倾向条件下，企业碳信息披露与企业价值的关系存在差异。

因此，对媒体报道倾向在企业碳信息披露与企业“U”型关系中的作用，提出假设2：

H2：其他条件不变时，在企业碳信息披露与企业价值的“U”型关系中，媒体报道倾向具有调节作用，正面的媒体报道倾向有助于增强企业碳信息披露与其企业价值的正向关系。

第三节 研究设计

一、变量定义与模型构建

（一）变量定义

（1）被解释变量为企业价值（Firm Value）。本章与第四章一致，借鉴多数学者基于市场未来经济所反映的企业价值衡量方法，采用企业市值来衡量企业价值（Matsumura et al.，2013；Chapple et al.，2013；Zamora-Ramírez & González-González，2016；张巧良等，2013；杨园华、李力，2017；杨子绪等，2018）。为控制碳信息披露与企业价值关系中因果关系的内生性问题，被解释变量采用延后一期的企业价值来衡量。

（2）解释变量为碳信息披露（Carbon Disclosure Index）。本章采用第三章中所构建的碳信息披露评价指标体系以及如表3－4所示的评价标准来综合全面地衡量上市公司的碳信息披露水平。该指标体系从碳信息披露的及时性、可比性、可靠性、可理解性和完整性5个一级指标出发，设置相应的二级评价指标（共14个二级指标），可较为系统客观地对企业碳信息披露进行合理评价（具体指标构建过程见第三章第一节）。

（3）中介变量为媒体报道次数（Media Reporting Frequency）。借鉴温素彬和周鎏鎏（2017）等学者关于媒体报道次数的衡量方法，使用与上市公司相关的发布在各类报纸、网站等媒介平台上的年度新闻报道次数总和，以（媒体报道次数+1）的自然对数来衡量媒体报道次数。

（4）调节变量为媒体报道倾向（Media Reporting Tendency）。为反映媒体对上市公司的报道倾向性，本章借鉴已有学者关于媒体报道的相关研究（Li et al.，2018；李大元等，2016；吴勋、徐新歌，2015），采用Janis-Fadner系数值来衡量媒体报道倾向。该系数是Janis & Fadner（1965）提出的一种基于内容分析法的指数，该值取值区间为［－1，1］。该值越接近于1，表示该企业的媒体报道倾向越正面；该值越接近于－1，表示该企业的媒体报道倾向越负面。其计算方法如下所示：

$$J-F\text{系数}=\begin{cases}\dfrac{e^2-ec}{t^2}, & \text{if} \quad e>c \\ \dfrac{ec-c^2}{t^2}, & \text{if} \quad e<c \\ 0, & \text{if} \quad e=c\end{cases}$$

其中，e 表示报道新闻中正面句子数，c 表示新闻中负面句子数，t 为 e 与 c 之和。

（5）控制变量。本章控制变量与第四章中控制变量一致，具体控制变量定义见表 4－2。

对所有连续型变量进行了上下 1% 的缩尾（Winsorize）处理。

（二）模型构建

第四章中在检验碳信息披露的价值效应时，为控制内生性问题，我们以倾向得分匹配法（PSM）来减少样本选择性偏差和避免企业其他特征变量的干扰，然后根据匹配结果，以剔除未匹配成功的观测值后的样本来进行后续实证分析。本章亦在上述倾向得分匹配后的研究结果基础上进行实证检验。为控制内生性问题中碳信息披露与企业价值关系的因果关系，检验相关假设时，被解释变量采用延后一期的企业价值来衡量。

为检验媒体报道次数对碳信息披露的价值效应的传递作用（假设 1），借鉴巴伦和肯尼（Baron & Kenny，1986）所提出的因果逐步回归检验中介效应的经典模型，遵循温忠麟等（2004）所提出的中介效应检验程序，结合第四章中检验碳信息披露的价值效应的模型（4－2），构建如模型（5－1）和模型（5－2）所示模型，根据 3 个模型的检验结果来判断媒体报道次数在上市公司碳信息披露与企业价值关系中是否存在中介作用。被解释变量 FV 为上市公司 i 第 $t+1$ 年的企业价值，解释变量 CDI 为上市公司 i 第 t 年的碳信息披露，中介变量 MRF 为上市公司 i 第 $t+1$ 年被各类媒介平台报道的次数总和，其余为控制变量，并在模型中添加年份和行业的哑变量来控制年份和行业的固定效应。在第四章中我们已验证碳信息披露与企业价值具有显著“U”型关系，若模型（5－1）中碳信息披露平方项（CDI^2）的系数 α_2 显著的同时模型（5－2）中媒体报道次数（MRF）的系数 μ_3 也显著，则可验证假设1，反映媒体报道次数在上市公司碳信息披露与企业价值的“U”型关系中的中介作用。同时若模型（5-2）中碳信息披露平方项（CDI^2）的系数 μ_2 也显著，则体现媒体报道次数在碳信息披露与企业价值的关系中具有部分中介作用，否则为完全中介作用。

$$\begin{aligned} MRF_{i,t+1} = {} & \alpha_0 + \alpha_1 CDI_{i,t} + \alpha_2 CDI_{i,t}^2 + \alpha_3 Size_{i,t+1} + \alpha_4 Lev_{i,t+1} + \alpha_5 ROE_{i,t+1} \\ & + \alpha_6 OIG_{i,t+1} + \alpha_7 EC_{i,t+1} + \alpha_8 IS_{i,t+1} + \alpha_9 BS_{i,t+1} + \alpha_{10} BI_{i,t+1} \\ & + \alpha_{11} Dual_{i,t+1} + \alpha_{12} BF_{i,t+1} + \alpha_{13} SOE_{i,t+1} + \alpha_{14} LP_{i,t+1} \\ & + \alpha_{15} CSR_{i,t} + \alpha_{16} HPI_{i,t+1} + \alpha_{17} CTP_{i,t+1} + \alpha_{18} Pun_{i,t+1} \\ & + \alpha_{19} Beta_{i,t+1} + \alpha_{20} EPU_{i,t+1} + \varphi_{i,t} \end{aligned} \tag{5-1}$$

$$\begin{aligned} FV_{i,t+1} = {} & \mu_0 + \mu_1 CDI_{i,t} + \mu_2 CDI_{i,t}^2 + \mu_3 MRF_{i,t+1} + \mu_4 Size_{i,t+1} + \mu_5 Lev_{i,t+1} \\ & + \mu_6 ROE_{i,t+1} + \mu_7 OIG_{i,t+1} + \mu_8 EC_{i,t+1} + \mu_9 IS_{i,t+1} + \mu_{10} BS_{i,t+1} \\ & + \mu_{11} BI_{i,t+1} + \mu_{12} Dual_{i,t+1} + \mu_{13} BF_{i,t+1} + \mu_{14} SOE_{i,t+1} \\ & + \mu_{15} LP_{i,t+1} + \mu_{16} CSR_{i,t} + \mu_{17} HPI_{i,t+1} + \mu_{18} CTP_{i,t+1} \\ & + \mu_{19} Pun_{i,t+1} + \mu_{20} Beta_{i,t+1} + \mu_{21} EPU_{i,t+1} + \tau_{i,t} \end{aligned} \tag{5-2}$$

为检验媒体报道倾向对碳信息披露的价值效应的舆论作用（假设2），构建如模型（5-3）所示的实证模型来判断媒体报道倾向在上市公司碳信息披露与企业价值关系中是否存在调节作用。被解释变量 FV 为上市公司 i 第 $t+1$ 年的企业价值，解释变量 CDI 为上市公司 i 第 t 年的碳信息披露，调节变量 MRT 为上市公司 i 在第 t 年的媒体报道倾向情况，其余为控制变量，并在模型中添加年份和行业的哑变量来控制年份和行业的固定效应。若在碳信息披露平方项（CDI^2）的系数 β_2 显著为正的前提下，碳信息披露平方项与媒体报道倾向的交乘项（$CDI^2 \times MRT$）的系数 β_4 也显著，则可验证假设3，反映媒体报道倾向在上市公司碳信息披露与企业价值的“U”型关系中的调节作用。

$$\begin{aligned} FV_{i,t+1} = {} & \beta_0 + \beta_1 CDI_{i,t} + \beta_2 CDI_{i,t}^2 + \beta_3 CDI_{i,t} \times MRT_{i,t} + \beta_4 CDI_{i,t}^2 \times MRT_{i,t} \\ & + \beta_5 MRT_{i,t} + \beta_6 Size_{i,t+1} + \beta_7 Lev_{i,t+1} + \beta_8 ROE_{i,t+1} + \beta_9 OIG_{i,t+1} \\ & + \beta_{10} EC_{i,t+1} + \beta_{11} IS_{i,t+1} + \beta_{12} BS_{i,t+1} + \beta_{13} BI_{i,t+1} + \beta_{14} Dual_{i,t+1} \\ & + \beta_{15} BF_{i,t+1} + \beta_{16} SOE_{i,t+1} + \beta_{17} LP_{i,t+1} + \beta_{18} CSR_{i,t} + \beta_{19} HPI_{i,t+1} \\ & + \beta_{20} CTP_{i,t+1} + \beta_{21} Pun_{i,t+1} + \beta_{22} Beta_{i,t+1} + \beta_{23} EPU_{i,t+1} + \delta_{i,t} \end{aligned} \tag{5-3}$$

二、样本与数据来源

与第四章一致，本章以 2008 ~ 2017 年我国在沪深两市上市的全部 A 股上市公司为初始样本，通过对这些公司发布在上海证券交易所和深圳证券交易所官方网站上的年报、社会责任报告、环境报告书和可持续发展报告等碳信息披露载体进行内容分析，以获取客观可靠的上市公司碳信息披露质量数据。剔除因所公布的碳信息披露载体为加密文件等原因不能被有效读取的上市公司样本，最终获得 2008 ~ 2017 年共 24774 个观测值（与第四章中表 4 – 3 一致）。因碳信息披露对企业价值创造的影响存在滞后效应，且为控制碳信息披露与企业价值关系中的因果关系，被解释变量采用延后一期的企业价值来衡量，所以上市公司对应碳信息披露的企业价值数据为 2009 ~ 2018 年的相应观测值。

企业价值相关数据和部分控制变量来自 CSMAR 数据库。媒体报道次数中相关的原始媒体报道新闻数据来自 RESSET 数据库中对上市公司历年在媒介平台中的新闻报道，通过对原始媒体报道新闻数据进行归纳整理与统计而获得最终上市公司的媒体报道次数数据。媒体报道倾向中相关的舆情数据来自香港中文大学、美国斯坦福大学和南加州大学等高校指导研发的《报刊新闻量化舆情数据库》，该数据库收集了由报纸媒体发布的与 A 股上市公司相关的新闻的文本分析结果，包括国内外刊登中文财经新闻约 300 家报纸媒体的相关新闻报道内容。

为控制研究内生性问题进行倾向得分匹配，因从 CSMAR 数据库和 RESSET 数据库所获取的变量数据中存在少量缺失的情况，剔除为进行倾向得分匹配时相关影响因素变量共 478 个缺失的观测值，剔除模型（5 – 1）和模型（5 – 2）中涉及的企业价值变量共 826 个缺失的观测值和控制变量共 170 个缺失的观测值，以 23300 个观测值对研究样本进行倾向得分匹配。

在进行倾向得分匹配后（详细内容见第四章第四节中倾向得分匹配结果），样本观测值中处理组的 6 个观测值及控制组的 27 个观测值未得到匹配（off support），其余观测值均匹配成功（on support），以剔除共 33 个观测值的未匹配成功样本后的剩余样本 23267 个观测值为基础进行后文研究模型的实证回归。第四章中在检验碳信息披露的价值效应时，以 23267 个观测值进行碳信息披露的价值效应的实证回归分析。本章在第四章的样本基础上，仍以 23267 个观测值进行模型（5－1）和模型（5－2）的实证模型回归分析。

在检验媒体报道倾向对碳信息披露的价值效应的舆论作用时，因《报刊新闻量化舆情数据库》中的数据获取限制，我们仅能获取 2012～2017 年媒体报道舆论中相关的舆情数据，因此在进行媒体报道倾向对碳信息披露的价值效应的调节作用检验时的样本，未包含 2008～2011 年的上市公司样本，以上述 23300 个观测值中的 2012～2017 年上市公司共 16089 个观测值为研究样本基础，再次利用第四章中设定的模型（4－1）进行倾向得分匹配以控制内生性。倾向得分匹配后（详细匹配结果见第五章第四节第一部分倾向得分匹配结果），样本观测值中处理组的 6 个观测值及控制组的 51 个观测值未得到匹配（off support），其余观测值均匹配成功（on support），以剔除共 57 个观测值的未匹配成功样本后的剩余样本 16032 个观测值为基础进行模型（5－3）的实证回归分析。

第四节 实证结果

一、倾向得分匹配结果

模型（5－1）和模型（5－2）的样本与模型（4－2）、模型（4－3）和模型（4－4）的样本一致，因此模型（5－1）和模型（5－2）的样本倾向得分匹配结果可见第四章第四节第一部分倾向得分匹配结果。模型（5－3）因研究样本发生改变，因此重新进行倾向得分匹配以控制研究内生性。

（一）描述性统计分析

表 5－1 是为进行模型（5－3）研究样本的倾向得分匹配而设定的 Logit 模型（与第四章中模型（4－1）相同）中涉及变量的描述统计。上

市公司碳信息披露 *CDI* 的 16089 个观测值中，样本均值为 0.483，体现样本中约有 48.3% 的上市公司的碳信息披露水平高于年均值。

表 5-1　模型（5-3）样本倾向得分匹配变量的描述性统计

变量	平均数	中位数	标准差	最小值	最大值	观测数
$CDI_{i,t}$	0.483	0.000	0.500	0.000	1.000	16089
$Size_{i,t}$	21.981	21.780	1.436	18.960	26.872	16089
$Lev_{i,t}$	0.433	0.417	0.222	0.046	1.037	16089
$ROE_{i,t}$	0.062	0.068	0.112	-0.627	0.340	16089
$OIG_{i,t}$	0.485	0.143	1.437	-0.745	11.499	16089
$EC_{i,t}$	34.795	32.823	15.000	8.497	74.976	16089
$IS_{i,t}$	6.376	3.978	6.990	0.000	36.213	16089
$BS_{i,t}$	8.679	9.000	1.781	5.000	15.000	16089
$BI_{i,t}$	0.374	0.333	0.055	0.100	0.800	16089
$Dual_{i,t}$	0.268	0.000	0.443	0.000	1.000	16089
$BF_{i,t}$	0.061	0.000	0.240	0.000	1.000	16089
$SOE_{i,t}$	0.369	0.000	0.482	0.000	1.000	16089
$LP_{i,t}$	13.950	12.000	7.223	2.000	29.000	16089
$CSR_{i,t}$	0.256	0.000	0.437	0.000	1.000	16089
$HPI_{i,t}$	0.690	1.000	0.463	0.000	1.000	16089
$CTP_{i,t}$	0.385	0.000	0.487	0.000	1.000	16089

（二）相关分析

表 5-2 是为进行模型（5-3）研究样本的倾向得分匹配而设定的 Logit 模型中涉及变量的相关系数表，Logit 模型中碳信息披露与大多数的影响因素变量相关，与已有研究成果一致。

（三）倾向得分匹配结果

采用方差膨胀因子（VIF 值）来检验模型的多重共线性。为进行模型（5-3）研究样本的倾向得分匹配而设定的 Logit 模型中涉及变量的 VIF 值均小于 3，表明模型中变量之间不存在多重共线性。

表 5-2　模型（5-3）样本倾向得分匹配变量的相关系数

变量	(1)	(2)	(3)	(4)	(5)	(6)	(7)	(8)	(9)	(10)	(11)	(12)	(13)	(14)	(15)
$CDI_{i,t}$	1														
$Size_{i,t}$	**0.281**	1													
$Lev_{i,t}$	**0.142**	**0.538**	1												
$ROE_{i,t}$	**-0.013**	**0.063**	**-0.154**	1											
$OIG_{i,t}$	**-0.080**	**-0.017**	**0.082**	**0.032**	1										
$EC_{i,t}$	**0.074**	**0.200**	**0.039**	**0.108**	-0.002	1									
$IS_{i,t}$	**0.032**	**0.205**	**0.064**	**0.170**	0.000	**-0.118**	1								
$BS_{i,t}$	**0.146**	**0.366**	**0.226**	**0.027**	**-0.031**	0.012	**0.066**	1							
$BI_{i,t}$	**-0.029**	-0.010	**-0.022**	**-0.018**	**0.017**	**0.040**	0.004	**-0.462**	1						
$Dual_{i,t}$	**-0.093**	**-0.205**	**-0.156**	**0.028**	**-0.016**	**-0.038**	**-0.025**	**-0.184**	**0.107**	1					
$BF_{i,t}$	**0.105**	**0.430**	**0.183**	**0.077**	**-0.035**	**0.117**	**0.078**	**0.192**	**0.019**	**-0.077**	1				
$SOE_{i,t}$	**0.145**	**0.391**	**0.316**	**-0.075**	**0.021**	**0.212**	0.000	**0.272**	**-0.056**	**-0.288**	**0.151**	1			
$LP_{i,t}$	**0.077**	**0.312**	**0.387**	**-0.114**	**0.113**	**-0.053**	**0.073**	**0.144**	**-0.044**	**-0.238**	**0.055**	**0.467**	1		
$CSR_{i,t}$	**0.282**	**0.475**	**0.202**	**0.072**	**-0.031**	**0.094**	**0.133**	**0.216**	0.008	**-0.122**	**0.267**	**0.271**	**0.190**	1	
$HPI_{i,t}$	**0.231**	**-0.107**	**-0.127**	**-0.035**	**-0.145**	**0.012**	**-0.054**	**-0.067**	0.009	**0.047**	**-0.082**	**-0.103**	**-0.152**	**-0.058**	1
$CTP_{i,t}$	**-0.091**	**0.060**	-0.009	**0.062**	**0.033**	**0.023**	**0.040**	**0.017**	**0.049**	**0.040**	**0.129**	**0.024**	0.001	**0.037**	**-0.134**

注：系数加粗表示在 10% 显著性水平下显著。

表5-3是为进行倾向得分匹配所构建的Logit模型回归检验结果，结果显示 *Size*、*ROE*、*OIG*、*BS*、*Dual*、*LP*、*CSR*、*HPI* 和 *CTP* 这9个变量对上市公司碳信息披露这一倾向有显著影响，说明这些变量所代表的因素可能会使得上市公司更倾向于进行碳信息披露，其他变量无显著影响。因此将不显著的变量排除，选取显著的9个变量作为倾向得分匹配的特征变量，以减少样本的自选择偏差，采用最近邻匹配法，设置1∶4配比。

表5-3　　Logit模型回归结果

变量	Coef.	Robust Std. Err.	z
$Size_{i,t}$	0.4118***	0.0229	17.96
$Lev_{i,t}$	0.1636	0.1133	1.44
$ROE_{i,t}$	-0.4666**	0.1837	-2.54
$OIG_{i,t}$	-0.0264*	0.0141	-1.87
$EC_{i,t}$	0.0002	0.0014	0.17
$IS_{i,t}$	-0.0036	0.0028	-1.29
$BS_{i,t}$	0.0449***	0.0145	3.10
$BI_{i,t}$	0.0643	0.3963	0.16
$Dual_{i,t}$	-0.1145***	0.0444	-2.58
$BF_{i,t}$	-0.1303	0.0957	-1.36
$SOE_{i,t}$	0.0392	0.0506	0.77
$LP_{i,t}$	-0.0107***	0.0034	-3.13
$CSR_{i,t}$	1.1821***	0.0533	22.19
$HPI_{i,t}$	1.0095**	0.4035	2.50
$CTP_{i,t}$	-0.2126***	0.0411	-5.17
_cons	-10.6440***	0.6091	-17.48
Ind F. E.		Yes	
Year F. E.		Yes	
# obs.		16089	
Pseudo R^2		0.2299	

注：***，**，*分别表示在1%、5%和10%的显著性水平下显著。

倾向得分匹配后处理效应结果显示 ATT 的 t 值为 -3.71，在 1% 水平下显著，处理效应较好，说明匹配后样本上市公司碳信息披露的企业价值存在显著差异。特征变量的数据平衡检查发现匹配后特征变量的标准化偏差均小于 10%，对比匹配前的结果，特征变量的标准化偏差大幅缩小，且根据大多数特征变量的 t 检验结果来看可认为经匹配后处理组与控制组无系统差异，匹配效果较好。经倾向得分匹配后，样本观测值中处理组的 6 个观测值及控制组的 51 个观测值未得到匹配（off support），其余观测值均匹配成功（on support），进行倾向评分匹配仅损失少量样本观测值，剔除 57 个未匹配成功的观测值，以匹配成功的样本共 16032 个观测值为基础进行模型（5-3）的实证回归，以控制研究内生性问题。

二、描述性统计分析

表 5-4 是为检验媒体报道次数对碳信息披露的价值效应的传递作用而设定的模型（5-1）和模型（5-2）中涉及变量的描述统计表。上市公司企业价值 *FV* 的 23267 个观测值中，样本均值为 22.781，中位数为 22.606，最小值为 20.735，最大值为 27.250。上市公司碳信息披露 *CDI* 的 23267 个观测值中，样本均值为 9.486，中位数为 9.000，最小值为 0.000，最大值为 25.000。上市公司媒体报道次数 *MRF* 的 23267 个观测值中，样本均值为 2.650，中位数为 2.708，最小值为 0.000，最大值为 5.088。

表 5-4　　模型（5-1）和模型（5-2）中变量的描述性统计

变量	平均数	中位数	标准差	最小值	最大值	观测数
$FV_{i,t+1}$	22.781	22.606	1.207	20.735	27.250	23267
$CDI_{i,t}$	9.486	9.000	5.476	0.000	25.000	23267
$MRF_{i,t+1}$	2.650	2.708	0.980	0.000	5.088	23267
$Size_{i,t+1}$	22.037	21.818	1.411	19.226	27.023	23267
$Lev_{i,t+1}$	0.454	0.446	0.221	0.052	0.999	23267
$ROE_{i,t+1}$	0.056	0.067	0.147	-0.923	0.346	23267
$OIG_{i,t+1}$	0.483	0.137	1.493	-0.777	11.818	23267
$EC_{i,t+1}$	34.702	32.625	15.049	8.418	74.856	23267

续表

变量	平均数	中位数	标准差	最小值	最大值	观测数
$IS_{i,t+1}$	6.574	3.984	7.384	0.000	34.891	23267
$BS_{i,t+1}$	8.763	9.000	1.817	5.000	15.000	23267
$BI_{i,t+1}$	0.373	0.333	0.056	0.000	0.800	23267
$Dual_{i,t+1}$	0.243	0.000	0.429	0.000	1.000	23267
$BF_{i,t+1}$	0.065	0.000	0.246	0.000	1.000	23267
$SOE_{i,t+1}$	0.412	0.000	0.492	0.000	1.000	23267
$LP_{i,t+1}$	15.058	15.000	7.012	2.000	29.000	23267
$CSR_{i,t}$	0.237	0.000	0.425	0.000	1.000	23267
$HPI_{i,t+1}$	0.681	1.000	0.466	0.000	1.000	23267
$CTP_{i,t+1}$	0.381	0.000	0.486	0.000	1.000	23267
$Pun_{i,t+1}$	0.145	0.000	0.352	0.000	1.000	23267
$Beta_{i,t+1}$	1.094	1.095	0.270	0.402	1.866	23267
$EPU_{i,t+1}$	126.257	122.200	35.732	92.100	206.600	23267

表5－5是为检验媒体报道倾向对碳信息披露的价值效应的舆论作用而设定的模型（5－3）中涉及变量的描述统计表。上市公司企业价值 *FV* 的16032个观测值中，样本均值为22.925，中位数为22.747，最小值为20.735，最大值为27.250。上市公司碳信息披露 *CDI* 的16032个观测值中，样本均值为10.121，中位数为10.000，最小值为1.000，最大值为25.000。媒体报道倾向 *MRT* 的16032个观测值中，样本均值为0.215，中位数为0.215，最小值为－0.550，最大值为1.000。

表5－5　　模型（5－3）中变量的描述性统计

变量	平均数	中位数	标准差	最小值	最大值	观测数
$FV_{i,t+1}$	22.925	22.747	1.179	20.735	27.250	16032
$CDI_{i,t}$	10.121	10.000	5.365	0.000	25.000	16032
$MRT_{i,t}$	0.215	0.215	0.173	-0.550	1.000	16032
$Size_{i,t+1}$	22.167	21.954	1.407	19.226	27.023	16032
$Lev_{i,t+1}$	0.442	0.429	0.217	0.052	0.999	16032
$ROE_{i,t+1}$	0.050	0.064	0.150	-0.923	0.346	16032
$OIG_{i,t+1}$	0.482	0.150	1.440	-0.777	11.818	16032

续表

变量	平均数	中位数	标准差	最小值	最大值	观测数
$EC_{i,t+1}$	34.103	31.973	14.804	8.418	74.856	16032
$IS_{i,t+1}$	6.400	4.196	6.843	0.000	34.891	16032
$BS_{i,t+1}$	8.626	9.000	1.777	5.000	15.000	16032
$BI_{i,t+1}$	0.376	0.364	0.056	0.000	0.800	16032
$Dual_{i,t+1}$	0.261	0.000	0.439	0.000	1.000	16032
$BF_{i,t+1}$	0.063	0.000	0.243	0.000	1.000	16032
$SOE_{i,t+1}$	0.367	0.000	0.482	0.000	1.000	16032
$LP_{i,t+1}$	13.952	12.000	7.221	2.000	29.000	16032
$CSR_{i,t}$	0.257	0.000	0.437	0.000	1.000	16032
$HPI_{i,t+1}$	0.692	1.000	0.462	0.000	1.000	16032
$CTP_{i,t+1}$	0.384	0.000	0.486	0.000	1.000	16032
$Pun_{i,t+1}$	0.155	0.000	0.362	0.000	1.000	16032
$Beta_{i,t+1}$	1.093	1.099	0.284	0.402	1.866	16032
$EPU_{i,t+1}$	130.558	124.300	41.931	92.100	206.600	16032

三、相关分析

表5-6为检验媒体报道次数对碳信息披露的价值效应的传递作用而设定的模型（5-1）和模型（5-2）中涉及变量的相关系数。企业价值、碳信息披露和媒体报道次数显著相关。企业价值也与大部分控制变量相关，与已有研究相符。

表5-7为检验媒体报道倾向对碳信息披露的价值效应的舆论作用而设定的模型（5-3）中涉及变量的相关系数。企业价值、碳信息披露和媒体报道倾向显著相关。

四、回归结果

采用方差膨胀因子（VIF值）来检验模型的多重共线性。模型（5-1）、模型（5-2）和模型（5-3）中涉及变量的VIF值结果显示，本章所构建模型中变量的VIF值均小于3，表明模型中变量之间不存在多重共线性。

表 5－6　模型（5－1）和模型（5－2）中变量的相关系数

变量	(1)	(2)	(3)	(4)	(5)	(6)	(7)	(8)	(9)	(10)	(11)	(12)	(13)	(14)	(15)	(16)	(17)	(18)	(19)	(20)
$FV_{i,t+1}$	1																			
$CDI_{i,t}$	**0.326**	1																		
$MRF_{i,t+1}$	**0.410**	**0.089**	1																	
$Size_{i,t+1}$	**0.921**	**0.377**	**0.300**	1																
$Lev_{i,t+1}$	**0.425**	**0.129**	**0.156**	**0.469**	1															
$ROE_{i,t+1}$	**0.155**	0.004	**0.032**	**0.085**	**-0.163**	1														
$OIG_{i,t+1}$	-0.003	**-0.118**	**0.016**	**-0.025**	**0.070**	**0.039**	1													
$EC_{i,t+1}$	**0.167**	**0.100**	**-0.029**	**0.206**	**0.037**	**0.124**	**0.013**	1												
$IS_{i,t+1}$	**0.321**	**0.029**	**0.204**	**0.196**	**0.038**	**0.202**	-0.009	**-0.100**	1											
$BS_{i,t+1}$	**0.325**	**0.166**	**0.097**	**0.347**	**0.208**	**0.056**	**-0.036**	**0.020**	**0.087**	1										
$BI_{i,t+1}$	**0.024**	**-0.021**	**0.051**	**0.011**	**-0.019**	**-0.031**	**0.020**	**0.038**	-0.008	**-0.434**	1									
$Dual_{i,t+1}$	**-0.156**	**-0.090**	-0.003	**-0.172**	**-0.149**	0.004	**-0.011**	**-0.051**	**-0.017**	**-0.181**	**0.101**	1								
$BF_{i,t+1}$	**0.445**	**0.164**	**0.176**	**0.442**	**0.165**	**0.080**	**-0.039**	**0.119**	**0.081**	**0.194**	**0.025**	**-0.076**	1							
$SOE_{i,t+1}$	**0.291**	**0.147**	**-0.056**	**0.332**	**0.282**	**-0.015**	**0.015**	**0.226**	0.009	**0.271**	**-0.061**	**-0.285**	**0.148**	1						
$LP_{i,t+1}$	**0.207**	-0.009	-0.010	**0.201**	**0.3542**	**-0.054**	**0.100**	**-0.033**	**0.046**	**0.139**	**-0.059**	**-0.232**	**0.042**	**0.451**	1					
$CSR_{i,t}$	**0.438**	**0.375**	**0.170**	**0.442**	**0.148**	**0.062**	**-0.040**	**0.074**	**0.122**	**0.186**	**0.013**	**-0.098**	**0.242**	**0.210**	**0.132**	1				
$HPI_{i,t+1}$	**-0.111**	**0.263**	**-0.049**	**-0.098**	**-0.114**	**-0.024**	**-0.148**	0.005	**-0.049**	**-0.058**	0.007	**0.047**	**-0.076**	**-0.091**	**-0.155**	**-0.038**	1			
$CTP_{i,t+1}$	**0.113**	**-0.076**	**0.082**	**0.087**	0.007	**0.044**	**0.030**	**0.029**	**0.033**	**0.021**	**0.045**	**0.036**	**0.145**	**0.030**	**0.012**	**0.035**	**-0.135**	1		
$Pun_{i,t+1}$	**-0.036**	**-0.016**	**0.115**	**-0.035**	**0.068**	**-0.105**	0.004	**-0.076**	**-0.027**	**-0.017**	-0.002	**0.019**	**-0.048**	**-0.053**	**0.019**	**-0.023**	0.007	**-0.011**	1	
$Beta_{i,t+1}$	**-0.100**	**-0.027**	**-0.152**	**-0.074**	**-0.087**	**-0.021**	**-0.012**	**-0.015**	**-0.121**	**-0.051**	0.008	**0.042**	**-0.064**	-0.010	**-0.153**	**-0.027**	-0.010	**0.026**	**-0.024**	1
$EPU_{i,t+1}$	**-0.068**	**0.105**	**-0.241**	**0.056**	**-0.026**	**-0.052**	**-0.031**	**-0.029**	**-0.108**	**-0.054**	**0.038**	**0.046**	-0.005	**-0.080**	**-0.180**	-0.010	**0.019**	0.004	0.000	**-0.034**

注：系数加粗表示在 10% 显著性水平下显著。

表 5-7　　模型（5-3）中变量的相关系数

变量	(1)	(2)	(3)	(4)	(5)	(6)	(7)	(8)	(9)	(10)	(11)	(12)	(13)	(14)	(15)	(16)	(17)	(18)	(19)	(20)
$FV_{i,t+1}$	1																			
$CDI_{i,t}$	**0.269**	1																		
$MRT_{i,t}$	**0.172**	**0.057**	1																	
$Size_{i,t+1}$	**0.914**	**0.341**	**0.159**	1																
$Lev_{i,t+1}$	**0.471**	**0.162**	**-0.048**	**0.524**	1															
$ROE_{i,t+1}$	**0.145**	0.010	**0.148**	**0.070**	**-0.179**	1														
$OIG_{i,t+1}$	0.000	**-0.114**	**-0.039**	**-0.030**	**0.066**	**0.034**	1													
$EC_{i,t+1}$	**0.165**	**0.107**	**0.069**	**0.201**	**0.044**	**0.126**	-0.004	1												
$IS_{i,t+1}$	**0.318**	0.006	**0.146**	**0.194**	**0.053**	**0.157**	-0.006	**-0.109**	1											
$BS_{i,t+1}$	**0.330**	**0.175**	**0.051**	**0.353**	**0.210**	**0.049**	**-0.019**	**0.017**	**0.066**	1										
$BI_{i,t+1}$	0.006	**-0.040**	**-0.020**	-0.007	-0.011	**-0.034**	0.011	**0.035**	-0.007	**-0.473**	1									
$Dual_{i,t+1}$	**-0.156**	**-0.104**	**-0.022**	**-0.175**	**-0.127**	**0.016**	-0.010	**-0.042**	**-0.018**	**-0.181**	**0.105**	1								
$BF_{i,t+1}$	**0.440**	**0.150**	**0.037**	**0.431**	**0.178**	**0.079**	**-0.034**	**0.119**	**0.082**	**0.183**	**0.021**	**-0.073**	1							
$SOE_{i,t+1}$	**0.314**	**0.177**	**0.091**	**0.365**	**0.278**	**-0.019**	**0.027**	**0.232**	**-0.014**	**0.266**	**-0.053**	**-0.279**	**0.149**	1						
$LP_{i,t+1}$	**0.286**	**0.066**	**-0.050**	**0.282**	**0.332**	**-0.076**	**0.099**	**-0.026**	**0.049**	**0.150**	**-0.052**	**-0.223**	**0.056**	**0.462**	1					
$CSR_{i,t}$	**0.464**	**0.346**	**0.101**	**0.466**	**0.190**	**0.058**	**-0.042**	**0.095**	**0.110**	**0.212**	0.003	**-0.115**	**0.267**	**0.270**	**0.191**	1				
$HPI_{i,t+1}$	**-0.152**	**0.275**	**-0.013**	**-0.130**	**-0.133**	-0.011	**-0.146**	0.004	**-0.052**	**-0.072**	-0.002	**0.046**	**-0.090**	**-0.107**	**-0.153**	**-0.062**	1			
$CTP_{i,t+1}$	**0.111**	**-0.090**	**0.118**	**0.073**	0.008	**0.040**	**0.021**	**0.018**	**0.045**	**0.014**	**0.049**	**0.040**	**0.128**	**0.026**	0.003	**0.038**	**-0.132**	1		
$Pun_{i,t+1}$	**-0.016**	-0.012	**-0.131**	**-0.017**	**0.095**	**-0.118**	0.005	**-0.082**	-0.004	-0.003	-0.008	0.007	**-0.040**	**-0.029**	**0.060**	**-0.025**	0.005	-0.006	1	
$Beta_{i,t+1}$	**-0.138**	**-0.076**	**0.065**	**-0.130**	**-0.112**	**-0.013**	-0.011	**-0.020**	**-0.099**	**-0.066**	**0.021**	**0.062**	**-0.063**	**-0.027**	**-0.191**	**-0.051**	**-0.026**	**0.058**	**-0.031**	1
$EPU_{i,t+1}$	**-0.125**	**0.089**	**0.079**	**0.036**	-0.009	**-0.051**	**-0.042**	**-0.023**	**-0.130**	**-0.039**	**0.030**	**0.037**	-0.003	**-0.062**	**-0.155**	**-0.030**	**0.015**	0.003	**-0.014**	**-0.049**

注：系数加粗表示在10%显著性水平下显著。

（一）媒体报道次数对碳信息披露的价值效应的传递作用

表5－8为模型（5－1）和模型（5－2）的回归结果，结合第四章已验证的碳信息披露和企业价值的“U”型关系，模型（5－1）中CDI^2的系数α_2为0.0006，并在1%水平下通过显著性检验，CDI的系数α_1为－0.0134，并在1%水平下通过显著性检验。同时，模型（5－2）中媒体报道次数（MRF）的系数μ_3为0.1526，亦在1%水平下通过显著性检验。在碳信息披露和企业价值的“U”型关系显著的前提下，α_2和μ_3的回归结果均显著，说明媒体报道次数在碳信息披露与企业价值的关系中存在显著的中介作用，即我国碳信息披露可通过媒体报道次数这一中介变量对上市公司的企业价值产生影响，这验证了假设1。同时模型（5－2）中CDI^2的系数μ_2为0.0002，也在1%水平下通过显著性检验，体现媒体报道次数在碳信息披露与企业价值的关系中具有部分中介作用。

表5－8　　模型（5－1）和模型（5－2）回归结果

变量	模型（5－1）	模型（5－2）
$CDI_{i,t}$	－0.0134*** （－4.18）	－0.0080*** （－5.10）
$CDI^2_{i,t}$	0.0006*** （3.96）	0.0002*** （3.31）
$MRF_{i,t+1}$		0.1526*** （45.78）
$Size_{i,t+1}$	0.2253*** （39.87）	0.6717*** （196.18）
$Lev_{i,t+1}$	0.3234*** （11.34）	0.1187*** （7.96）
$ROE_{i,t+1}$	0.0583* （1.65）	0.4968*** （23.67）
$OIG_{i,t+1}$	0.0121*** （3.69）	0.0037* （1.86）
$EC_{i,t+1}$	－0.0042*** （－11.96）	0.0013*** （7.68）

续表

变量	模型（5-1）	模型（5-2）
$IS_{i,t+1}$	0.0104 *** (15.47)	0.0166 *** (45.95)
$BS_{i,t+1}$	0.0071 ** (2.08)	0.0082 *** (5.22)
$BI_{i,t+1}$	0.7081 *** (7.40)	0.2317 *** (5.04)
$Dual_{i,t+1}$	0.0118 (1.04)	-0.0031 (-0.55)
$BF_{i,t+1}$	0.1252 *** (5.22)	0.1714 *** (14.98)
$SOE_{i,t+1}$	-0.2580 *** (-20.42)	-0.0015 (-0.24)
$LP_{i,t+1}$	-0.0107 *** (-12.05)	0.0079 *** (17.26)
$CSR_{i,t}$	0.0369 *** (2.89)	0.0827 *** (13.22)
$HPI_{i,t+1}$	-0.4222 *** (-6.78)	-0.2504 *** (-9.08)
$CTP_{i,t+1}$	0.0837 *** (8.22)	0.0303 *** (6.10)
$Pun_{i,t+1}$	0.2455 *** (19.13)	-0.0430 *** (-6.46)
$Beta_{i,t+1}$	-0.1895 *** (-9.84)	-0.0854 *** (-8.46)
$EPU_{i,t+1}$	-0.0033 *** (-13.76)	-0.0008 *** (-7.27)
_cons	-1.7697 *** (-12.09)	7.5236 *** (95.23)
Ind F. E.	Yes	Yes
Year F. E.	Yes	Yes
# obs.	23267	23267
Adjusted R^2	0.4906	0.9223

注：括号内为t值；***，**，*分别表示在1%、5%和10%的显著性水平下显著。

（二）媒体报道倾向对碳信息披露的价值效应的舆论作用

由于按照模型（5－3）进行数据分析的结果显示，媒体报道倾向与碳信息披露一次项的交乘项（$CDI \times MRT$）的系数 β_3 为0.0151，未通过显著性检验，因此对模型（5－3）进行修正，去除模型中 $CDI \times MRT$ 这一项，保留模型（5－3）中其余变量。

表5－9中显示的修正后模型（5－3）的回归结果表明，CDI 和 CDI^2 的系数分别为－0.0196和0.0006，并且通过显著性水平检验。在加入了 MRT 变量后，模型结果依然反映企业碳信息披露与企业价值呈"U"型关系。MRT 与 CDI^2 的交乘项（$CDI^2 \times MRT$）的系数 β_4 为0.0004，系数为正，在1%水平下通过显著性检验，验证了假设2，反映媒体报道倾向在上市公司碳信息披露与企业价值的"U"型关系中具有显著的调节作用。

表5－9　　　　模型（5－3）回归结果

变量	Coef.	Robust Std. Err.	t
$CDI_{i,t}$	－0.0196***	0.0022	－8.90
$CDI^2_{i,t}$	0.0006***	0.0001	5.92
$CDI^2_{i,t} \times MRT_{i,t}$	0.0004***	0.0001	2.92
$MRT_{i,t}$	0.0073	0.0276	0.27
$Size_{i,t+1}$	0.6927***	0.0045	153.18
$Lev_{i,t+1}$	0.1535***	0.0203	7.57
$ROE_{i,t+1}$	0.5070***	0.0259	19.56
$OIG_{i,t+1}$	0.0091***	0.0027	3.34
$EC_{i,t+1}$	0.0010***	0.0002	4.47
$IS_{i,t+1}$	0.0167***	0.0005	33.32
$BS_{i,t+1}$	0.0077***	0.0021	3.64
$BI_{i,t+1}$	0.2988***	0.0599	4.98
$Dual_{i,t+1}$	0.0012	0.0070	0.18
$BF_{i,t+1}$	0.1887***	0.0152	12.38
$SOE_{i,t+1}$	－0.0619***	0.0080	－7.69
$LP_{i,t+1}$	0.0060***	0.0006	10.52
$CSR_{i,t}$	0.0987***	0.0079	12.48

续表

变量	Coef.	Robust Std. Err.	t
$HPI_{i,t+1}$	-0.3397***	0.0367	-9.25
$CTP_{i,t+1}$	0.0504***	0.0064	7.93
$Pun_{i,t+1}$	0.0019	0.0082	0.23
$Beta_{i,t+1}$	-0.1611***	0.0125	-12.90
$EPU_{i,t+1}$	-0.0002	0.0001	-1.60
_cons	7.4716***	0.1107	67.51
Ind F. E.		Yes	
Year F. E.		Yes	
# *obs.*		16032	
Adjusted R^2		0.9080	

注：***，**，*分别表示在1%、5%和10%的显著性水平下显著。

根据模型（5-3）的回归结果，控制其他控制变量为均值时的情况下，可获得如图5-3所示的不同媒体报道倾向条件下碳信息披露与企业价值的关系。图5-3反映了媒体报道倾向取值分别为-1（完全负面倾向）、0（中性倾向）和1（完全正面倾向）时，碳信息披露与企业价值的关系。由图5-3显然可见，当媒体报道倾向为完全负面倾向时，碳信息披露与企业价值的“U”型关系几乎完全偏向于负相关；当媒体报道倾向由负面到正面变化时，企业碳信息披露与企业价值的“U”型关系中的临界点逐渐变小，两者关系逐渐偏向正向关系，且相应的临界点时的企业价值更高。根据表5-9回归结果和图5-3的模拟回归关系，本书通过进一步对碳信息披露指数求偏导计算，获得不同媒体报道倾向下的碳信息披露与企业价值斜率。碳信息披露与企业价值的斜率代表着两者关系的变化，当斜率小于0时，两者负相关；当斜率等于0时，为两者关系的临界点；当斜率大于0时，两者正相关。对 *CDI* 求偏导可得：

$$\partial FV/\partial CDI = -0.0196 + 2 \times 0.0006 \times CDI + 0.0004 \times 2 \times MRT \times CDI$$

由上式可知，同一碳信息披露（*CDI*）水平下，媒体报道倾向（*MRT*）取值越大，斜率越大；媒体报道倾向（*MRT*）取值越大，碳信息披露与企业价值“U”型关系的临界点值越小，斜率越偏向于正值。偏导结果为0时的 *CDI* 为临界值，此时 *FV* 最小，当 *MRT* 分别为-1、0和1时，可得

CDI 的临界值分别为 49.000、16.333 和 9.800。而 *CDI* 的取值范围为 [0, 28]，无法达到 49.000，因此当 *MRT* 为 −1 时，可以认为碳信息披露与企业价值的关系为负相关。临界值计算结果可体现媒体报道倾向越正面，碳信息披露与企业价值“U”型关系中的碳信息披露临界点越小，且临界点的企业价值越高，越有利于偏向碳信息披露与企业价值“U”型关系中的正向关系。这验证了假设 2，即当其他条件不变时，在碳信息披露与企业价值的“U”型关系中，媒体报道倾向具有调节作用，正面的媒体报道倾向有助于增强企业碳信息披露与企业价值的正向关系。

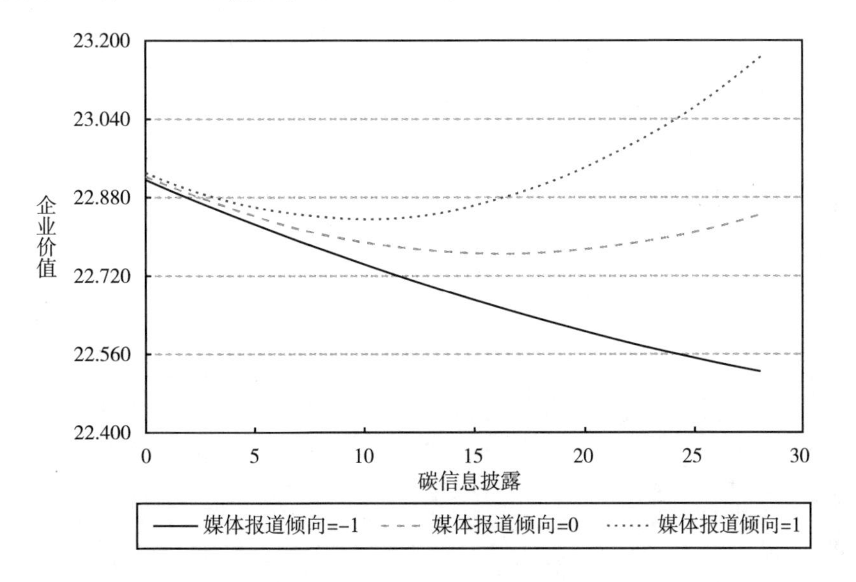

图 5−3 不同媒体报道倾向条件下碳信息披露与企业价值的关系

第五节 稳健性检验

一、利用功效系数法衡量碳信息披露

与第四章一致，为避免指标体系评分标准上存在的权重偏差影响研究结果的稳健可靠性，对构建的碳信息披露评价体系各个指标的得分结果，本研究采用功效系数法来对各项一级指标得分进行归一化处理，以归一化

后的 *CDI* 值来衡量企业碳信息披露的水平，重新运行研究模型以检验研究稳健性。表 5 - 10 为以利用功效系数法进行归一化后的 *CDI* 值来衡量企业碳信息披露的水平，重新运行模型（5 - 1）、模型（5 - 2）和模型（5 - 3）的回归结果。

表 5 - 10　　替换碳信息披露衡量方式后回归结果

变量	模型（5 - 1）	模型（5 - 2）	模型（5 - 3）
	$MRF_{i,t+1}$	$FV_{i,t+1}$	$FV_{i,t+1}$
$CDI_{i,t}$	-0.0702 *** (-4.05)	-0.0342 *** (-4.02)	-0.0937 *** (-7.51)
$CDI^2_{i,t}$	0.0180 *** (3.87)	0.0050 ** (2.23)	0.0137 *** (4.13)
$MRF_{i,t+1}$		0.1528 *** (45.79)	
$CDI^2_{i,t} \times MRT_{i,t}$			0.0154 *** (2.98)
$MRT_{i,t}$			-0.0145 (-0.44)
$Size_{i,t+1}$	0.2247 *** (39.84)	0.6711 *** (196.32)	0.6926 *** (153.23)
$Lev_{i,t+1}$	0.3231 *** (11.32)	0.1179 *** (7.91)	0.1513 *** (7.45)
$ROE_{i,t+1}$	0.0585 * (1.66)	0.4970 *** (23.66)	0.5071 *** (19.53)
$OIG_{i,t+1}$	0.0122 *** (3.73)	0.0038 * (1.91)	0.0092 *** (3.37)
$EC_{i,t+1}$	-0.0042 *** (-11.96)	0.0013 *** (7.68)	0.0010 *** (4.52)
$IS_{i,t+1}$	0.0104 *** (15.47)	0.0166 *** (45.90)	0.0167 *** (33.24)
$BS_{i,t+1}$	0.0070 ** (2.07)	0.0082 *** (5.19)	0.0078 *** (3.68)
$BI_{i,t+1}$	0.7105 *** (7.43)	0.2329 *** (5.06)	0.3035 *** (5.06)

续表

变量	模型（5-1）	模型（5-2）	模型（5-3）
	$MRF_{i,t+1}$	$FV_{i,t+1}$	$FV_{i,t+1}$
$Dual_{i,t+1}$	0.0124 (1.09)	-0.0026 (-0.47)	0.0018 (0.27)
$BF_{i,t+1}$	0.1245*** (5.19)	0.1720*** (15.00)	0.1899*** (12.42)
$SOE_{i,t+1}$	-0.2583*** (-20.43)	-0.0016 (-0.26)	-0.0620*** (-7.70)
$LP_{i,t+1}$	-0.0107*** (-12.00)	0.0079*** (17.28)	0.0060*** (10.48)
$CSR_{i,t}$	0.0327*** (2.56)	0.0806*** (12.82)	0.0961*** (12.09)
$HPI_{i,t+1}$	-0.4248*** (-6.85)	-0.2622*** (-9.57)	-0.3616*** (-9.89)
$CTP_{i,t+1}$	0.0841*** (8.26)	0.0308*** (6.22)	0.0516*** (8.13)
$Pun_{i,t+1}$	0.2457*** (19.15)	-0.0429*** (-6.45)	0.0019 (0.23)
$Beta_{i,t+1}$	-0.1894*** (-9.83)	-0.0855*** (-8.47)	-0.1600*** (-12.83)
$EPU_{i,t+1}$	-0.0033*** (-13.83)	-0.0008*** (-7.45)	-0.0002 (-1.62)
_cons	-1.7586*** (-12.06)	7.5373*** (95.77)	7.4785*** (67.91)
Ind F. E.	Yes	Yes	Yes
Year F. E.	Yes	Yes	Yes
# *obs.*	23267	23267	16032
Adjusted R^2	0.4906	0.9223	0.9079

注：括号内为t值；***，**，*分别表示在1%、5%和10%的显著性水平下显著。

由表5-10可知，结合碳信息披露与企业价值的“U”型关系显著，模型（5-1）中 CDI^2 的系数、*CDI* 的系数及模型（5-2）中媒体报道次数（*MRF*）的系数均在1%水平下通过显著性检验，体现媒体报道次数在碳信息披露与企业价值的关系中存在显著的中介作用。同时模型（5-2）

中 CDI^2 的系数也显著为正，体现媒体报道次数在碳信息披露与企业价值的关系中具有部分中介作用，与假设 1 结论一致，假设 1 结果稳健。

模型（5－3）中 CDI 和 CDI^2 的系数分别为－0.0937 和 0.0137，并通过显著性检验，MRT 与 CDI^2 的交乘项（$CDI^2 \times MRT$）的系数在 1% 水平下显著为正，反映媒体报道倾向在上市公司碳信息披露与企业价值的“U”型关系中具有显著的调节作用，与假设 2 结论一致，假设 2 结果稳健。

二、剔除企业社会责任报告的影响

与第四章类似，可能存在企业社会责任报告对碳信息披露的替代性解释，即企业碳信息披露的相关影响可能源自其社会责任报告的影响。为排除企业社会责任报告对研究内容的替代性解释，本研究以和讯网上市公司社会责任报告专业评测体系公布的社会责任报告评分（以 *CSR_Score* 表示）作为上市公司社会责任报告水平的代理变量，采用 2010～2017 年和讯网社会责任报告评分以及本章研究变量相应年度范围的数据进行本节稳健性检验。

具体而言，采用如下两个步骤检验剔除社会责任报告因素后上市公司碳信息披露的价值效应，并检验不同媒体监督情境下碳信息披露的价值效应。

第一步，运用回归残差剔除社会责任报告的影响。由于企业碳信息披露与企业价值的“U”型关系可能是由于社会责任报告所导致的，因此需排除社会责任报告对企业价值的影响。运用残差回归的方式，以企业价值 *FV* 为被解释变量，以社会责任报告的代理变量 *CSR_Score* 为解释变量进行回归，从而获取残差项 *Residuals*。此残差项 *Residuals* 为排除了社会责任报告影响后的数值。

第二步，以上一步所获取的残差项 *Residuals* 为被解释变量，以碳信息披露 *CDI* 为解释变量，纳入其余控制变量，再次进行模型（5－1）、模型（5－2）和模型（5－3）的实证回归。

表 5－11 为排除社会责任报告因素后，重新运行模型（5－1）、模型（5－2）和模型（5－3）的回归结果。由结果可知，结合碳信息披露与企

业价值的"U"型关系显著，模型（5－1）中 CDI^2 的系数、CDI 的系数以及模型（5－2）中媒体报道次数（MRF）的系数均在1%水平下通过显著性检验，体现媒体报道次数在碳信息披露与企业价值的关系中存在显著的中介作用。同时模型（5－2）中 CDI^2 的系数也显著为正，体现媒体报道次数在碳信息披露与企业价值的关系中具有部分中介作用，与假设1结论一致，假设1结果稳健。

表5－11　　　　排除社会责任报告因素后的回归结果

变量	模型（5－1）	模型（5－2）	模型（5－3）
	$MRF_{i,t+1}$	$Residuals_{i,t+1}$	$Residuals_{i,t+1}$
$CDI_{i,t}$	－0.0177*** （－5.04）	－0.0161*** （－7.13）	－0.0220*** （－8.00）
$CDI^2_{i,t}$	0.0007*** （4.49）	0.0005*** （4.25）	0.0006*** （4.66）
$MRF_{i,t+1}$		0.1485*** （32.58）	
$CDI^2_{i,t} \times MRT_{i,t}$			0.0008*** （3.95）
$MRT_{i,t}$			－0.1763*** （－5.37）
$Size_{i,t+1}$	0.2203*** （36.45）	0.6332*** （143.00）	0.6613*** （126.92）
$Lev_{i,t+1}$	0.3095*** （10.06）	0.3582*** （18.58）	0.3500*** （14.94）
$ROE_{i,t+1}$	0.0542 （1.44）	0.2910*** （11.84）	0.2938*** （10.65）
$OIG_{i,t+1}$	0.0143*** （4.02）	0.0056** （2.20）	0.0087*** （2.83）
$EC_{i,t+1}$	－0.0042*** （－11.29）	0.0007*** （3.05）	0.0002 （0.86）
$IS_{i,t+1}$	0.0103*** （13.88）	0.0136*** （27.02）	0.0152*** （24.93）
$BS_{i,t+1}$	0.0068* （1.84）	0.0070*** （2.98）	0.0074*** （2.67）

续表

变量	模型（5-1）	模型（5-2）	模型（5-3）
	$MRF_{i,t+1}$	$Residuals_{i,t+1}$	$Residuals_{i,t+1}$
$BI_{i,t+1}$	0.7014 (6.83)	0.2774 *** (4.22)	0.3724 *** (4.84)
$Dual_{i,t+1}$	0.0116 (0.98)	-0.0030 (-0.42)	0.0020 (0.24)
$BF_{i,t+1}$	0.1050 *** (4.06)	0.1356 *** (7.25)	0.1619 *** (7.58)
$SOE_{i,t+1}$	-0.2842 *** (-20.72)	0.0034 (0.39)	-0.0441 *** (-4.35)
$LP_{i,t+1}$	-0.0094 *** (-10.15)	0.0121 *** (19.67)	0.0101 *** (14.46)
$CSR_{i,t}$	0.0450 *** (3.32)	-0.5336 *** (-52.47)	-0.4228 *** (-37.10)
$HPI_{i,t+1}$	-0.4472 *** (-6.75)	-0.2546 *** (-4.74)	-0.3509 *** (-6.08)
$CTP_{i,t+1}$	0.0819 *** (7.57)	0.0196 *** (2.89)	0.0428 *** (5.44)
$Pun_{i,t+1}$	0.2422 *** (18.06)	-0.0143 * (-1.66)	0.0323 *** (3.21)
$Beta_{i,t+1}$	-0.1752 *** (-8.74)	-0.0812 *** (-6.14)	-0.1318 *** (-8.70)
$EPU_{i,t+1}$	-0.0026 *** (-10.73)	0.0034 *** (27.41)	0.0032 *** (22.20)
_cons	-1.7521 *** (-10.89)	-15.1976 *** (-132.90)	-15.4085 *** (-112.38)
Ind F. E.	Yes	Yes	Yes
Year F. E.	Yes	Yes	Yes
# obs.	20241	20241	16086
Adjusted R^2	0.5055	0.8522	0.8378

注：括号内为 t 值；***，**，* 分别表示在 1%、5% 和 10% 的显著性水平下显著。

模型（5-3）中 *CDI* 和 CDI^2 的系数分别为 -0.0220 和 0.0006，并通过显著性检验，*MRT* 与 CDI^2 的交乘项（$CDI^2 \times MRT$）的系数在 1% 水平下

显著为正，反映媒体报道倾向在上市公司碳信息披露与企业价值的“U”型关系中具有显著的调节作用，与假设2结论一致，假设2结果稳健。

第六节　本章小结

本章以深沪两市所有A股上市公司为初始研究样本，在剔除变量缺失值并进行样本的倾向得分匹配以控制研究内生性问题后，检验了不同媒体监督视角下碳信息披露的价值效应。研究结果表明：

（1）在媒体监督视角下，媒体报道次数的传递作用对碳信息披露的价值效应存在部分中介作用。在控制其他影响因素的条件下，企业碳信息披露可通过媒体报道次数对企业价值产生影响，媒体报道次数是企业碳信息披露发挥价值效应的有效信息传递渠道。

（2）在媒体监督视角下，媒体报道倾向的舆论作用对碳信息披露的价值效应具有调节作用。在控制其他影响因素的条件下，媒体报道倾向对碳信息披露与企业价值的“U”型关系具有调节作用，当媒体报道倾向为完全负面时，碳信息披露与企业价值的“U”型关系几乎完全偏向于负相关；当媒体报道倾向由负面到正面变化时，媒体报道倾向越正面，碳信息披露与企业价值“U”型关系中的碳信息披露临界点越小，且临界点的企业价值越高，越有利于偏向碳信息披露与企业价值“U”型关系中的正向关系，正向的媒体报道舆论倾向有助于增强碳信息披露与企业价值的正向关系。

（3）在检验了碳信息披露与企业价值的“U”型关系以及媒体监督视角下碳信息披露的价值效应基础上，通过功效系数法重新衡量碳信息披露以避免所构建的碳信息披露指标体系权重偏差的影响，以及剔除社会责任报告因素的影响以检验其替代性解释后研究结论依然稳健。

本章通过研究媒体监督对碳信息披露价值效应的作用，尝试挖掘了在媒体监督视角下社会大众所感知到的气候变化这个“非金融因素”对上市公司碳信息披露在金融资本市场中的价值创造可能产生的良性影响，为社会大众通过媒体监督对上市公司碳减排管理进行的外部治理提供理论依据与实证数据支撑，为企业在媒体监督下加强自身碳排放管理，自主披露更高质量的碳信息，提高其在媒体上的关注度与正面舆论倾向，以获取利益相关者的投资信心，进而提升企业价值提供了实证支持，也有助于体现企业进行碳减排管理对公司的意义，在媒体监督下督促企业更为积极地实施碳减排管理。

第六章

碳信息披露的价值效应：分析师监督视角

在第三章中，运用构建的上市公司碳信息披露评价指标体系对2008～2017年中国上市公司碳信息披露质量特征进行了衡量与分析。第四章在第三章的数据基础上验证了中国上市公司碳信息披露与企业价值的“U”型关系，并检验了不同政府监督视角下碳信息披露的价值效应，包括政府环境监管的管制作用对碳信息披露的价值效应的调节作用，以及政府补助的引导作用对碳信息披露的价值效应的中介作用。第五章在第三章和第四章的基础上检验了不同媒体监督视角下碳信息披露的价值效应，包括媒体报道次数的传递作用对碳信息披露的价值效应的中介作用，以及媒体报道倾向的舆论作用对碳信息披露的价值效应的调节作用。

第四章和第五章分别检验了来自监管方和社会公众视角的碳信息披露的价值效应，本章将研究视角进一步聚焦在资本市场中与上市公司碳信息披露的价值效应息息相关的分析师监督上。在下面的分析中，我们以第三章所获取的2008～2017年中国上市公司碳信息披露数据为基础，在第四章验证的中国上市公司碳信息披露与企业价值的“U”型关系前提下，从分析师监督视角来剖析碳信息披露的价值效应。本章将检验分析师跟踪次数的关注作用对碳信息披露的价值效应的中介作用，以及分析师评级的荐股作用对碳信息披露的价值效应的调节作用，以检验不同分析师监督情境下碳信息披露的价值效应。图 6－1 标明了本章内容在研究问题中所处的位置。

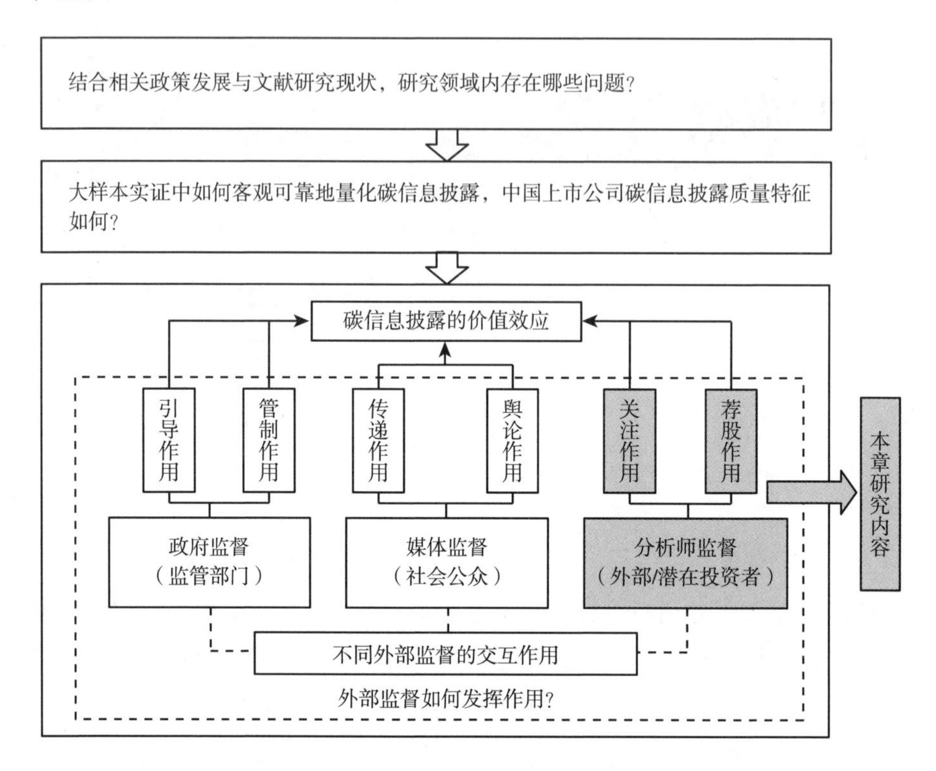

图 6－1　本章内容在研究问题中所处位置

第一节　研究背景

尽管投资者鼓励企业披露与气候变化相关的信息，企业也进行了相关披露，但是存在着投资者一直批评企业没有提供可用于投资决策的信息，而企业也批评投资者没有利用他们提供的信息的情况（Sullivan & Gouldson，2012）。证券分析师（又称股票分析师，以下简称分析师）从事证券市场相关的分析与研究工作，他们从公共或私人渠道搜集信息，评估他们所跟踪公司的相关情况，向投资者发布研究成果及提供投资建议，是资本市场上重要的信息中介，这些信息中介的存在提高了公司信息披露的可信度（Healy & Palepu，2001）。

在资本市场上，分析师可分为两类：一类是卖方分析师，其为资本市场上的投资者或潜在投资者（主要为机构投资者，如基金公司等）提供股票分析报告及投资建议，通过吸引这些投资者在其任职的证券公司进行相关交易来赚取佣金收入；另一类是买方分析师，这类分析师主要任职于基金公司等各类投资机构，为所任职机构的投资组合提供分析报告与配置建议，以投资组合增值与否作为其业绩与薪资评价的依据。由于买方分析师仅服务于其任职机构，其分析成果并不对外披露，难以获取相关信息，因此本章所研究的相关对象为卖方分析师，后文中所提的分析师均指卖方分析师。

财政部于 2016 年 11 月公开发布了《碳排放权交易试点有关会计处理暂行规定（征求意见稿）》，对企业碳排放交易过程中涉及的包括科目设置、账务处理以及财务报表列报和披露有关业务的会计处理均作了相应规定，如规定重点碳排放企业应当设置如下会计科目，核算与碳排放权相关的资产、负债：（1）重点排放企业应当设置“1105 碳排放权”科目，核算重点排放企业有偿取得的碳排放权的价值。碳排放权包括排放配额和国家核证自愿减排量。（2）重点碳排放企业应当设置“2204 应付碳排放权”科目，核算重点排放企业需履约碳排放义务而应支付的碳排放权价值。因此企业所披露的碳排放相关信息可能代表着其相关碳减排业务所产生的或有资产或者或有负债，而这些或有资产或者或有负债可能会影响到企业的相关收益和风险。分析师通过搜集企业风险和收益有关信息进行解读从而提供分析报告，因此其可能会关注企业碳排放相关的信息披露。

根据《广州日报》报道，2015 年 12 月 12 日巴黎气候大会前后，不少机构中的分析师就开始搜集相关信息调研碳排放概念上市公司。在很多机构的研究报告里，分析师们都认为，未来碳排放市场的蛋糕可能在千亿元左右，包括巨化股份、中电远达、深圳能源、华银电力等上市公司纷纷布局碳排放市场。其中，巨化股份为机构分析师们一致看好，并给予了乐观的荐股评级，此后大资金连续增持，该公司股价也逆势成“牛”。2015 年第三季度，证金公司买入巨化股份 1790 万股，占该公司总股本 0.99%，为该公司第七大流通股东。作为中国首家实施二氧化碳排放权交易的氟化工企业，巨化股份的股价自 2015 年 7 ~ 12 月累计上涨 206.18%。可见，在资本市场上分析师可对上市公司碳信息披露的价值创造发挥一定作用。

分析师在提高资本市场中的市场效率方面发挥着重要的作用（Healy & Palepu，2001）。其主要可以通过分析师跟踪和分析师评级两个方面来发挥其作用，分析师对上市公司股票的跟踪量体现分析师对该企业的关注程度，如相对分析师跟踪量少的公司，分析师跟踪量多的企业的股价可以更迅速地反映其公司相关信息变化（Barth & Hutton，2000）。分析师对上市公司的评级则体现分析师对该企业的绩效预测情况。分析师的股票推荐评级可能改变企业环境相关信息的传播水平（Luo et al.，2015）。

对于不同分析师监督情境下碳信息披露的价值效应，本章将其作用机制细分为分析师跟踪的关注作用与分析师评级的荐股作用两部分，深入分析分析师跟踪的关注作用对碳信息披露的价值效应的中介作用，以及分析师评级的荐股作用对碳信息披露的价值效应的调节作用。

第二节 理论分析与假设提出

由于企业的发展可能会受到温室效应等气候变化相关的影响以及来自消费者或监管者要求其采取应对气候变化行动的外部压力，企业可能采取积极主动的方式来应对气候变化，如开发依赖于可再生能源的新产品或新技术来提高自己的品牌声誉等。企业的应对方式可能会产生重大的财务影响，进而影响投资者的投资组合绩效（IIGCC，2011），因此投资者会关注企业与气候变化相关的碳排放管理情况（Sullivan & Gouldson，2012）。但由于“柠檬现象”的存在，外部投资者并不能很好地获取与评估企业的真实情况，分析师作为资本市场上的信息中介则在企业与外部投资者的信息沟通中发挥了重要作用。

分析师可通过两个方面举措来影响企业的碳信息披露的价值创造：一方面，分析师可通过对上市公司股票跟踪次数的关注作用来传递企业披露的碳信息。由于分析师跟踪量多的企业的股价可以更迅速地反映其公司相关信息变化（Barth & Hutton，2000），所以企业披露碳信息后，若吸引较多的分析师跟踪，那么其企业价值也可能更迅速地反映出其所披露信息的价值。因此，分析师跟踪在上市公司碳信息披露与企业价值的关系中，是有助于资本市场上快速传达信息的有效通道。另一方面，分析师可通过荐股作用使得具有股票交易引导性的股票推荐评级来影响企业的相关行为。分析师的股票推荐评级可能改变企业环境相关信息的传播水平（Luo et al.，2015）。根据合法性理论和自愿披露理论，上市公司积极披露碳排放信息，分析师若给予其较为乐观的推荐评级，那么潜在投资者可能判断该上市公司具有合法性地位，将企业的积极碳信息披露视为“好消息”，投资者可能做出乐观的投资判断，进而影响该上市公司的企业价值。所以，分析师评级的荐股作用可能会影响潜在投资者对企业的合法性判断，进而影响企业碳信息披露的价值效应，对企业披露相关碳信息的价值创造能力具有一定的调节作用。因此，如图6－2所示，分析师监督可通过分析师跟踪次数的关注作用和分析师评级的荐股作用对上市公司碳信息披露的价值效应产生影响。

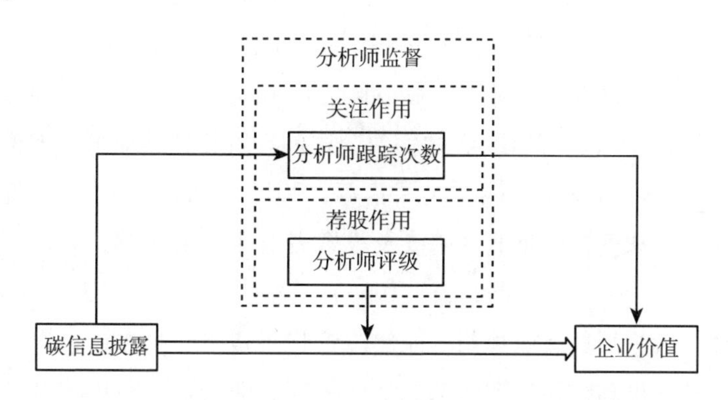

图6－2　分析师监督视角下碳信息披露的价值效应关系

一、分析师跟踪对碳信息披露的价值效应的关注作用

企业积极提高信息披露水平不仅是为了传递信息和改变投资者的看法，也是为了改变分析师的看法（Luo et al.，2015）。分析师在资本市场中扮演着“信息侦查员”和“分析解说员”的角色，以增进投资者对企业的了解，分析预测的精准度是其建立声誉甚至生存的关键，无论是满足侦

查信息需要还是解说信息需要，证券分析师都倾向于跟踪信息披露水平较高的公司（蒋艳辉、李林纯，2014）。信息披露程度越高的公司，分析师跟踪人数越多，分析师预测的离散度越小（Lang & Lundholm，1993），他们可以获得较低的绝对预测误差（Dhaliwal et al.，2011）。分析师需要根据上市公司的信息披露展开投资评级和盈利预测，公司信息披露水平越高，则分析师预测的成本越低（Lang & Lundhom，1996），就会吸引越多的分析师进行跟踪。并且信息披露能促使公司透明度提高，进而使分析师预测报告价值越大、精度越准，提供预测报告的分析师人数也会越多，因此分析师都倾向于跟踪信息披露水平较高的公司。

投资者可以通过聘用成熟中介机构的服务来缩小与企业的信息差距（Healy & Palepu，2001），从而对企业进行更有效的投资判断。分析师根据其信息敏感度和洞察力，可以捕获并报告被投资者忽视的企业信息，这有助于增进投资者对企业的了解。分析师跟踪人数越多，投资者对公司的了解程度及信任程度越高，相应企业未来价值就越高（Barry & Brown，1985）。同时，分析师在侦查信息有用性时也监督考核企业信息披露的真实性和准确性，甚至分析师对企业造假的监督能力可能比审计师等监督主体更强（Dyck et al.，2010），他们对公司的理解相较其他第三方机构更深入，有较强的价值发现功能（吴武清等，2017）。他们及时提供盈利预测及投资建议，从而提升企业透明度及投资者对企业的了解，有助于投资者合理评估企业价值（Chung & Jo，1996）。此外，分析师作为外部监督者，可对经理人行为形成有效规制，能够降低代理成本、抑制盈余管理、提高会计稳健性、提高公司治理效率，从而提高企业价值。被更多分析师跟踪的企业，其融资成本更低，股价同步性和股价暴跌风险更小，股票的流动性更强，因此对于企业而言，分析师跟踪也可以通过提高企业风险承担水平增加企业价值（杨道广等，2019）。

企业关于社会责任相关的倡议和得分已经引起了分析师的兴趣，分析师通过获取和处理公司信息来更好地评估企业社会责任表现（Ivković & Jegadeesh，2004），他们关注企业社会责任，为投资者提供建议（Luo et al.，2015）。上市公司碳排放管理作为社会责任的一部分，其碳信息披露也可能吸引分析师的关注。分析师通过对上市公司股票跟踪次数的关注作用来传递企业披露的碳信息，由于分析师跟踪量多的企业的股价可以更迅速地反映其公司相关信息变化（Barth & Hutton，2000），所以企业披露碳信息后，若吸引较多的分析师跟踪，那么其企业价值也可能更迅速地反映出其所披露碳信息的价值。因此，分析师跟踪在上市公司碳信息披露与企业价值的关系中，是有助于资本市场上快速传达信息的有效通道。基于此，拟提出假设1：

H1：分析师跟踪次数在碳信息披露和企业价值的关系中具有中介作用，碳信息披露可通过分析师跟踪次数来影响企业价值。

二、分析师评级对碳信息披露的价值效应的荐股作用

分析师可通过荐股作用使得具有股票交易引导性的股票推荐评级能够影响企业的相关行为。分析师从公共和私人渠道收集信息，评估他们所跟踪的公司的当前业绩，预测其未来前景，并建议投资者购买、持有或出售股票（Healy & Palepu，2001）。分析师的股票推荐评级可能改变企业环境相关信息的传播水平（Luo et al.，2015）。

当分析师评级较低时，企业倾向于增加碳排放信息水平，从而分配其他核心业务的披露成本，此时企业碳信息披露被认为是投资者和其他利益相关者评估公司环境问题的一种基于信息的机制（Luo et al.，2015）。分析师的低评级导致上市公司加大碳排放信息披露的程度，以扭转投资者的认知，因此具有社会责任感的投资者有机会评估他们的投资，并从环境的角度评估他们当前的投资组合（Giannarakis et al.，2016），进而影响上市公司的企业价值。此外，投资者通过分析上市公司的碳排放信息，来判断其企业价值、未来的前景和污染控制的成本（Bewley & Li，2000），而做出投资决策。当分析师的股票评级较高时，公司在信息披露中加入更多的环境信息可能是为了与竞争对手竞争时获得优势，从而获取更高的企业价值（Giannarakis et al.，2016）。

根据合法性理论和自愿披露理论，上市公司积极披露碳排放信息，分析师若给予其较为乐观的推荐评级，那么潜在投资者可能判断该上市公司具有合法性地位，从而将企业的积极碳信息披露视为“好消息”，而投资

者将做出乐观的投资决策，进而影响该上市公司的企业价值。所以，分析师评级的荐股作用可能会影响潜在投资者对企业的合法性判断，进而影响企业碳信息披露的价值效应，对企业披露相关碳信息的价值创造能力具有一定的调节作用。

但是分析师在提出投资建议时也可能存在偏差。分析师往往提出乐观的买入建议，其因提供投资建议能为任职公司带来交易量与投资费用而获得奖励，因此当其任职公司被聘请包销或考虑包销新的证券发行时，这种激励机制使得分析师有动机做出乐观的建议（管总平等，2013；Dechow et al.，2000）。由于评级乐观性偏差的存在，过于乐观的分析师评级也有可能使得投资者在判断上市公司碳信息披露的价值时更为审慎，而做出保守的投资决策，从而降低上市公司碳信息披露的价值创造。因此在不同的分析师评级情境下，企业碳信息披露的价值效应可能存在差异。

因此，对于分析师评级在企业碳信息披露与企业“U”型关系中的作用，提出假设2如下：

H2：其他条件不变时，在碳信息披露与企业价值的“U”型关系中，分析师评级具有调节作用。较高的分析师评级有助于增强企业碳信息披露与企业价值的正向关系，但由于评级乐观性偏差的存在，过于乐观的评级可能会降低上市公司碳信息披露的价值创造。

第三节 研究设计

一、变量定义与模型构建

（一）变量定义

（1）被解释变量为企业价值（firm value）。本章与第四章一致，借鉴多数学者基于市场未来经济所反映的企业价值衡量方法，采用企业市值来衡量企业价值（Matsumura et al.，2013；Chapple et al.，2013；Zamora-Ramírez & González-González，2016；张巧良等，2013；杨园华、李力，

2017；杨子绪等，2018）。为控制碳信息披露与企业价值关系中因果关系的内生性问题，被解释变量采用延后一期的企业价值来衡量。

（2）解释变量为碳信息披露（carbon disclosure index）。本章采用前述第三章中所构建的碳信息披露评价指标体系以及如表3－4所示的评价标准来综合全面地衡量上市公司的碳信息披露水平。该指标体系从碳信息披露的及时性、可比性、可靠性、可理解性和完整性5个一级指标出发，设置相应的二级评价指标（共14个二级指标），可较为系统客观地对企业碳信息披露进行合理评价（具体指标构建过程见第三章第一节）。

（3）中介变量为分析师跟踪次数（analyst tracking）。借鉴管亚梅、李盼（2016）和Zhou et al.（2016）等学者关于分析师跟踪次数的衡量方法，使用年度内对上市公司进行过跟踪分析的分析师或团队数量来衡量分析师跟踪次数。

（4）调节变量为分析师评级（analyst rating）。分析师评级为分析师对所研究的上市公司股票所做出的买入/卖出等投资建议评级。借鉴詹纳拉基斯等（Giannarakis et al.，2016）关于分析师评级的相关研究，采用分析师标准化评级意见来衡量分析师评级。标准化处理后的评级共5级：买入、增持、中性、减持和卖出，依次对5级评级赋值为5（买入）、4（增持）、3（中性）、2（减持）和1（卖出），该值越大则表明分析师对上市公司股票的乐观性倾向越强，反之则悲观性倾向越强。

（5）控制变量。本章控制变量与第四章中控制变量一致，具体控制变量定义见表4－2。

对所有连续型变量进行了上下1%的缩尾（Winsorize）处理。

（二）模型构建

第四章中在检验碳信息披露的价值效应时，为控制内生性问题，通过倾向得分匹配法（PSM）减少样本的选择性偏差和避免企业其他特征变量的干扰，然后根据匹配结果，以剔除未匹配成功的观测值后的样本来进行后续实证分析。本章也在上述倾向得分匹配后的研究结果基础上进行实证检验。为控制内生性问题中碳信息披露与企业价值关系的因果关系，在检验相关假设时，被解释变量采用延后一期的企业价值来衡量。

为检验分析师跟踪对碳信息披露的价值效应的关注作用（假设1），借鉴巴伦和肯尼（Baron & Kenny，1986）所提出的因果逐步回归检验中介效应的经典模型，遵循温忠麟等（2004）所提出的中介效应检验程序，结合第四章中检验碳信息披露的价值效应的模型（4－2），构建如模型（6－1）和模型（6－2）所示，根据3个模型检验结果来判断分析师跟踪在上市公司碳信息披露与企业价值关系中是否存在中介作用。被解释变量 FV 为上市公司 i 第 $t+1$ 年的企业价值，解释变量 CDI 为上市公司 i 第 t 年的碳信息披露，中介变量 AT 为上市公司 i 第 $t+1$ 年被分析师跟踪数量总和，其余为控制变量，并在模型中添加了年份和行业的哑变量来控制年份和行业的固定效应。在第四章中已验证碳信息披露与企业价值具有显著“U”型关系，若模型（6－1）中碳信息披露平方项（CDI^2）的系数 α_2 显著的同时模型（6－2）中分析师跟踪（AT）的系数 μ_3 也显著，则可验证假设1，反映分析师跟踪在上市公司碳信息披露与企业价值的“U”型关系中的中介作用。同时若模型（6－2）中碳信息披露平方项（CDI^2）的系数 μ_2 也显著，则体现分析师跟踪在碳信息披露与企业价值的关系中具有部分中介作用，否则为完全中介作用。

$$\begin{aligned}AT_{i,t+1} = {} & \alpha_0 + \alpha_1 CDI_{i,t} + \alpha_2 CDI_{i,t}^2 + \alpha_3 Size_{i,t+1} + \alpha_4 Lev_{i,t+1} + \alpha_5 ROE_{i,t+1} \\ & + \alpha_6 OIG_{i,t+1} + \alpha_7 EC_{i,t+1} + \alpha_8 IS_{i,t+1} + \alpha_9 BS_{i,t+1} + \alpha_{10} BI_{i,t+1} \\ & + \alpha_{11} Dual_{i,t+1} + \alpha_{12} BF_{i,t+1} + \alpha_{13} SOE_{i,t+1} + \alpha_{14} LP_{i,t+1} \\ & + \alpha_{15} CSR_{i,t} + \alpha_{16} HPI_{i,t+1} + \alpha_{17} CTP_{i,t+1} + \alpha_{18} Pun_{i,t+1} \\ & + \alpha_{19} Beta_{i,t+1} + \alpha_{20} EPU_{i,t+1} + \varphi_{i,t} \end{aligned} \tag{6－1}$$

$$\begin{aligned}FV_{i,t+1} = {} & \mu_0 + \mu_1 CDI_{i,t} + \mu_2 CDI_{i,t}^2 + \mu_3 AT_{i,t+1} + \mu_4 Size_{i,t+1} + \mu_5 Lev_{i,t+1} \\ & + \mu_6 ROE_{i,t+1} + \mu_7 OIG_{i,t+1} + \mu_8 EC_{i,t+1} + \mu_9 IS_{i,t+1} + \mu_{10} BS_{i,t+1} \\ & + \mu_{11} BI_{i,t+1} + \mu_{12} Dual_{i,t+1} + \mu_{13} BF_{i,t+1} + \mu_{14} SOE_{i,t+1} \\ & + \mu_{15} LP_{i,t+1} + \mu_{16} CSR_{i,t} + \mu_{17} HPI_{i,t+1} + \mu_{18} CTP_{i,t+1} \\ & + \mu_{19} Pun_{i,t+1} + \mu_{20} Beta_{i,t+1} + \mu_{21} EPU_{i,t+1} + \tau_{i,t} \end{aligned} \tag{6－2}$$

为检验分析师评级对碳信息披露的价值效应的荐股作用（假设2），构建如模型（6－3）所示的实证模型来判断分析师评级在上市公司碳信息披露与企业价值关系中是否存在调节作用。被解释变量 FV 为上市公司 i 第 $t+1$ 年的企业价值，解释变量 CDI 为上市公司 i 第 t 年的碳信息披露，调节

变量 AR 为上市公司 i 在第 $t+1$ 年的分析师评级情况，其余为控制变量，并在模型中添加了年份和行业的哑变量来控制年份和行业的固定效应。若在碳信息披露平方项（CDI^2）的系数 β_2 显著为正的前提下，碳信息披露平方项与分析师评级的交乘项（$CDI^2 \times AR$）的系数 β_4 也显著，则可验证假设 3，反映分析师评级在上市公司碳信息披露与企业价值的"U"型关系中的调节作用。

$$\begin{aligned} FV_{i,t+1} = {} & \beta_0 + \beta_1 CDI_{i,t} + \beta_2\ CDI_{i,t}^2 + \beta_3 CDI_{i,t} \times AR_{i,t+1} + \beta_4\ CDI_{i,t}^2 \times AR_{i,t+1} \\ & + \beta_5 AR_{i,t+1} + \beta_6 Size_{i,t+1} + \beta_7 Lev_{i,t+1} + \beta_8 ROE_{i,t+1} + \beta_9 OIG_{i,t+1} \\ & + \beta_{10} EC_{i,t+1} + \beta_{11} IS_{i,t+1} + \beta_{12} BS_{i,t+1} + \beta_{13} BI_{i,t+1} + \beta_{14} Dual_{i,t+1} \\ & + \beta_{15} BF_{i,t+1} + \beta_{16} SOE_{i,t+1} + \beta_{17} LP_{i,t+1} + \beta_{18} CSR_{i,t} + \beta_{19} HPI_{i,t+1} \\ & + \beta_{20} CTP_{i,t+1} + \beta_{21} Pun_{i,t+1} + \beta_{22} Beta_{i,t+1} + \beta_{23} EPU_{i,t+1} + \delta_{i,t} \end{aligned} \tag{6-3}$$

二、样本与数据来源

本章以 2008 ~2017 年我国在沪深两市上市的全部 A 股上市公司为初始样本，通过对这些上市公司发布在上海证券交易所和深圳证券交易所官方网站上的年报、社会责任报告、环境报告书和可持续发展报告等碳信息披露载体进行内容分析，获取客观可靠的上市公司碳信息披露质量数据。剔除因所公布的碳信息披露载体为加密文件等原因不能被有效读取的上市公司样本，最终获得了 2008 ~2017 年共 24774 个观测值（与第四章中表 4 –3 一致）。因碳信息披露对企业价值创造的影响存在滞后效应，且为控制碳信息披露与企业价值关系中的因果关系，被解释变量采用延后一期的企业价值来衡量，所以上市公司对应碳信息披露的企业价值数据为 2009 ~2018 年的相应观测值。

企业价值相关数据和分析师相关数据以及部分控制变量来自 CSMAR 数据库。根据第四章相关内容，为控制研究内生性问题进行倾向得分匹配，因从 CSMAR 数据库中所获取的变量数据存在少量缺失的情况，剔除为进行倾向得分匹配时相关影响因素变量共 478 个缺失的观测值，剔除模型（6 –1）和模型（6 –2）中涉及的企业价值变量的 826 个缺失的观测值和控制变量缺失的170个观测值，以23300个观测值对研究样本进行倾向得分匹配。

在进行倾向得分匹配后（详细内容见第四章第四节倾向得分匹配结果），样本观测值中处理组的6个观测值及控制组的27个观测值未得到匹配（off support），其余观测值均匹配成功（on support），以剔除共33个观测值的未匹配成功样本后的剩余样本23267个观测值为基础进行后文研究模型的实证回归。第四章中在检验碳信息披露的价值效应时，以23267个观测值进行碳信息披露的价值效应的实证回归分析，本章在第四章的样本基础上，仍以23267个观测值进行模型（6－1）和模型（6－2）的实证模型回归分析。

因分析师并未对所有A股上市公司进行评级，本研究观测的2009～2018年所有A股上市公司中存在部分上市公司未有分析师评级数据，因此剔除无分析师评级数据的上市公司样本，最终以获取的共17650个观测值为研究样本基础，并再次利用第四章中设定的模型（4－1）进行倾向得分匹配以控制内生性。倾向得分匹配后（详细匹配结果见第六章第四节第一部分倾向得分匹配结果），样本观测值中处理组的4个观测值及控制组的5个观测值未得到匹配，其余观测值均匹配成功，以剔除共9个观测值的未匹配成功样本后的剩余样本17641个观测值为基础进行模型（6－3）的实证回归分析。

第四节 实证结果

一、倾向得分匹配结果

模型（6－1）和模型（6－2）的样本与模型（4－2）、模型（4－3）和模型（4－4）的样本一致，因此模型（6－1）和模型（6－2）的样本倾向得分匹配结果可见第四章第四节中倾向得分匹配结果，模型（6－3）因研究样本发生改变，因此重新进行倾向得分匹配以控制研究内生性。

（一）描述性统计分析

表6－1是为进行模型（6－3）研究样本的倾向得分匹配而设定的Logit模型（与第四章中模型（4－1）相同）中涉及变量的描述统计表。上市公司碳信息披露*CDI*的17650个观测值中，样本均值为0.506，体现样本中约有50.6%的上市公司的碳信息披露水平高于年均值。

表6－1　　模型（6－3）样本倾向得分匹配变量的描述性统计

变量	平均数	中位数	标准差	最小值	最大值	观测数
$CDI_{i,t}$	0.506	1.000	0.500	0.000	1.000	17650
$Size_{i,t}$	22.008	21.779	1.500	18.960	26.872	17650
$Lev_{i,t}$	0.437	0.430	0.219	0.046	1.037	17650
$ROE_{i,t}$	0.081	0.081	0.099	－0.627	0.340	17650
$OIG_{i,t}$	0.433	0.120	1.363	－0.745	11.499	17650
$EC_{i,t}$	36.199	34.482	15.270	8.497	74.976	17650
$IS_{i,t}$	7.752	5.272	7.966	0.000	36.213	17650
$BS_{i,t}$	8.920	9.000	1.868	5.000	15.000	17650
$BI_{i,t}$	0.371	0.333	0.055	0.091	0.800	17650
$Dual_{i,t}$	0.249	0.000	0.432	0.000	1.000	17650
$BF_{i,t}$	0.077	0.000	0.267	0.000	1.000	17650
$SOE_{i,t}$	0.413	0.000	0.492	0.000	1.000	17650
$LP_{i,t}$	14.574	13.000	6.783	2.000	29.000	17650
$CSR_{i,t}$	0.270	0.000	0.444	0.000	1.000	17650
$HPI_{i,t}$	0.679	1.000	0.467	0.000	1.000	17650
$CTP_{i,t}$	0.388	0.000	0.487	0.000	1.000	17650

（二）相关分析

表6－2为进行模型（6－3）研究样本的倾向得分匹配而设定的Logit模型中涉及变量的相关系数表，Logit模型中碳信息披露与大多数的影响因素变量相关，与已有研究成果一致。

表 6-2　　模型（6-3）样本倾向得分匹配变量的相关系数

变量	(1)	(2)	(3)	(4)	(5)	(6)	(7)	(8)	(9)	(10)	(11)	(12)	(13)	(14)	(15)
$CDI_{i,t}$	1														
$Size_{i,t}$	**0.287**	1													
$Lev_{i,t}$	**0.156**	**0.578**	1												
$ROE_{i,t}$	0.002	**0.068**	**-0.092**	1											
$OIG_{i,t}$	**-0.081**	0.002	**0.077**	**0.051**	1										
$EC_{i,t}$	**0.075**	**0.184**	**0.061**	**0.102**	**0.016**	1									
$IS_{i,t}$	**0.039**	**0.165**	**0.077**	**0.226**	0.009	**-0.153**	1								
$BS_{i,t}$	**0.161**	**0.365**	**0.245**	**0.035**	**-0.050**	0.005	**0.073**	1							
$BI_{i,t}$	**-0.021**	**0.026**	**-0.021**	**-0.017**	**0.029**	**0.063**	-0.010	**-0.397**	1						
$Dual_{i,t}$	**-0.116**	**-0.220**	**-0.190**	0.011	**-0.015**	**-0.053**	**-0.028**	**-0.191**	**0.101**	1					
$BF_{i,t}$	**0.134**	**0.463**	**0.208**	**0.074**	**-0.041**	**0.116**	**0.054**	**0.215**	**0.030**	**-0.089**	1				
$SOE_{i,t}$	**0.161**	**0.393**	**0.337**	**-0.056**	0.001	**0.213**	**0.030**	**0.291**	**-0.051**	**-0.299**	**0.173**	1			
$LP_{i,t}$	**0.091**	**0.309**	**0.409**	**-0.049**	**0.085**	-0.001	**0.119**	**0.151**	**-0.052**	**-0.258**	**0.065**	**0.483**	1		
$CSR_{i,t}$	**0.312**	**0.457**	**0.202**	**0.083**	**-0.028**	**0.057**	**0.122**	**0.195**	**0.029**	**-0.111**	**0.251**	**0.227**	**0.174**	1	
$HPI_{i,t}$	**0.212**	**-0.099**	**-0.133**	**-0.032**	**-0.158**	**0.026**	**-0.051**	**-0.062**	0.008	**0.047**	**-0.072**	**-0.087**	**-0.144**	**-0.044**	1
$CTP_{i,t}$	**-0.073**	**0.097**	-0.001	**0.046**	**0.042**	**0.033**	**0.027**	**0.023**	**0.070**	**0.033**	**0.161**	**0.040**	0.005	**0.044**	**-0.134**

注：系数加粗表示在10%显著性水平下显著。

（三）倾向得分匹配结果

采用方差膨胀因子（VIF值）来检验模型的多重共线性。为进行模型（6-3）研究样本的倾向得分匹配而设定的Logit模型中涉及变量的*VIF*值结果显示，本章所构建模型中变量的VIF值均小于3，表明模型中变量之间不存在多重共线性。

表6-3为进行倾向得分匹配所构建的Logit模型回归检验结果，结果显示*Size*、*BS*、*Dual*、*LP*、*CSR*、*HPI*和*CTP*这7个变量对上市公司碳信息披露这一倾向有显著影响，说明这些变量所代表的因素可能会使得上市公司更倾向于进行碳信息披露，其他变量无显著影响。因此将不显著的变量排除，选取显著的7个变量作为倾向得分匹配的特征变量，以减少样本的自选择偏差，采用最近邻匹配法，设置1∶4配比。

表6-3　　Logit模型回归结果

变量	Coef.	Robust Std. Err.	z
$Size_{i,t}$	0.3515***	0.0237	14.85
$Lev_{i,t}$	0.1492	0.1170	1.28
$ROE_{i,t}$	-0.2303	0.2098	-1.10
$OIG_{i,t}$	-0.0209	0.0143	-1.46
$EC_{i,t}$	0.0004	0.0013	0.32
$IS_{i,t}$	0.0021	0.0024	0.87
$BS_{i,t}$	0.0527***	0.0131	4.04
$BI_{i,t}$	0.3165	0.3719	0.85
$Dual_{i,t}$	-0.2153***	0.0437	-4.93
$BF_{i,t}$	0.0230	0.0861	0.27
$SOE_{i,t}$	0.0483	0.0477	1.01
$LP_{i,t}$	-0.0112***	0.0036	-3.08
$CSR_{i,t}$	1.4111***	0.0496	28.43
$HPI_{i,t}$	0.6530*	0.3828	1.71
$CTP_{i,t}$	-0.2232***	0.0397	-5.63
_cons	-9.1391***	0.5956	-15.34
Ind F. E.		Yes	
Year F. E.		Yes	
# obs.		17650	
Pseudo R^2		0.2344	

注：***，**，*分别表示在1%、5%和10%的显著性水平下显著。

倾向得分匹配后处理效应结果显示 *ATT* 的 *t* 值为 -3.52，在 1% 水平下显著，处理效应较好，说明匹配后样本上市公司碳信息披露的企业价值存在显著差异。特征变量的数据平衡检查发现匹配后特征变量的标准化偏差均小于 10%，对比匹配前的结果，特征变量的标准化偏差大幅缩小，且根据大多数特征变量的 *t* 检验结果来看，可认为经匹配后处理组与控制组无系统差异，匹配效果较好。经倾向得分匹配后，样本观测值中处理组的 4 个观测值及控制组的 5 个观测值未得到匹配，其余观测值均匹配成功，进行倾向评分匹配仅损失少量样本观测值，剔除 9 个未匹配成功的观测值，以匹配成功的样本共 17641 个观测值为基础进行模型（6-3）的实证回归，以控制研究内生性问题。

二、描述性统计分析

表 6-4 为检验分析师跟踪对碳信息披露的价值效应的关注作用而设定的模型（6-1）和模型（6-2）中涉及变量的描述统计表。上市公司企业价值 *FV* 的 23267 个观测值中，样本均值为 22.781，中位数为 22.606，最小值为 20.735，最大值为 27.250。上市公司碳信息披露 *CDI* 的 23267 个观测值中，样本均值为 9.486，中位数为 9.000，最小值为 0.000，最大值为 25.000。上市公司分析师跟踪 *AT* 的 23267 个观测值中，样本均值为 7.580，中位数为 4.000，最小值为 0.000，最大值为 42.000。

表 6-4　　模型（6-1）和模型（6-2）中变量的描述性统计

变量	平均数	中位数	标准差	最小值	最大值	观测数
$FV_{i,t+1}$	22.781	22.606	1.207	20.735	27.250	23267
$CDI_{i,t}$	9.486	9.000	5.476	0.000	25.000	23267
$AT_{i,t+1}$	7.580	4.000	9.499	0.000	42.000	23267
$Size_{i,t+1}$	22.037	21.818	1.411	19.226	27.023	23267
$Lev_{i,t+1}$	0.454	0.446	0.221	0.052	0.999	23267
$ROE_{i,t+1}$	0.056	0.067	0.147	-0.923	0.346	23267
$OIG_{i,t+1}$	0.483	0.137	1.493	-0.777	11.818	23267

续表

变量	平均数	中位数	标准差	最小值	最大值	观测数
$EC_{i,t+1}$	34.702	32.625	15.049	8.418	74.856	23267
$IS_{i,t+1}$	6.574	3.984	7.384	0.000	34.891	23267
$BS_{i,t+1}$	8.763	9.000	1.817	5.000	15.000	23267
$BI_{i,t+1}$	0.373	0.333	0.056	0.000	0.800	23267
$Dual_{i,t+1}$	0.243	0.000	0.429	0.000	1.000	23267
$BF_{i,t+1}$	0.065	0.000	0.246	0.000	1.000	23267
$SOE_{i,t+1}$	0.412	0.000	0.492	0.000	1.000	23267
$LP_{i,t+1}$	15.058	15.000	7.012	2.000	29.000	23267
$CSR_{i,t}$	0.237	0.000	0.425	0.000	1.000	23267
$HPI_{i,t+1}$	0.681	1.000	0.466	0.000	1.000	23267
$CTP_{i,t+1}$	0.381	0.000	0.486	0.000	1.000	23267
$Pun_{i,t+1}$	0.145	0.000	0.352	0.000	1.000	23267
$Beta_{i,t+1}$	1.094	1.095	0.270	0.402	1.866	23267
$EPU_{i,t+1}$	126.257	122.200	35.732	92.100	206.600	23267

表 6－5 为检验分析师评级对碳信息披露的价值效应的荐股作用而设定的模型（6－3）中涉及变量的描述统计表。上市公司企业价值 FV 的 17641 个观测值中，样本均值为 22.979，中位数为 22.798，最小值为 20.735，最大值为 27.250。上市公司碳信息披露 CDI 的 17641 个观测值中，样本均值为 9.732，中位数为 9.000，最小值为 0.000，最大值为 25.000。分析师评级 AR 的 17641 个观测值中，样本均值为 4.229，中位数为 4.298，最小值为 1.000，最大值为 5.000。

表 6－5　　　模型（6－3）中变量的描述性统计

变量	平均数	中位数	标准差	最小值	最大值	观测数
$FV_{i,t+1}$	22.979	22.798	1.244	20.735	27.250	17641
$CDI_{i,t}$	9.732	9.000	5.536	0.000	25.000	17641
$AR_{i,t+1}$	4.229	4.298	0.500	1.000	5.000	17641

续表

变量	平均数	中位数	标准差	最小值	最大值	观测数
$Size_{i,t+1}$	22.231	21.991	1.446	19.226	27.023	17641
$Lev_{i,t+1}$	0.448	0.443	0.214	0.052	0.999	17641
$ROE_{i,t+1}$	0.075	0.078	0.116	-0.923	0.346	17641
$OIG_{i,t+1}$	0.441	0.139	1.340	-0.777	11.818	17641
$EC_{i,t+1}$	35.560	33.747	15.180	8.418	74.856	17641
$IS_{i,t+1}$	7.809	5.540	7.682	0.000	34.891	17641
$BS_{i,t+1}$	8.875	9.000	1.863	5.000	15.000	17641
$BI_{i,t+1}$	0.373	0.333	0.056	0.000	0.800	17641
$Dual_{i,t+1}$	0.245	0.000	0.430	0.000	1.000	17641
$BF_{i,t+1}$	0.080	0.000	0.271	0.000	1.000	17641
$SOE_{i,t+1}$	0.411	0.000	0.492	0.000	1.000	17641
$LP_{i,t+1}$	14.573	13.000	6.784	2.000	29.000	17641
$CSR_{i,t}$	0.270	0.000	0.444	0.000	1.000	17641
$HPI_{i,t+1}$	0.679	1.000	0.467	0.000	1.000	17641
$CTP_{i,t+1}$	0.388	0.000	0.487	0.000	1.000	17641
$Pun_{i,t+1}$	0.128	0.000	0.334	0.000	1.000	17641
$Beta_{i,t+1}$	1.100	1.100	0.265	0.402	1.866	17641
$EPU_{i,t+1}$	122.980	122.200	33.002	92.100	206.600	17641

三、相关分析

表6-6为检验分析师跟踪对碳信息披露的价值效应的关注作用而设定的模型（6-1）和模型（6-2）中涉及变量的相关系数表。企业价值、碳信息披露和分析师跟踪显著相关。企业价值也与大部分控制变量相关，与已有研究相符。

表6-7为检验分析师评级对碳信息披露的价值效应的荐股作用而设定的模型（6-3）中涉及变量的相关系数表。企业价值、碳信息披露和分析师评级显著相关。

表 6-6　　模型（6-1）和模型（6-2）中变量的相关系数

变量	(1)	(2)	(3)	(4)	(5)	(6)	(7)	(8)	(9)	(10)	(11)	(12)	(13)	(14)	(15)	(16)	(17)	(18)	(19)	(20)
$FV_{i,t+1}$	1																			
$CDI_{i,t}$	**0.326**	1																		
$AT_{i,t+1}$	**0.481**	**0.131**	1																	
$Size_{i,t+1}$	**0.921**	**0.377**	**0.383**	1																
$Lev_{i,t+1}$	**0.425**	**0.129**	0.009	**0.469**	1															
$ROE_{i,t+1}$	**0.155**	0.004	**0.312**	**0.085**	**-0.163**	1														
$OIG_{i,t+1}$	-0.003	**-0.118**	**-0.061**	**-0.025**	**0.070**	**0.039**	1													
$EC_{i,t+1}$	**0.167**	**0.100**	**0.073**	**0.206**	**0.037**	**0.124**	**0.013**	1												
$IS_{i,t+1}$	**0.321**	**0.029**	**0.505**	**0.196**	**0.038**	**0.202**	-0.009	**-0.100**	1											
$BS_{i,t+1}$	**0.325**	**0.166**	**0.183**	**0.347**	**0.208**	**0.056**	**-0.036**	**0.020**	**0.087**	1										
$BI_{i,t+1}$	**0.024**	**-0.021**	-0.001	**0.011**	**-0.019**	**-0.031**	**0.020**	**0.038**	-0.008	**-0.434**	1									
$Dual_{i,t+1}$	**-0.156**	**-0.090**	-0.007	**-0.172**	**-0.149**	0.004	**-0.011**	**-0.051**	**-0.017**	**-0.181**	**0.101**	1								
$BF_{i,t+1}$	**0.445**	**0.164**	**0.249**	**0.442**	**0.165**	**0.080**	**-0.039**	**0.119**	**0.081**	**0.194**	**0.025**	**-0.076**	1							
$SOE_{i,t+1}$	**0.291**	**0.147**	0.010	**0.332**	**0.282**	**-0.015**	**0.015**	**0.226**	0.009	**0.271**	**-0.061**	**-0.285**	**0.148**	1						
$LP_{i,t+1}$	**0.207**	-0.009	**-0.095**	**0.201**	**0.3542**	**-0.054**	**0.100**	**-0.033**	**0.046**	**0.139**	**-0.059**	**-0.232**	**0.042**	**0.451**	1					
$CSR_{i,t}$	**0.438**	**0.375**	**0.231**	**0.442**	**0.148**	**0.062**	**-0.040**	**0.074**	**0.122**	**0.186**	**0.013**	**-0.098**	**0.242**	**0.210**	**0.132**	1				
$HPI_{i,t+1}$	**-0.111**	**0.263**	**-0.024**	**-0.098**	**-0.114**	**-0.024**	**-0.148**	0.005	**-0.049**	**-0.058**	0.007	**0.047**	**-0.076**	**-0.091**	**-0.155**	**-0.038**	1			
$CTP_{i,t+1}$	**0.113**	**-0.076**	**0.065**	**0.087**	0.007	**0.044**	**0.030**	**0.029**	**0.033**	**0.021**	**0.045**	**0.036**	**0.145**	**0.030**	**0.012**	**0.035**	**-0.135**	1		
$Pun_{i,t+1}$	**-0.036**	**-0.016**	**-0.082**	**-0.035**	**0.068**	**-0.105**	0.004	**-0.076**	**-0.027**	**-0.017**	-0.002	**0.019**	**-0.048**	**-0.053**	**0.019**	**-0.023**	0.007	**-0.011**	1	
$Beta_{i,t+1}$	**-0.100**	**-0.027**	**-0.056**	**-0.074**	**-0.087**	**-0.021**	**-0.012**	**-0.015**	**-0.121**	**-0.051**	0.008	**0.042**	**-0.064**	-0.010	**-0.153**	**-0.027**	-0.010	**0.026**	**-0.024**	1
$EPU_{i,t+1}$	**-0.068**	**0.105**	**-0.025**	**0.056**	**-0.026**	**-0.052**	**-0.031**	**-0.029**	**-0.108**	**-0.054**	**0.038**	**0.046**	-0.005	**-0.080**	**-0.180**	-0.010	**0.019**	0.004	0.000	**-0.034**

注：系数加粗表示在 10% 显著性水平下显著。

表 6-7　　模型（6-3）中变量的相关系数

变量	(1)	(2)	(3)	(4)	(5)	(6)	(7)	(8)	(9)	(10)	(11)	(12)	(13)	(14)	(15)	(16)	(17)	(18)	(19)	(20)
$FV_{i,t+1}$	1																			
$CDI_{i,t}$	**0.336**	1																		
$AR_{i,t+1}$	**0.189**	**0.080**	1																	
$Size_{i,t+1}$	**0.928**	**0.380**	**0.110**	1																
$Lev_{i,t+1}$	**0.503**	**0.168**	**-0.073**	**0.560**	1															
$ROE_{i,t+1}$	**0.144**	**-0.014**	**0.202**	**0.063**	**-0.108**	1														
$OIG_{i,t+1}$	0.011	**-0.118**	**0.022**	-0.007	**0.076**	**0.052**	1													
$EC_{i,t+1}$	**0.154**	**0.095**	**-0.070**	**0.192**	**0.070**	**0.104**	**0.017**	1												
$IS_{i,t+1}$	**0.263**	0.005	**0.245**	**0.138**	**0.063**	**0.209**	0.005	**-0.146**	1											
$BS_{i,t+1}$	**0.332**	**0.181**	**-0.063**	**0.359**	**0.235**	**0.051**	**-0.037**	**0.017**	**0.067**	1										
$BI_{i,t+1}$	**0.040**	**-0.017**	**0.045**	**0.026**	**-0.013**	**-0.028**	**0.024**	**0.056**	**-0.013**	**-0.409**	1									
$Dual_{i,t+1}$	**-0.171**	**-0.108**	**0.079**	**-0.194**	**-0.165**	0.002	-0.011	**-0.058**	**-0.017**	**-0.193**	**0.105**	1								
$BF_{i,t+1}$	**0.463**	**0.181**	-0.006	**0.467**	**0.204**	**0.081**	**-0.043**	**0.120**	**0.054**	**0.210**	**0.031**	**-0.085**	1							
$SOE_{i,t+1}$	**0.318**	**0.170**	**-0.165**	**0.365**	**0.306**	**-0.026**	0.012	**0.234**	0.009	**0.287**	**-0.046**	**-0.289**	**0.169**	1						
$LP_{i,t+1}$	**0.265**	**0.049**	**-0.170**	**0.278**	**0.363**	-0.011	**0.092**	**0.024**	**0.093**	**0.158**	**-0.052**	**-0.242**	**0.063**	**0.477**	1					
$CSR_{i,t}$	**0.444**	**0.389**	**0.041**	**0.451**	**0.188**	**0.043**	**-0.030**	**0.060**	**0.092**	**0.191**	**0.025**	**-0.106**	**0.251**	**0.225**	**0.174**	1				
$HPI_{i,t+1}$	**-0.122**	**0.260**	**0.042**	**-0.111**	**-0.135**	**-0.021**	**-0.165**	**0.018**	**-0.051**	**-0.068**	0.004	**0.042**	**-0.078**	**-0.087**	**-0.144**	**-0.045**	1			
$CTP_{i,t+1}$	**0.129**	**-0.062**	**0.044**	**0.107**	0.008	**0.044**	**0.041**	**0.032**	**0.033**	**0.021**	**0.064**	**0.029**	**0.160**	**0.040**	-0.005	**0.044**	**-0.134**	1		
$Pun_{i,t+1}$	**-0.023**	**-0.013**	-0.001	**-0.023**	**0.048**	**-0.059**	0.002	**-0.064**	**-0.012**	0.001	-0.009	**0.024**	**-0.046**	**-0.054**	0.001	-0.012	0.005	**-0.013**	1	
$Beta_{i,t+1}$	**-0.141**	**-0.049**	0.011	**-0.118**	**-0.056**	**-0.069**	0.009	**-0.047**	**-0.155**	**-0.065**	0.011	**0.038**	**-0.086**	**-0.025**	**-0.139**	**-0.050**	**-0.014**	**0.017**	-0.004	1
$EPU_{i,t+1}$	0.001	**0.102**	**0.082**	**0.103**	-0.006	0.010	**-0.036**	**-0.014**	**-0.061**	**-0.027**	**0.026**	**0.035**	**0.013**	**-0.060**	**-0.162**	**0.013**	**0.021**	0.007	**-0.018**	**-0.035**

注：系数加粗表示在 10% 显著性水平下显著。

四、回归结果

采用方差膨胀因子（VIF 值）来检验模型的多重共线性。模型（6-1）、模型（6-2）和模型（6-3）中涉及变量的 VIF 值显示本章所构建模型中变量的 VIF 值均小于 3，表明模型中变量之间不存在多重共线性。

（一）分析师跟踪对碳信息披露的价值效应的关注作用

表 6-8 为模型（6-1）和模型（6-2）的回归结果，结合第四章已验证的碳信息披露和企业价值的“U”型关系，模型（6-1）中 CDI^2 的系数 α_2 为 0.0054，并在 1% 水平下通过显著性检验，CDI 的系数 α_1 为 -0.1124，并在 1% 水平下通过显著性检验。同时，模型（6-2）中分析师跟踪（AT）的系数 μ_3 为 0.0162，在 1% 水平下通过显著性检验。在碳信息披露和企业价值的“U”型关系显著的前提下，α_2 和 μ_3 的回归结果均显著，说明分析师跟踪在碳信息披露与企业价值的关系中存在显著的中介作用，即我国碳信息披露可通过分析师跟踪这一中介变量对上市公司的企业价值产生影响，这验证了假设 1。同时模型（6-2）中 CDI^2 的系数 μ_2 为 0.0002，也在 1% 水平下通过显著性检验，则体现分析师跟踪在碳信息披露与企业价值的关系中具有部分中介作用。

表 6-8　　模型（6-1）和模型（6-2）回归结果

变量	模型（6-1）	模型（6-2）
$CDI_{i,t}$	-0.1124*** (-3.69)	-0.0082*** (-5.25)
$CDI^2_{i,t}$	0.0054*** (3.53)	0.0002*** (3.39)
$AT_{i,t+1}$		0.0162*** (44.23)
$Size_{i,t+1}$	2.6326*** (45.48)	0.6633*** (191.05)
$Lev_{i,t+1}$	-3.7281*** (-15.27)	0.2286*** (15.57)

续表

变量	模型（6-1）	模型（6-2）
$ROE_{i,t+1}$	10.0771*** (26.20)	0.3421*** (17.53)
$OIG_{i,t+1}$	-0.0618** (-2.34)	0.0065*** (3.30)
$EC_{i,t+1}$	0.0065* (1.88)	0.0006*** (3.32)
$IS_{i,t+1}$	0.4848*** (56.15)	0.0103*** (26.19)
$BS_{i,t+1}$	0.1902*** (5.56)	0.0062*** (3.99)
$BI_{i,t+1}$	1.8278* (1.86)	0.3101*** (6.76)
$Dual_{i,t+1}$	0.3668*** (3.31)	-0.0072 (-1.30)
$BF_{i,t+1}$	1.6685*** (6.15)	0.1634*** (14.24)
$SOE_{i,t+1}$	-1.1824*** (-9.82)	-0.0217*** (-3.64)
$LP_{i,t+1}$	-0.1950*** (-22.22)	0.0095*** (20.42)
$CSR_{i,t}$	1.1828*** (8.57)	0.0691*** (11.11)
$HPI_{i,t+1}$	4.8397*** (5.83)	-0.3934*** (-14.19)
$CTP_{i,t+1}$	0.3200*** (3.22)	0.0378*** (7.66)
$Pun_{i,t+1}$	-0.6632*** (-5.39)	0.0052 (0.80)
$Beta_{i,t+1}$	-0.0218 (-0.11)	-0.1140*** (-11.39)
$EPU_{i,t+1}$	-0.0437*** (-19.16)	-0.0006*** (-5.43)

续表

变量	模型（6－1）	模型（6－2）
_cons	－44.5592 *** （－27.93）	7.9773 *** （98.75）
Ind F. E.	Yes	Yes
Year F. E.	Yes	Yes
# *obs.*	23267	23267
Adjusted R^2	0.4846	0.9229

注：括号内为 t 值；***，**，* 分别表示在 1%、5% 和 10% 的显著性水平下显著。

（二）分析师评级对碳信息披露的价值效应的荐股作用

由于按照模型（6－3）进行数据分析的结果显示，分析师评级与碳信息披露一次项的交乘项（$CDI \times AR$）的系数 β_3 为 0.0021，未通过显著性检验，因此对模型（6－3）进行修正，去除模型中 $CDI \times AR$ 这一项，保留模型（6－3）中其余变量。

表 6－9 中显示的修正后模型（6－3）的回归结果表明，CDI 和 CDI^2 的系数分别为－0.0069 和 0.0009，并且通过显著性水平检验。在加入了 AR 变量后，模型结果依然反映企业碳信息披露与企业价值呈“U”型关系。AR 与 CDI^2 的交乘项（$CDI^2 \times AR$）的系数 β_4 为 0.0004，系数为正，在 1% 水平下通过显著性检验，验证了假设 2，反映分析师评级在上市公司碳信息披露与企业价值的“U”型关系中具有显著的调节作用。

表 6－9　　模型（6－3）回归结果

变量	Coef.	Robust Std. Err.	t
$CDI_{i,t}$	－0.0070 ***	0.0018	－3.80
$CDI^2_{i,t}$	0.0009 ***	0.0002	4.05
$CDI^2_{i,t} \times AR_{i,t+1}$	－0.0002 ***	0.0000	－3.53
$AR_{i,t+1}$	0.0829 ***	0.0087	9.49
$Size_{i,t+1}$	0.7407 ***	0.0043	172.92
$Lev_{i,t+1}$	0.1175 ***	0.0194	6.07
$ROE_{i,t+1}$	0.7212 ***	0.0351	20.52
$OIG_{i,t+1}$	0.0045	0.0027	1.63

续表

变量	Coef.	Robust Std. Err.	t
$EC_{i,t+1}$	0.0008***	0.0002	4.06
$IS_{i,t+1}$	0.0158***	0.0004	39.40
$BS_{i,t+1}$	0.0058***	0.0018	3.21
$BI_{i,t+1}$	0.3197***	0.0533	5.99
$Dual_{i,t+1}$	0.0047	0.0067	0.69
$BF_{i,t+1}$	0.1425***	0.0120	11.84
$SOE_{i,t+1}$	-0.0327***	0.0072	-4.56
$LP_{i,t+1}$	0.0038***	0.0006	6.58
$CSR_{i,t}$	0.0751***	0.0072	10.50
$HPI_{i,t+1}$	-0.3240***	0.0296	-10.93
$CTP_{i,t+1}$	0.0337***	0.0058	5.78
$Pun_{i,t+1}$	-0.0063	0.0081	-0.78
$Beta_{i,t+1}$	-0.0890***	0.0121	-7.38
$EPU_{i,t+1}$	-0.0019***	0.0001	-13.53
_cons	6.2595***	0.0988	63.38
Ind F. E.		Yes	
Year F. E.		Yes	
# obs.		17641	
Adjusted R^2		0.9228	

注：***，**，*分别表示在1%、5%和10%的显著性水平下显著。

根据模型（6-3）的回归结果，控制其他控制变量为均值时的情况下，可获得如图6-3所示的不同分析师评级情况下碳信息披露与企业价值的关系图。图6-3反映了分析师评级取值分别为1（卖出）、3（中性）和5（买入）时，碳信息披露与企业价值的关系。由图6-3可见，当分析师评级为买入时，在碳信息披露［0，28］的取值范围内，碳信息披露与企业价值的关系完全偏向于负相关；当分析师评级为中性时，企业碳信息披露与企业价值的关系较为平缓；当分析师评级为卖出时，企业碳信息披露与企业价值“U”型关系中的临界点逐渐变小，两者逐渐偏向正向关系。根据表6-9回归结果和图6-3的模拟回归关系，本书通过进一步对碳信息披露指数求偏导计算，获得不同分析师评级下的碳信息披露与企业价值

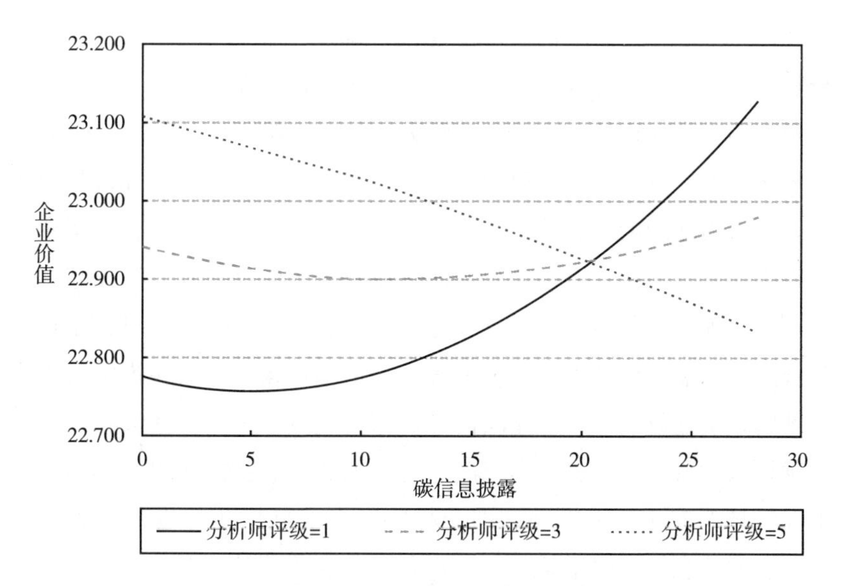

图 6－3　不同分析师评级情况下碳信息披露与企业价值的关系

斜率。碳信息披露与企业价值的斜率代表着两者关系的变化，当斜率小于 0 时，两者负相关；当斜率等于 0 时，为两者关系的临界点；当斜率大于 0 时，两者正相关。对 *CDI* 求偏导可得：

$$\partial FV/\partial CDI = -0.0070 + 2 \times 0.0009 \times CDI - 0.0002 \times 2 \times AR \times CDI$$

由上式可知，同一碳信息披露（*CDI*）水平下，分析师评级（*AR*）取值越大，斜率越小。偏导结果为 0 时的 *CDI* 为临界值，此时 *FV* 最小，当 *AR* 分别为 1 和 3 时，可得 *CDI* 的临界值分别为 5.000 和 11.667，但是当 *AR* 取值为 5 时，碳信息披露与企业价值的"U"型关系将变化为倒"U"型关系，计算得到 *CDI* 的临界值为 －35.000，而 *CDI* 的取值范围为 [0，28]，无法取值 －35.000，因此当 *AR* 为 5 时，可以认为碳信息披露与企业价值的关系为负相关关系。不同的分析师评级下的碳信息披露与企业价值的关系曲线存在共同的相交点，根据表 6－9 的回归结果可计算得到相交点时的 *CDI* 取值为 20.359。结合第三章中国上市公司碳信息披露的现状（详细内容见第三章第三节），中国上市公司碳信息披露在 2008～2017 年的年均值远小于 20.359，那么从图 6－3 可知，当企业碳信息披露水平未达到相交点的碳信息披露水平（即 $CDI < 20.359$）时，若企业碳信息披露取值一样，

则在 AR 越大的情况下，企业价值越高，即碳信息披露水平一致的企业，在分析师对企业股票评级越乐观的情况下其企业价值越高。

根据图 6-3 可知，若分析师评级为卖出（即 $AR=1$）时，企业的碳信息披露越大，其与企业价值的关系越偏向于正向关系，即分析师对企业股票的评级为悲观的情况下，企业碳信息披露水平越高，越有利于企业价值的提升，此时根据自愿披露理论，企业披露的碳信息有利于提高公司声誉，从而增加企业价值；若分析师评级为中性（即 $AR=3$）时，企业的碳信息披露与企业价值的关系较为平缓，分析师评级未给潜在投资者提供有倾向性的投资建议，因此企业碳信息披露与企业价值的关系波动较小；若分析师评级为买入（即 $AR=5$）时，企业的碳信息披露越大，其与企业价值的关系越偏向于负向关系，即分析师对企业股票的评级为乐观的情况下，企业碳信息披露水平越高，越不利于企业价值的提升，此时根据合法性理论，企业为获得合法性地位所披露的碳信息可能会被投资者视为与环境污染相关的“坏消息”，潜在投资者则会对投资该公司持保留甚至消极态度，表现为对企业存在不信任感、缺乏对企业的投资动力，从而不利于企业价值的提升。并且由于分析师面临着激励冲突，其研究成果存在一定的系统性偏差（Healy & Palepu，2001），因此分析师对企业股票的评级可能有偏差，而过于乐观的评级结果并未受到投资者的重视，因此企业碳信息披露的价值创造在乐观的分析师评级条件下并未在资本市场中得到体现。显然，在不同的分析师评级情况下，中国上市公司碳信息披露与企业价值的“U”型关系存在显著差异，分析师评级在两者关系中具有显著调节作用，这验证了假设 2。

第五节 稳健性检验

一、利用功效系数法衡量碳信息披露

与前述章节一致，为避免指标体系评分标准上存在的权重偏差影响研究结果的稳健可靠性，对构建的碳信息披露评价体系各个指标的得分结

果，我们采用功效系数法对各项一级指标得分进行归一化处理，以归一化后的 *CDI* 值来衡量企业碳信息披露的水平，重新运行研究模型以检验研究稳健性。表 6-10 为以利用功效系数法进行归一化后的 *CDI* 值来衡量企业碳信息披露的水平，重新运行模型（6-1）、模型（6-2）和模型（6-3）的回归结果。

表 6-10　替换碳信息披露衡量方式后回归结果

变量	模型（6-1）	模型（6-2）	模型（6-3）
	$AT_{i,t+1}$	$FV_{i,t+1}$	$FV_{i,t+1}$
$CDI_{i,t}$	-0.7267 *** (-4.51)	-0.0331 *** (-3.89)	-0.0310 *** (-3.08)
$CDI_{i,t}^2$	0.1944 *** (4.23)	0.0046 ** (2.05)	0.0209 *** (2.93)
$AT_{i,t+1}$		0.0162 *** (44.23)	
$CDI_{i,t}^2 \times AR_{i,t+1}$			-0.0038 ** (-2.52)
$AR_{i,t+1}$			0.0811 *** (8.28)
$Size_{i,t+1}$	2.6298 *** (45.48)	0.6627 *** (191.10)	0.7403 *** (173.28)
$Lev_{i,t+1}$	-3.7292 *** (-15.27)	0.2279 *** (15.51)	0.1168 *** (6.03)
$ROE_{i,t+1}$	10.0759 *** (26.20)	0.3422 *** (17.51)	0.7201 *** (20.46)
$OIG_{i,t+1}$	-0.0616 ** (-2.33)	0.0067 *** (3.37)	0.0047 * (1.70)
$EC_{i,t+1}$	0.0065 * (1.88)	0.0006 *** (3.32)	0.0008 *** (4.09)
$IS_{i,t+1}$	0.4849 *** (56.19)	0.0103 *** (26.15)	0.0158 *** (39.42)
$BS_{i,t+1}$	0.1895 *** (5.54)	0.0062 *** (3.96)	0.0057 *** (3.17)

续表

变量	模型（6-1）	模型（6-2）	模型（6-3）
	$AT_{i,t+1}$	$FV_{i,t+1}$	$FV_{i,t+1}$
$BI_{i,t+1}$	1.8431 * (1.88)	0.3115 *** (6.79)	0.3196 *** (5.99)
$Dual_{i,t+1}$	0.3713 *** (3.36)	-0.0068 (-1.22)	0.0051 (0.76)
$BF_{i,t+1}$	1.6511 *** (6.10)	0.1641 *** (14.28)	0.1426 *** (11.83)
$SOE_{i,t+1}$	-1.1843 *** (-9.84)	-0.0218 *** (-3.67)	-0.0326 *** (-4.55)
$LP_{i,t+1}$	-0.1951 *** (-22.24)	0.0095 *** (20.45)	0.0038 *** (6.50)
$CSR_{i,t}$	1.1455 *** (8.29)	0.0670 *** (10.72)	0.0725 *** (10.07)
$HPI_{i,t+1}$	4.8679 *** (5.87)	-0.4062 *** (-14.70)	-0.3367 *** (-11.46)
$CTP_{i,t+1}$	0.3189 *** (3.21)	0.0385 *** (7.79)	0.0343 *** (5.88)
$Pun_{i,t+1}$	-0.6621 *** (-5.39)	0.0054 (0.83)	-0.0063 (-0.79)
$Beta_{i,t+1}$	-0.0176 (-0.09)	-0.1141 *** (-11.40)	-0.0889 *** (-7.37)
$EPU_{i,t+1}$	-0.0437 *** (-19.22)	0.0006 *** (5.62)	-0.0019 *** (-13.63)
_cons	-44.4217 *** (-27.92)	7.9904 *** (99.19)	6.2765 *** (62.62)
Ind F. E.	Yes	Yes	Yes
Year F. E.	Yes	Yes	Yes
# obs.	23267	23267	17641
Adjusted R^2	0.4828	0.9228	0.9227

注：括号内为 t 值；***，**，* 分别表示在 1%、5% 和 10% 的显著性水平下显著。

由表6-10可知，结合碳信息披露与企业价值的“U”型关系显著，模型（6-1）中 CDI^2 的系数、*CDI* 的系数以及模型（6-2）中分析师跟踪次数（*AT*）的系数均在1%水平下通过显著性检验，体现分析师跟踪次数在碳信息披露与企业价值的关系中存在显著的中介作用。同时模型（6-2）中 CDI^2 的系数也显著为正，体现分析师跟踪次数在碳信息披露与企业价值的关系中具有部分中介作用，与假设1结论一致，假设1结果稳健。

模型（6-3）中 *CDI* 和 CDI^2 的系数分别为-0.0310和0.0209，并通过显著性检验，*AR* 与 CDI^2 的交乘项（$CDI^2 \times AR$）的系数通过显著性检验，反映分析师评级在上市公司碳信息披露与企业价值的“U”型关系中具有显著调节作用，与假设2结论一致，假设2结果稳健。

二、剔除企业社会责任报告的影响

与第四章类似，可能存在企业社会责任报告对碳信息披露的替代性解释，即企业碳信息披露的相关影响可能源自其社会责任报告的影响。为排除企业社会责任报告对研究内容的替代性解释，以和讯网上市公司社会责任报告专业评测体系公布的社会责任报告评分（以 *CSR_Score* 表示）作为上市公司社会责任报告水平的代理变量，采用2010~2017年和讯网社会责任报告评分及本章研究变量相应年度范围的数据进行本节稳健性检验。

具体而言，采用如下两个步骤检验剔除社会责任报告因素后上市公司碳信息披露的价值效应，并检验不同分析师监督情境下碳信息披露的价值效应。

第一步，运用回归残差剔除社会责任报告的影响。由于企业碳信息披露与企业价值的“U”型关系可能是由于社会责任报告所致的，因此需排除社会责任报告对企业价值的影响。运用残差回归的方式，以企业价值 *FV* 为被解释变量，以社会责任报告的代理变量 *CSR_Score* 为解释变量进行回归，从而获取残差项 *Residuals*。此残差项 *Residuals* 为排除了社会责任报告影响后的数值。

第二步，以上一步所获取的残差项 *Residuals* 为被解释变量，以碳信息

披露 CDI 为解释变量，纳入其余控制变量，再次进行模型（6－1）、模型（6－2）和模型（6－3）的实证回归。

表6－11为排除社会责任报告因素后，重新运行模型（6－1）、模型（6－2）和模型（6－3）的回归结果。由结果可知，结合碳信息披露与企业价值的“U”型关系显著，模型（6－1）中 CDI^2 的系数、CDI 的系数及模型（6－2）中分析师跟踪次数（AT）的系数均在1%水平下通过显著性检验，体现分析师跟踪次数在碳信息披露与企业价值的关系中存在显著的中介作用。同时模型（6－2）中 CDI^2 的系数也显著为正，体现分析师跟踪次数在碳信息披露与企业价值的关系中具有部分中介作用，与假设1结论一致，假设1结果稳健。

表6－11　　排除社会责任报告因素后回归结果

变量	模型（6－1）	模型（6－2）	模型（6－3）
	$AT_{i,t+1}$	$Residuals_{i,t+1}$	$Residuals_{i,t+1}$
$CDI_{i,t}$	－0.1620*** （－4.84）	－0.0170*** （－7.39）	－0.0443*** （－3.89）
$CDI^2_{i,t}$	0.0069*** （4.20）	0.0005*** （4.51）	0.0017** （2.29）
$AT_{i,t+1}$		0.0107*** （20.60）	
$CDI^2_{i,t} \times AR_{i,t+1}$			－0.0003* （－1.89）
$CDI_{i,t} \times AR_{i,t+1}$			0.0075*** （2.84）
$Size_{i,t+1}$	2.5145*** （40.80）	0.6389*** （140.60）	0.7073*** （131.65）
$Lev_{i,t+1}$	－3.4460*** （－12.96）	0.4412*** （22.73）	0.2559*** （10.07）
$ROE_{i,t+1}$	10.4851*** （25.24）	0.1864*** （7.61）	0.4346*** （11.37）
$OIG_{i,t+1}$	－0.0549* （－1.92）	0.0083*** （3.20）	0.0105*** （3.03）
$EC_{i,t+1}$	0.0034 （0.91）	0.0001 （0.24）	0.0008*** （2.86）

续表

变量	模型（6-1）	模型（6-2）	模型（6-3）
	$AT_{i,t+1}$	$Residuals_{i,t+1}$	$Residuals_{i,t+1}$
$IS_{i,t+1}$	0. 4880 *** (49. 48)	0. 0099 *** (17. 31)	0. 0155 *** (28. 20)
$BS_{i,t+1}$	0. 1307 *** (3. 49)	0. 0066 *** (2. 78)	0. 0059 ** (2. 26)
$BI_{i,t+1}$	0. 9364 (0. 88)	0. 3714 *** (5. 61)	0. 3745 *** (5. 06)
$Dual_{i,t+1}$	0. 2924 ** (2. 48)	-0. 0044 (-0. 61)	0. 0089 (1. 06)
$BF_{i,t+1}$	1. 4679 *** (5. 12)	0. 1355 *** (7. 16)	0. 0731 *** (3. 90)
$SOE_{i,t+1}$	-1. 2802 *** (-9. 63)	-0. 0250 *** (-2. 89)	-0. 0369 *** (-3. 70)
$LP_{i,t+1}$	-0. 1777 *** (-19. 34)	0. 0127 *** (19. 89)	0. 0075 *** (9. 74)
$CSR_{i,t}$	1. 4205 *** (9. 81)	-0. 5421 *** (-52. 81)	-0. 4876 *** (-44. 64)
$HPI_{i,t+1}$	6. 1729 *** (7. 34)	-0. 3873 *** (-7. 02)	0. 0493 (1. 03)
$CTP_{i,t+1}$	0. 3313 *** (3. 11)	0. 0282 *** (4. 11)	0. 0405 *** (5. 26)
$Pun_{i,t+1}$	-0. 6519 *** (-5. 00)	0. 0286 *** (3. 30)	0. 0145 (1. 38)
$Beta_{i,t+1}$	0. 1791 (0. 87)	-0. 1092 *** (-8. 12)	-0. 0262 * (-1. 70)
$EPU_{i,t+1}$	-0. 0340 *** (-15. 12)	0. 0034 *** (26. 88)	0. 0031 *** (20. 27)
_cons	-44. 5510 *** (-25. 78)	-14. 9793 *** (-127. 17)	-16. 6485 *** (-135. 22)
Ind F. E.	Yes	Yes	Yes
Year F. E.	Yes	Yes	Yes
# obs.	20241	20241	15035
Adjusted R^2	0. 4597	0. 8481	0. 8539

注：括号内为 t 值；***，**，* 分别表示在 1%、5% 和 10% 的显著性水平下显著。

模型（6-3）中 CDI 和 CDI^2 的系数分别为 -0.0443 和 0.0017，并通过显著性检验，AR 与 CDI^2 的交乘项（$CDI^2 \times AR$）的系数通过显著性检验，反映分析师评级在上市公司碳信息披露与企业价值的“U”型关系中具有显著的调节作用，与假设 2 结论一致，假设 2 结果稳健。

第六节 本章小结

本章以深沪两市所有 A 股上市公司为初始研究样本，在剔除变量缺失值并进行样本的倾向得分匹配以控制研究内生性问题后，检验了不同分析师监督视角下碳信息披露的价值效应。研究结果表明：

（1）在分析师监督视角下，分析师跟踪次数的关注作用对碳信息披露的价值效应存在部分中介作用。在控制其他影响因素的条件下，企业碳信息披露可通过分析师跟踪次数对企业价值产生影响，分析师跟踪次数是企业碳信息披露发挥价值效应的有效信息传递渠道。

（2）在分析师监督视角下，分析师评级的荐股作用对碳信息披露的价值效应具有调节作用。分析师对企业股票的评级为悲观的情况下，企业碳信息披露水平越高，越有利于企业价值的提升，此时企业披露的碳信息有利于提高公司声誉，从而增加企业价值；若分析师评级为中性，企业的碳信息披露与企业价值的关系较为平缓，分析师评级未给潜在投资者提供有倾向性的投资建议，因此企业碳信息披露与企业价值的关系波动较小；若分析师评级为买入，企业的碳信息披露越大，其与企业价值的关系为负向关系，即分析师对企业股票的评级为乐观的情况下，企业碳信息披露水平越高，越不利于企业价值的提升，此时企业为获得合法性地位所披露的碳信息可能会被投资者视为与环境污染相关的“坏消息”，表现为投资者对企业存在不信任感、缺乏对企业投资的动力，从而不利于企业价值的提升。并且由于分析师评级偏差的存在，过于乐观的评级结果并未受到投资者的重视，因此企业碳信息披露的价值创造在乐观的分析师评级条件下并未在资本市场中得到体现。在控制其他影响因素的条件下，分析师评级对碳信息披露与企业价值的“U”型关系具有调节作用。不同的分析师评级下的碳信息披露与企业价值的关系曲线存在共同的相交点，结合第三章中国上市公司碳信息披露的现状，中国上市公司碳信息披露在2008～2017年的年均值远小于相交点时的碳信息披露值，因此在目前中国上市公司碳信息披露现状下，碳信息披露水平一致的企业，分析师对企业股票评级越乐观其企业价值越高。

（3）在检验了分析师监督视角下碳信息披露的价值效应基础上，通过功效系数法重新衡量碳信息披露以避免所构建的碳信息披露指标体系权重偏差的影响，以及剔除社会责任报告因素的影响以检验其替代性解释后研究结论依然稳健。

本章率先研究了分析师监督对碳信息披露价值效应的作用，对资本市场中信息中介对于中国上市公司碳信息披露价值效应的作用进行了新视角下的理论分析与解释，完善了外部监督视角下碳信息披露在资本市场中的经济后果研究内容。

第七章

不同外部监督对碳信息披露价值效应的交互作用

根据第四章、第五章和第六章的研究结果，政府监督中政府补助的引导作用、媒体监督中媒体报道次数的传递作用和分析师监督中分析师跟踪的关注作用在上市公司碳信息披露的价值效应中均具有部分中介效应，三者均为部分中介作用，可共同发挥作用。同时，政府监督中环境监管的管制作用、媒体监督中媒体报道倾向的舆论作用和分析师监督中分析师评级的荐股作用均在上市公司碳信息披露的价值效应中具有调节效应。在不同的监督环境下，上市公司碳信息披露的价值效应存在差异，然而上市公司所面临的外部监督环境并不单一，其需同时面对来自政府监督、媒体监督和分析师监督这些外部监督，而不同外部监督环境之间对碳信息披露价值效应的调节作用可能会互相影响，可能存在不同外部监督调节效应之间替代或互补的交互作用。本章将在上述章节研究结论的基础上进一步探索研究不同外部监督之间对碳信息披露价值效应的调节作用的相互影响。图 7 –1 标明了本章内容在研究问题中所处的位置。

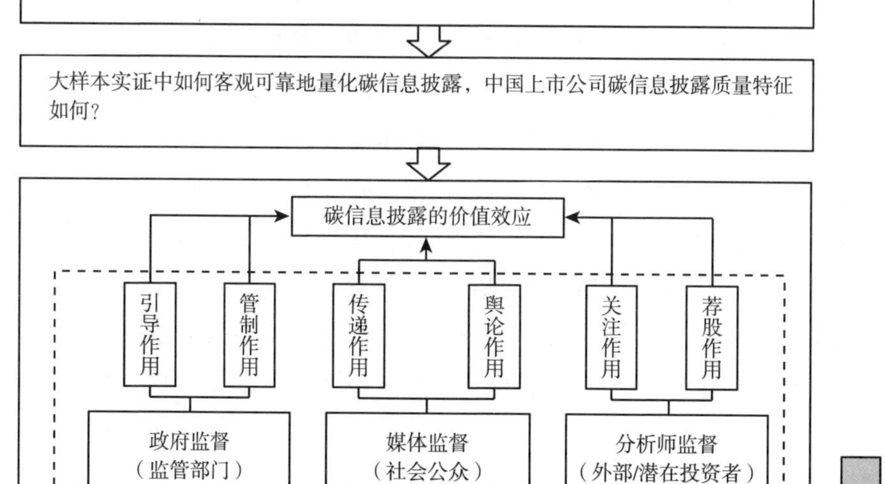

图7－1　本章内容在研究问题中所处位置

第一节　理论分析与假设提出

个体的外部环境是一个完整的社会生态系统，个体与社会系统各要素在外部环境中相互作用，社会系统各要素对个体社会行为具有重大影响。企业在社会要素中可视为独立个体，社会系统各要素之间的交互作用对企业的行为也具有重大影响。

对于政府监督与媒体监督，媒体在舆论监督中发现企业的相关碳减排问题后需要政府相关监管部门大力支持来有效解决。媒体舆论监督是为了发现社会发展中的相关问题并促成其解决，但媒体本身并非职能部门，不是可以直接解决问题的机构，媒体可通过报道来向有关政府监管部门施加舆论影响，促进相关政府监管部门发现并解决问题，政府监管部门是解决问题的最终机构（詹贤云，2018）。如果媒体揭露了企业如碳排放污染等不当行为，可能会引起监管部门的重视，从而起到约束或规范企业相关行为的作用（李培功、沈艺峰，2010）。经监管部门监管审查之前的媒体揭露企业的违法行为的监督力度可能不足以促使公司改正其不当行为（贺建刚等，2008），但媒体监督可以有效促进监管部门的环境规制等管制力量的发挥（张济建等，2016）。因此，政府环境监管对于碳信息披露价值效应的管制作用及媒体报道倾向的舆论作用之间可能存在交互作用。

对于媒体监督和分析师监督，媒体和分析师是公司外部信息环境的重要组成，是资本市场中的重要信息机制。在资本市场中，不仅投资者会通过媒体获取信息，分析师也会依赖媒体对上市公司的相关信息报道，辅助其开展分析预测工作（周开国等，2014）。媒体也会将分析师发布的企业分析结果作为资本市场中重点热点的参考内容，媒体监督和分析师监督可能相互提升，两者会对上市公司的股价信息含量产生影响（陆超等，2018）。媒体监督可能增强分析师监督对企业股价信息含量的增加效应（吕敏康、陈晓萍，2018），但是两者在企业信息供给和传播方面的作用相似，两者传播的信息可能存在重叠，也可能媒体监督与分析师监督之间存在替代效应（肖浩、詹雷，2016）。因此，媒体监督和分析师监督对于碳信息披露价值效应的作用之间可能存在交互作用。

对于政府监督和分析师监督，在资本市场中分析师可通过揭露上市公司存在的不当碳排放行为给予企业较低的股票评级来引导投资者的相关投资决策，从而促使上市公司改正其不当行为，分析师对于上市公司而言具有外部公司治理效应。但是分析师监督与媒体监督类似，是对企业相关问题的外部监督，其所在机构并非直接解决问题的职能部门，分析师对上市公司不当行为的揭露可能引起政府监管部门的关注，政府监管部门从而采取相关干预管制措施使得上市公司规范或改正其不当行为。分析师监督对上市公司的外部公司治理效应集中在政府干预程度较高的地区（赵康生、赵玉洁，2016）。因此，政府监督和分析师监督对于碳信息披露价值效应的作用之间可能存在交互作用。

因此，提出如下假设：

H1：政府监督、媒体监督和分析师监督的不同外部监督对企业碳信息披露价值效应的调节效应之间存在交互作用。

第二节 研究设计

一、变量定义与模型构建

为探索检验不同外部监督之间对碳信息披露价值效应的调节作用的相互影响，构建如模型（7-1）、模型（7-2）和模型（7-3）所示的实证模型来分别判断政府监督中环境监管的管制作用、媒体监督中媒体报道倾向的舆论作用和分析师监督中分析师评级的荐股作用对碳信息披露价值效应的调节作用的替代或互补的交互作用。

与前述三章中变量定义一致（具体变量定义可见第四章第三节、第五章第三节及第六章第三节），被解释变量 FV 为上市公司 i 第 $t+1$ 年的企业价值，解释变量 CDI 为上市公司 i 第 t 年的碳信息披露，调节变量 ES 为上市公司 i 在第 t 年所面对的环境监管情况，调节变量 MRT 为上市公司 i 在第 t 年的媒体报道倾向情况，调节变量 AR 为上市公司 i 在第 $t+1$ 年的分析师评级情况，其余为控制变量（具体控制变量定义见表4-2），并在模型中添加了年份和行业的哑变量来控制年份和行业的固定效应。在碳信息披露平方项（CDI^2）的系数显著为正的前提下，将碳信息披露平方项与环境监管的交乘项（$CDI^2 \times ES$）的系数、碳信息披露平方项与媒体报道倾向的交乘项（$CDI^2 \times MRT$）的系数以及碳信息披露平方项与分析师评级的交乘项（$CDI^2 \times AR$）的系数的正负符号，分别与同模型中碳信息披露平方项与两项调节变量的交乘项（$CDI^2 \times ES \times MRT$、$CDI^2 \times ES \times AR$ 和 $CDI^2 \times MRT \times AR$）的系数正负符号相比较，若系数符号相同，则对应的两项外部监督调节变量之间为互补作用；若系数符号相反，则对应的两项外部监督调节变量之间为替代作用。

$$
\begin{aligned}
FV_{i,t+1} = {} & \alpha_0 + \alpha_1 CDI_{i,t} + \alpha_2 CDI_{i,t}^2 + \alpha_3 CDI_{i,t}^2 \times ES_{i,t} + \alpha_4 CDI_{i,t}^2 \times MRT_{i,t} \\
& + \alpha_5 CDI_{i,t}^2 \times ES_{i,t} \times MRT_{i,t} + \alpha_6 CDI_{i,t} \times ES_{i,t} + \alpha_7 CDI_{i,t} \times MRT_{i,t} \\
& + \alpha_8 ES_{i,t} + \alpha_9 MRT_{i,t} + \alpha_{10} Size_{i,t+1} + \alpha_{11} Lev_{i,t+1} + \alpha_{12} ROE_{i,t+1} \\
& + \alpha_{13} OIG_{i,t+1} + \alpha_{14} EC_{i,t+1} + \alpha_{15} IS_{i,t+1} + \alpha_{16} BS_{i,t+1} + \alpha_{17} BI_{i,t+1}
\end{aligned}
$$

$$+\alpha_{18}Dual_{i,t+1}+\alpha_{19}BF_{i,t+1}+\alpha_{20}SOE_{i,t+1}+\alpha_{21}LP_{i,t+1}+\alpha_{22}CSR_{i,t}$$
$$+\alpha_{23}HPI_{i,t+1}+\alpha_{24}CTP_{i,t+1}+\alpha_{25}Pun_{i,t+1}+\alpha_{26}Beta_{i,t+1}$$
$$+\alpha_{27}EPU_{i,t+1}+\delta_{i,t} \quad (7-1)$$

$$FV_{i,t+1}=\beta_0+\beta_1 CDI_{i,t}+\beta_2 CDI_{i,t}^2+\beta_3 CDI_{i,t}^2\times ES_{i,t}+\beta_4 CDI_{i,t}^2\times AR_{i,t+1}$$
$$+\beta_5 CDI_{i,t}^2\times ES_{i,t}\times AR_{i,t+1}+\beta_6 CDI_{i,t}\times ES_{i,t}+\beta_7 CDI_{i,t}\times AR_{i,t+1}$$
$$+\beta_8 ES_{i,t}+\beta_9 AR_{i,t+1}+\beta_{10}Size_{i,t+1}+\beta_{11}Lev_{i,t+1}+\beta_{12}ROE_{i,t+1}$$
$$+\beta_{13}OIG_{i,t+1}+\beta_{14}EC_{i,t+1}+\beta_{15}IS_{i,t+1}+\beta_{16}BS_{i,t+1}+\beta_{17}BI_{i,t+1}$$
$$+\beta_{18}Dual_{i,t+1}+\beta_{19}BF_{i,t+1}+\beta_{20}SOE_{i,t+1}+\beta_{21}LP_{i,t+1}+\beta_{22}CSR_{i,t}$$
$$+\beta_{23}HPI_{i,t+1}+\beta_{24}CTP_{i,t+1}+\beta_{25}Pun_{i,t+1}+\beta_{26}Beta_{i,t+1}$$
$$+\beta_{27}EPU_{i,t+1}+\varepsilon_{i,t} \quad (7-2)$$

$$FV_{i,t+1}=\gamma_0+\gamma_1 CDI_{i,t}+\gamma_2 CDI_{i,t}^2+\gamma_3 CDI_{i,t}^2\times MRT_{i,t}+\gamma_4 CDI_{i,t}^2\times AR_{i,t+1}$$
$$+\gamma_5 CDI_{i,t}^2\times MRT_{i,t}\times AR_{i,t+1}+\gamma_6 CDI_{i,t}\times MRT_{i,t}+\gamma_7 CDI_{i,t}$$
$$\times AR_{i,t+1}+\gamma_8 MRT_{i,t}+\gamma_9 AR_{i,t+1}+\gamma_{10}Size_{i,t+1}+\gamma_{11}Lev_{i,t+1}$$
$$+\gamma_{12}ROE_{i,t+1}+\gamma_{13}OIG_{i,t+1}+\gamma_{14}EC_{i,t+1}+\gamma_{15}IS_{i,t+1}+\gamma_{16}BS_{i,t+1}$$
$$+\gamma_{17}BI_{i,t+1}+\gamma_{18}Dual_{i,t+1}+\gamma_{19}BF_{i,t+1}+\gamma_{20}SOE_{i,t+1}+\gamma_{21}LP_{i,t+1}$$
$$+\gamma_{22}CSR_{i,t}+\gamma_{23}HPI_{i,t+1}+\gamma_{24}CTP_{i,t+1}+\gamma_{25}Pun_{i,t+1}$$
$$+\gamma_{26}Beta_{i,t+1}+\gamma_{27}EPU_{i,t+1}+\rho_{i,t} \quad (7-3)$$

二、样本与数据来源

本章数据来源与第四章、第五章和第六章一致，以 2008 ~ 2017 年我国在沪深两市上市的全部 A 股上市公司为初始样本，2008 ~ 2017 年我国在沪深两市上市的全部 A 股上市公司碳信息披露共 24774 个观测值数据（与第四章中表 4 - 3 一致）。因碳信息披露对企业价值创造的影响存在滞后效应，且为控制碳信息披露与企业价值关系中的因果关系，被解释变量采用延后一期的企业价值来衡量，所以上市公司对应碳信息披露的企业价值数据为 2009 ~ 2018 年的相应观测值。

企业价值相关数据、政府补助和分析师相关数据以及部分控制变量来自 CSMAR 数据库和 RESSET 数据库。环境监管数据来自《城市污染源监管信息公开指数（PITI）报告》。媒体报道次数中相关的原始媒体报道新闻数据来自 RESSET 数据库中上市公司历年在媒介平台的新闻报道，通过对原始媒体报道新闻数据进行归纳整理与统计而获得最终上市公司的媒体报道次数数据。媒体报道倾向中相关的舆情数据来自《报刊新闻量化舆情数据库》。

由于环境监管的 PITI 报告中未包括海南与西藏地区的相关数据，因此在进行模型中包含环境监管（*ES*）变量时的样本未包含海南和西藏地区的上市公司观测值。因《报刊新闻量化舆情数据库》中的数据获取限制，我们仅能获取 2012～2017 年媒体报道舆论中相关的舆情数据，因此在进行模型中包含媒体报道倾向（*MRT*）变量时的样本未包含 2008～2011 年的上市公司样本。因分析师并未对所有 A 股上市公司进行评级，2009～2018 年所有 A 股上市公司中存在部分上市公司未有分析师评级数据的情况，因此在进行模型中包含分析师评级（*AR*）变量时的样本未包含无分析师评级的上市公司样本。CSMAR 数据库和 RESSET 数据库所获取的变量数据中存在少量缺失的情况，因此在进行的实证模型回归时，剔除变量缺失的观测值。最终以剩余的 15858 个观测值进行模型（7－1）的实证回归，以 17438 个观测值进行模型（7－2）的实证回归，以 11747 个观测值进行模型（7－3）的实证回归。

第三节 实证结果

一、政府监督与媒体监督调节效应的交互作用

由于按照模型（7－1）进行数据分析的结果显示，$CDI \times ES$ 的系数未通过显著性检验，因此对模型（7－1）进行修正，去除模型中 $CDI \times ES$ 这一项，保留模型（7－1）中其余变量。表 7－1 中显示的修正后模型（7－1）的回归结果表明，CDI 和 CDI^2 的系数分别为－0.0240 和 0.0006，并且通过显著性水平检验。在加入了 *ES* 和 *MRT* 的相关变量后，模型结果依然反映企业碳信息披露与企业价值呈“U”型关系。

表 7-1　政府监督与媒体监督调节效应的交互作用回归结果

变量	Coef.	Robust Std. Err.	t
$CDI_{i,t}$	-0.0240 ***	0.0036	-6.64
$CDI_{i,t}^2$	0.0006 ***	0.0002	4.05
$CDI_{i,t}^2 \times ES_{i,t}$	3.79e-06 *	0.0000	1.87
$CDI_{i,t}^2 \times MRT_{i,t}$	-0.0015 **	0.0007	-2.30
$CDI_{i,t}^2 \times ES_{i,t} \times MRT_{i,t}$	1.65e-05 ***	0.0000	2.70
$CDI_{i,t} \times MRT_{i,t}$	0.0216	0.0133	1.62
$ES_{i,t}$	-0.0006 *	0.0004	-1.73
$MRT_{i,t}$	-0.0671	0.0670	-1.00
$Size_{i,t+1}$	0.7008 ***	0.0043	161.67
$Lev_{i,t+1}$	0.1123 ***	0.0207	5.43
$ROE_{i,t+1}$	0.4528 ***	0.0251	18.06
$OIG_{i,t+1}$	0.0128 ***	0.0030	4.28
$EC_{i,t+1}$	0.0009 ***	0.0002	3.98
$IS_{i,t+1}$	0.0180 ***	0.0005	34.67
$BS_{i,t+1}$	0.0086 ***	0.0021	4.10
$BI_{i,t+1}$	0.3310 ***	0.0615	5.38
$Dual_{i,t+1}$	0.0062	0.0071	0.88
$BF_{i,t+1}$	0.1842 ***	0.0153	12.05
$SOE_{i,t+1}$	-0.0649 ***	0.0080	-8.14
$LP_{i,t+1}$	0.0060 ***	0.0006	10.79
$CSR_{i,t}$	0.0965 ***	0.0079	12.15
$HPI_{i,t+1}$	-0.0553	0.0337	-1.64
$CTP_{i,t+1}$	0.0726 ***	0.0066	11.07
$Pun_{i,t+1}$	0.0084	0.0084	1.00
$Beta_{i,t+1}$	-0.1488 ***	0.0123	-12.12
$EPU_{i,t+1}$	-0.0003 **	0.0001	-2.11
_cons	7.2844 ***	0.1030	70.69
Ind F. E.		Yes	
Year F. E.		Yes	
# obs.		15858	
Adjusted R^2		0.9061	

注：***，**，*分别表示在1%、5%和10%的显著性水平下显著。

$CDI^2 \times ES$ 的系数与 $CDI^2 \times ES \times MRT$ 的系数符号相同，体现出企业在同时面临政府和媒体的两方面监督下，媒体报道倾向的舆论作用可以在政府环境监管的管制作用对碳信息披露价值效应的调节作用中发挥互补作用，媒体报道倾向加强了政府环境监管对企业碳信息披露价值效应的调节作用。

而 $CDI^2 \times MRT$ 的系数与 $CDI^2 \times ES \times MRT$ 的系数符号相反，体现出企业在同时面临政府和媒体的两方面监督下，政府环境监管的管制作用可以在媒体报道倾向的舆论作用对碳信息披露价值效应的调节作用中发挥部分替代作用，政府环境监管可替代部分媒体报道倾向对企业碳信息披露价值效应的调节作用。

二、政府监督与分析师监督调节效应的交互作用

由于按照模型（7－2）进行数据分析的结果显示，$CDI \times ES$、$CDI \times AR$ 和 ES 的系数未通过显著性检验，因此对模型（7－2）进行修正，去除模型中 $CDI \times ES$、$CDI \times AR$ 和 ES 这三项，保留模型（7－2）中其余变量。表 7－2 中显示的修正后模型（7－2）的回归结果表明，CDI 和 CDI^2 的系数分别为－0.0063 和 0.0024，并且通过显著性水平检验。在加入了 ES 和 AR 的相关变量后，模型结果依然反映碳信息披露与企业价值呈“U”型关系。

表 7－2　政府监督与分析师监督调节效应的交互作用回归结果

变量	Coef.	Robust Std. Err.	t
$CDI_{i,t}$	－0.0063***	0.0018	－3.48
$CDI^2_{i,t}$	0.0024***	0.0005	5.16
$CDI^2_{i,t} \times ES_{i,t}$	－2.82e－05***	0.0000	－3.26
$CDI^2_{i,t} \times AR_{i,t+1}$	－0.0006***	0.0001	－5.10
$CDI^2_{i,t} \times ES_{i,t} \times AR_{i,t+1}$	7.06e－06***	0.0000	3.50
$AR_{i,t+1}$	0.0738***	0.0086	8.59
$Size_{i,t+1}$	0.7515***	0.0041	183.94
$Lev_{i,t+1}$	0.1002***	0.0190	5.28

续表

变量	Coef.	Robust Std. Err.	t
$ROE_{i,t+1}$	1.0975 ***	0.0375	29.29
$OIG_{i,t+1}$	0.0061 *	0.0032	1.89
$EC_{i,t+1}$	0.0006 ***	0.0002	3.04
$IS_{i,t+1}$	0.0150 ***	0.0004	38.39
$BS_{i,t+1}$	0.0055 ***	0.0018	3.09
$BI_{i,t+1}$	0.2870 ***	0.0525	5.47
$Dual_{i,t+1}$	0.0082	0.0066	1.25
$BF_{i,t+1}$	0.1301 ***	0.0119	10.98
$SOE_{i,t+1}$	-0.0261 ***	0.0071	-3.70
$LP_{i,t+1}$	0.0031 ***	0.0006	5.53
$CSR_{i,t}$	0.0638 ***	0.0070	9.16
$HPI_{i,t+1}$	-0.4464 ***	0.0305	-14.63
$CTP_{i,t+1}$	0.0348 ***	0.0059	5.88
$Pun_{i,t+1}$	-0.0068	0.0079	-0.86
$Beta_{i,t+1}$	-0.0791 ***	0.0118	-6.72
$EPU_{i,t+1}$	-0.0019 **	0.0001	-13.88
_cons	6.1512 ***	0.0967	63.59
Ind F. E.		Yes	
Year F. E.		Yes	
# obs.		17438	
Adjusted R^2		0.9295	

注：***，**，*分别表示在1%、5%和10%的显著性水平下显著。

$CDI^2 \times ES$ 的系数和 $CDI^2 \times AR$ 的系数均与 $CDI^2 \times ES \times AR$ 的系数符号相反，体现出在企业同时面临政府和分析师的两方面监督下，对于碳信息披露的价值效应的调节作用，环境监管的管制作用和分析师评级的荐股作用存在部分相互替代作用。

三、媒体监督与分析师监督调节效应的交互作用

由于按照模型（7-3）进行数据分析的结果显示，$CDI \times MRT$ 和 $CDI \times$

AR 的系数未通过显著性检验，因此对模型（7－3）进行修正，去除模型中 CDI × MRT 和 $CDI \times AR$ 这两项，保留模型（7－3）中其余变量。表7－3中显示的修正后模型（7－3）的回归结果表明，CDI 和 CDI^2 的系数分别为－0.0134 和 0.0017，并且通过显著性水平检验。在加入了 MRT 和 AR 的相关变量后，模型结果依然反映碳信息披露与企业价值呈"U"型关系。

表7－3　　媒体监督与分析师监督调节效应的交互作用回归结果

变量	Coef.	Robust Std. Err.	t
$CDI_{i,t}$	－0.0134***	0.0036	－5.55
$CDI^2_{i,t}$	0.0017***	0.0002	4.96
$CDI^2_{i,t} \times MRT_{i,t}$	－0.0042***	0.0000	－4.07
$CDI^2_{i,t} \times AR_{i,t+1}$	－0.0003***	0.0007	－3.78
$CDI^2_{i,t} \times MRT_{i,t} \times AR_{i,t+1}$	0.0010***	0.0000	4.13
$MRT_{i,t}$	0.0685**	0.0004	1.96
$AR_{i,t+1}$	0.0681***	0.0670	5.36
$Size_{i,t+1}$	0.7376***	0.0053	138.37
$Lev_{i,t+1}$	0.0399	0.0249	1.60
$ROE_{i,t+1}$	1.0625***	0.0443	23.98
$OIG_{i,t+1}$	0.0143***	0.0045	3.16
$EC_{i,t+1}$	0.0011***	0.0002	4.45
$IS_{i,t+1}$	0.0139***	0.0005	26.93
$BS_{i,t+1}$	0.0046**	0.0023	2.00
$BI_{i,t+1}$	0.3067***	0.0664	4.62
$Dual_{i,t+1}$	0.0098	0.0079	1.24
$BF_{i,t+1}$	0.1360***	0.0151	8.99
$SOE_{i,t+1}$	－0.0509***	0.0092	－5.55
$LP_{i,t+1}$	0.0024***	0.0007	3.49
$CSR_{i,t}$	0.0791***	0.0087	9.10
$HPI_{i,t+1}$	－0.4526***	0.0367	－12.32
$CTP_{i,t+1}$	0.0379***	0.0071	5.33
$Pun_{i,t+1}$	0.0011	0.0097	0.11
$Beta_{i,t+1}$	－0.1330***	0.0140	－9.52

续表

变量	Coef.	Robust Std. Err.	t
$EPU_{i,t+1}$	-0.0005***	0.0001	-3.61
_cons	6.3037***	0.1372	45.95
Ind F. E.		Yes	
Year F. E.		Yes	
# obs.		11747	
Adjusted R^2		0.9219	

注：***，**，*分别表示在1%、5%和10%的显著性水平下显著。

$CDI^2 \times MRT$ 的系数和 $CDI^2 \times AR$ 的系数均与 $CDI^2 \times MRT \times AR$ 的系数符号相反，体现出在企业同时面临媒体和分析师的两方面监督下，对于碳信息披露的价值效应的调节作用，媒体报道倾向的舆论作用和分析师评级的荐股作用存在相互替代作用。

综合上述交互作用研究结果，对上市公司碳信息披露的价值效应具有调节作用的三方面的外部监督之间存在显著的交互作用。总体而言，如图7-2所示，不同外部监督下政府监督中政府补助的引导作用、媒体监督中媒体报道次数的传递作用和分析师监督中分析师跟踪的关注作用，这三者在上市公司碳信息披露的价值效应中可共同发挥部分中介作用。在对上

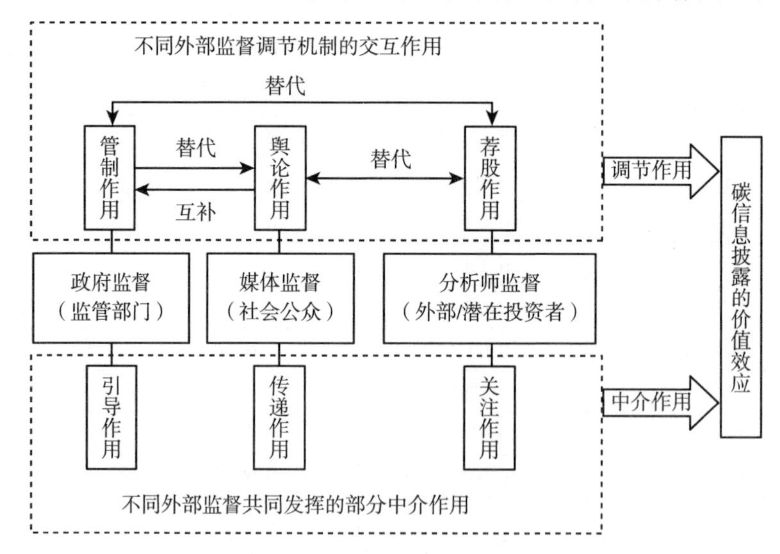

图7-2 不同外部监督下碳信息披露的价值效应关系

市公司碳信息披露价值效应的调节作用中，媒体舆论作用可以补充政府管制作用的调节作用，而政府管制作用则可替代部分媒体舆论作用的调节作用，媒体舆论作用与分析师荐股作用之间为互相替代作用，政府管制作用与分析师荐股作用之间亦为互相替代作用。

第四节　稳健性检验

一、利用功效系数法衡量碳信息披露

与前述章节一致，为避免指标体系评分标准上存在的权重偏差影响研究结果的稳健可靠性，对构建的碳信息披露评价体系各个指标的得分结果，采用功效系数法来对各项一级指标得分进行归一化处理，以归一化后的 *CDI* 值来衡量企业碳信息披露的水平，重新运行研究模型以检验研究稳健性。表 7-4 为以利用功效系数法进行归一化后的 *CDI* 值来衡量企业碳信息披露的水平，重新运行模型（7-1）、模型（7-2）和模型（7-3）的回归结果。

表 7-4　　替换碳信息披露衡量方式后回归结果

变量	模型（7-1）	模型（7-2）	模型（7-3）
$CDI_{i,t}$	-0.1129*** (-5.49)	-0.0298*** (-3.01)	-0.0673*** (-4.91)
$CDI^2_{i,t}$	0.0105* (1.78)	0.0661*** (4.69)	0.0441*** (3.87)
$CDI^2_{i,t} \times ES_{i,t}$	0.0001** (2.19)	-0.0008*** (-3.16)	
$CDI^2_{i,t} \times MRT_{i,t}$	-0.0389* (-1.89)		-0.1175*** (-3.90)
$CDI^2_{i,t} \times AR_{i,t+1}$		-0.0149*** (-4.61)	-0.0074*** (-2.87)
$CDI^2_{i,t} \times ES_{i,t} \times MRT_{i,t}$	0.0005*** (2.68)		

续表

变量	模型（7-1）	模型（7-2）	模型（7-3）
$CDI_{i,t}^2 \times ES_{i,t} \times AR_{i,t+1}$		0.0002*** (3.33)	
$CDI_{i,t}^2 \times MRT_{i,t} \times AR_{i,t+1}$			0.0266*** (3.91)
$CDI_{i,t} \times MRT_{i,t}$	0.1003 (1.32)		
$ES_{i,t}$	-0.0009** (-2.31)		
$MRT_{i,t}$	-0.0789 (-1.01)		0.0767* (1.86)
$AR_{i,t+1}$		0.0738*** (7.68)	0.0643*** (4.36)
$Size_{i,t+1}$	0.7005*** (161.77)	0.7511*** (184.30)	0.7377*** (138.74)
$Lev_{i,t+1}$	0.1089*** (5.26)	0.0991*** (5.22)	0.0383 (1.53)
$ROE_{i,t+1}$	0.4522*** (18.01)	1.0963*** (29.23)	1.0605*** (22.88)
$OIG_{i,t+1}$	0.0129*** (4.30)	0.0062* (1.94)	0.0146*** (3.22)
$EC_{i,t+1}$	0.0009*** (4.04)	0.0006*** (3.09)	0.0011*** (4.51)
$IS_{i,t+1}$	0.0180*** (34.61)	0.0150*** (38.42)	0.0139*** (26.92)
$BS_{i,t+1}$	0.0087*** (4.11)	0.0054*** (3.05)	0.0046** (2.03)
$BI_{i,t+1}$	0.3343*** (5.43)	0.2857*** (5.44)	0.3093*** (4.66)
$Dual_{i,t+1}$	0.0070 (0.99)	0.0087 (1.32)	0.0103 (1.30)

续表

变量	模型（7－1）	模型（7－2）	模型（7－3）
$BF_{i,t+1}$	0. 1849 *** (12. 06)	0. 1304 *** (10. 99)	0. 1364 *** (9. 01)
$SOE_{i,t+1}$	－0. 0650 *** (－8. 15)	－0. 0262 *** (－3. 72)	－0. 0509 *** (－5. 55)
$LP_{i,t+1}$	0. 0060 *** (10. 72)	0. 0030 *** (5. 43)	0. 0024 *** (3. 41)
$CSR_{i,t}$	0. 0941 *** (11. 79)	0. 0614 *** (8. 76)	0. 0771 *** (8. 80)
$HPI_{i,t+1}$	－0. 0529 (－1. 57)	－0. 4548 *** (－15. 06)	－0. 4666 *** (－12. 83)
$CTP_{i,t+1}$	0. 0744 *** (11. 36)	0. 0359 *** (6. 01)	0. 0388 *** (5. 46)
$Pun_{i,t+1}$	0. 0085 (1. 02)	－0. 0069 (－0. 87)	0. 0009 (0. 09)
$Beta_{i,t+1}$	－0. 1475 *** (－12. 01)	－0. 0791 *** (－6. 72)	－0. 1325 *** (－9. 49)
$EPU_{i,t+1}$	－0. 0003 ** (－2. 18)	－0. 0019 *** (－13. 77)	－0. 0005 *** (－3. 61)
_cons	7. 3118 *** (71. 04)	6. 1598 *** (62. 77)	6. 3182 *** (44. 97)
Ind F. E.	Yes	Yes	Yes
Year F. E.	Yes	Yes	Yes
# *obs.*	15858	17438	11747
Adjusted R^2	0. 9060	0. 9295	0. 9219

注：括号内为 t 值；***，**，* 分别表示在 1%、5% 和 10% 的显著性水平下显著。

由表 7－4 可知，模型（7－1）、模型（7－2）和模型（7－3）中 CDI^2 的系数、*CDI* 的系数均通过显著性检验，依然支持在不同外部监督共同作用情境下企业碳信息披露与企业价值呈显著“U”型关系。各项外部监督相关变量的系数符号和显著性与本章前述实证结果相符，支持了本章假设，政府监督、媒体监督和分析师监督这三项不同外部监督对企业碳信息披露价值效应的调节效应之间存在交互作用，本章研究结果稳健。

二、剔除企业社会责任报告的影响

与前述章节一致，可能存在企业社会责任报告对碳信息披露的替代性解释，即企业碳信息披露的相关影响可能源自其社会责任报告的影响。为排除企业社会责任报告对研究内容的替代性解释，以和讯网上市公司社会责任报告专业评测体系公布的社会责任报告评分（以 *CSR_Score* 表示）作为上市公司社会责任报告水平的代理变量，采用 2010～2017 年和讯网社会责任报告评分以及本章研究变量相应年度范围的数据进行本节稳健性检验。

具体而言，采用如下两个步骤检验剔除社会责任报告因素后上市公司碳信息披露的价值效应，并检验不同分析师监督情境下碳信息披露的价值效应。

第一步，运用回归残差剔除社会责任报告的影响。由于企业碳信息披露与企业价值的“U”型关系可能是由于社会责任报告所致的，因此需排除社会责任报告对企业价值的影响。运用残差回归的方式，以企业价值 *FV* 为被解释变量，以社会责任报告的代理变量 *CSR_Score* 为解释变量进行回归，从而获取残差项 *Residuals*。此残差项 *Residuals* 为排除了社会责任报告影响后的数值。

第二步，以上一步所获取的残差项 *Residuals* 为被解释变量，以碳信息披露 *CDI* 为解释变量，纳入其余控制变量，再次进行模型（7－1）、模型（7－2）和模型（7－3）的实证回归。

表 7－5 为排除社会责任报告因素后，重新运行模型（7－1）、模型（7－2）和模型（7－3）的回归结果。由表 7－5 可知，模型（7－1）、模型（7－2）和模型（7－3）中 CDI^2 的系数、*CDI* 的系数均通过显著性检验，依然支持在不同外部监督共同作用情境下企业碳信息披露与企业价值呈显著“U”型关系。各项外部监督相关变量的系数符号和显著性与本章前述实证结果相符，支持了本章假设，政府监督、媒体监督和分析师监督这三项不同外部监督对企业碳信息披露价值效应的调节效应之间存在交互作用，本章研究结果稳健。

表7-5　　排除社会责任报告因素后回归结果

变量	模型（7-1）	模型（7-2）	模型（7-3）
$CDI_{i,t}$	-0.0259*** (-6.57)	-0.0123*** (-4.96)	-0.0157*** (-5.42)
$CDI_{i,t}^2$	0.0004** (2.01)	0.0017** (2.46)	0.0015*** (3.41)
$CDI_{i,t}^2 \times ES_{i,t}$	9.33e-06*** (3.62)	-1.77e-05 (-1.37)	
$CDI_{i,t}^2 \times MRT_{i,t}$	-0.0029*** (-3.49)		-0.0035*** (-2.64)
$CDI_{i,t}^2 \times AR_{i,t+1}$		-0.0004** (-2.54)	-0.0002** (-2.25)
$CDI_{i,t}^2 \times ES_{i,t} \times MRT_{i,t}$	3.24e-05*** (4.07)		
$CDI_{i,t}^2 \times ES_{i,t} \times AR_{i,t+1}$		5.88e-06* (1.95)	
$CDI_{i,t}^2 \times MRT_{i,t} \times AR_{i,t+1}$			0.0008*** (2.70)
$CDI_{i,t} \times MRT_{i,t}$	0.0304** (2.05)		
$ES_{i,t}$	-0.0023*** (-5.79)		
$MRT_{i,t}$	-0.1895*** (-2.65)		0.0394 (1.01)
$AR_{i,t+1}$		0.0434*** (3.86)	0.0522*** (3.66)
$Size_{i,t+1}$	0.6566*** (141.56)	0.7064*** (140.72)	0.6981*** (122.79)
$Lev_{i,t+1}$	0.2976*** (13.10)	0.2584*** (10.59)	0.1499*** (5.32)
$ROE_{i,t+1}$	0.2645*** (10.47)	0.6731*** (14.64)	0.6285*** (13.01)
$OIG_{i,t+1}$	0.0111*** (3.33)	0.0140*** (3.25)	0.0182*** (3.65)
$EC_{i,t+1}$	0.0003 (0.98)	0.0006** (2.49)	0.0008*** (2.74)

续表

变量	模型（7-1）	模型（7-2）	模型（7-3）
$IS_{i,t+1}$	0.0162*** (27.26)	0.0153*** (28.12)	0.0150*** (23.96)
$BS_{i,t+1}$	0.0069*** (2.68)	0.0062** (2.45)	0.0054* (1.86)
$BI_{i,t+1}$	0.3043*** (4.26)	0.3035*** (4.28)	0.3216*** (4.06)
$Dual_{i,t+1}$	0.0050 (0.63)	0.0132 (1.62)	0.0164* (1.81)
$BF_{i,t+1}$	0.0967*** (5.02)	0.0461*** (2.57)	0.0691*** (3.51)
$SOE_{i,t+1}$	-0.0522*** (-5.51)	-0.0338*** (-3.50)	-0.0536*** (-4.88)
$LP_{i,t+1}$	0.0100*** (15.41)	0.0074*** (10.08)	0.0063*** (7.83)
$CSR_{i,t}$	-0.3671*** (-34.42)	-0.4671*** (-44.35)	-0.3440*** (-29.89)
$HPI_{i,t+1}$	-0.0012 (-0.02)	0.0469 (1.05)	0.0030 (0.06)
$CTP_{i,t+1}$	0.0655*** (8.52)	0.0381*** (4.98)	0.0547*** (6.54)
$Pun_{i,t+1}$	0.0316*** (3.26)	0.0050 (0.48)	0.0145 (1.26)
$Beta_{i,t+1}$	-0.1057*** (-7.47)	-0.0292** (-1.97)	-0.0658*** (-4.04)
$EPU_{i,t+1}$	-0.0029*** (-20.59)	-0.0057*** (-37.32)	-0.0050*** (-28.94)
_cons	-15.9233*** (-140.94)	-17.4049*** (-142.25)	-17.3281*** (-118.39)
Ind F. E.	Yes	Yes	Yes
Year F. E.	Yes	Yes	Yes
# obs.	15856	14863	11746
Adjusted R^2	0.7972	0.8106	0.8090

注：***，**，*分别表示在1%、5%和10%的显著性水平下显著。

第五节 本章小结

本章在综合第四章、第五章和第六章研究内容的基础上，深入探索了政府监督、媒体监督和分析师监督这三项外部监督中关于调节效应之间的交互作用，发现对上市公司碳信息披露的价值效应具有调节作用的三方面外部监督之间存在显著的交互作用。其中，媒体舆论作用可以补充政府管制作用的调节作用，而政府管制作用则可替代部分媒体舆论作用的调节作用，媒体舆论作用与分析师荐股作用之间为部分互相替代作用，政府管制作用与分析师荐股作用之间也为部分互相替代作用。

通过功效系数法重新衡量碳信息披露以避免所构建的碳信息披露指标体系权重偏差的影响，以及剔除社会责任报告因素的影响以检验其替代性解释后研究结论依然稳健。

本章在检验碳信息披露价值效应的基础上，依据外部性理论，率先综合研究了不同外部监督视角下碳信息披露的价值效应，包括正式机制的来自监管方的政府监督，以及非正式机制的来自社会公众的媒体监督及来自资本市场外部投资者信息中介的分析师监督，深入分析了三者之间对碳信息披露价值效应的交互作用，较为全面地深化了关于外部监督作用于企业碳排放管理相关的外部治理理论。

第八章

结论与启示

本书从碳信息披露的相关制度背景、理论基础与文献梳理出发，通过构建碳信息披露评价指标体系并研发相应计算机智能评分软件来获取全面客观的碳信息披露数据，对2008～2017年中国A股上市公司共24774个年观测值进行分析以明确中国上市公司碳信息披露的质量特征。本书根据合法性理论、自愿披露理论和外部性理论，深入探究了中国上市公司碳信息披露的价值效应，并重点分析了不同外部监督对经济的作用机制。对于外部监督，具体细分为来自监管方的政府监督、来自社会公众的媒体监督以及来自资本市场信息中介的分析师监督，较为全面地检验外部监督对上市公司碳信息披露价值效应的作用机制。

以下为本书的主要结论、启示与未来研究展望。

1. 主要研究结论

（1）2008～2017年中国上市公司碳信息披露质量逐年递增但总体水平偏低，并且存在显著的时间异质性、地区异质性和行业异质性。具体来说，中国上市公司碳信息披露质量具有较好的及时性，但其可理解性和可比性年度变化较小且分值较低，可靠性和完整性虽得分偏低但逐年递增。中国不含港澳台地区的31个省级行政区域之间的上市公司碳信息披露水平存在显著差异，整体呈现逐年递增趋势，东西部地区差异不明显，南北部地区存在明显差异，且地区碳信息披露水平与其经济发展水平不同步。中国不同行业之间的上市公司碳信息披露水平存在显著差异，碳信息披露水平高的行业与我国相关政府部门发布的重污染行业与碳排放强度较高的行业名单基本相一致，体现了在政府部门的相关监管下，相应的重污染行业和重点排放行业的上市公司碳信息披露逐渐得到重视。

（2）中国上市公司碳信息披露水平与其企业价值呈显著“U”型关系。在碳信息披露水平与企业价值“U”型关系的临界点左侧，碳信息披露与企业价值负向相关；在临界点右侧，碳信息披露与企业价值正相关，即碳信息披露水平越高的企业价值越低，达到临界点后碳信息披露水平越高企业价值越高。根据计算所得临界点碳信息披露分值，并结合中国上市公司碳信息披露现状分析结果，发现目前中国上市公司碳信息披露水平较低，仍未达到临界点，因此多数上市公司碳信息披露与其企业价值的关系处于负相关阶段，使得上市公司自主披露碳信息的动力不足。

（3）在政府监督视角下，政府补助的引导作用对碳信息披露的价值效应存在部分中介作用；政府环境监管的管制作用对碳信息披露的价值效应具有调节作用，良好的环境监管有助于增强碳信息披露与企业价值的正向关系。企业碳信息披露可通过政府补助对企业价值产生影响，政府补助是企业碳信息披露发挥价值效应的有效通道；环境监管对碳信息披露与企业价值的“U”型关系具有调节作用，环境监管越完善，碳信息披露与企业价值“U”型关系中的碳信息披露临界点越小，且临界点的企业价值越高，越有利于偏向碳信息披露与企业价值“U”型关系中的正向关系，良好的环境监管有助于增强碳信息披露与企业价值的正向关系。

（4）在媒体监督视角下，媒体报道次数的传递作用对碳信息披露的价值效应具有部分中介作用；媒体报道倾向的舆论作用对碳信息披露的价值效应具有调节作用，正向的媒体报道舆论倾向有助于增强碳信息披露与企业价值的正向关系。企业碳信息披露可通过媒体报道次数对企业价值产生影响，媒体报道次数是企业碳信息披露发挥价值效应的有效信息传递渠道；媒体报道倾向对碳信息披露与企业价值的“U”型关系具有调节作用，当媒体报道倾向为完全负面时，碳信息披露与企业价值的“U”型关系几乎完全偏向于负相关；当媒体报道倾向由负面到正面变化时，媒体报道倾向越正面，碳信息披露与企业价值“U”型关系中的碳信息披露临界点越小，且临界点的企业价值越高，越有利于偏向碳信息披露与企业价值“U”型关系中的正向关系，正向的媒体报道舆论倾向有助于增强碳信息披露与企业价值的正向关系。

（5）在分析师监督视角下，分析师跟踪次数的关注作用对碳信息披露的价值效应存在部分中介作用；分析师评级的荐股作用对碳信息披露的价值效应具有调节作用，在目前中国上市公司碳信息披露现状下，同样碳信息披露水平的企业在分析师对企业股票评级越乐观的情况下其企业价值越高。企业碳信息披露可通过分析师跟踪次数对企业价值产生影响，分析师跟踪次数是企业碳信息披露发挥价值效应的有效信息传递渠道；分析师对企业股票的评级为悲观的情况下，企业碳信息披露水平越高，越有利于其企业价值的提升，此时企业披露的碳信息有利于提高公司声誉，从而增加企业价值；若分析师评级为中性，企业的碳信息披露与企业价值的关系较为平缓，分析师评级未给潜在投资者提供有倾向性的投资建议，因此企业碳信息披露与企业价值的关系波动较小；若分析师评级为买入，企业的碳信息披露越大，其与企业价值的关系越呈现为负向关系，即分析师对企业股票的评级为乐观的情况下，企业碳信息披露水平越高，越不利于其企业价值的提升，此时企业为获得合法性地位所披露的碳信息可能会被投资者视为与环境污染相关的“坏消息”，表现为投资者对企业存在不信任感、缺乏对企业投资的动力，从而不利于企业价值的提升。并且由于分析师评级偏差的存在，过于乐观的评级结果并未受到投资者的重视，因此企业碳信息披露的价值创造在乐观的分析师评级条件下并未在资本市场中得到体现。不同的分析师评级下的碳信息披露与企业价值的关系曲线存在共同的相交点，但中国上市公司碳信息披露在2008～2017年的年均值远小于相交点时的碳信息披露值，因此在目前中国上市公司碳信息披露现状下，碳信息披露水平一致的企业，在分析师对企业股票评级越乐观时其企业价值越高。

（6）不同外部监督之间对上市公司碳信息披露的价值效应存在显著的交互作用。其中，媒体舆论作用可以补充政府管制作用对上市公司碳信息披露价值效应的调节作用，而政府管制作用则可替代部分媒体舆论作用的调节作用；媒体舆论作用与分析师荐股作用之间为部分互相替代作用；政府管制作用与分析师荐股作用之间亦为部分互相替代作用。不同外部监督下政府监督中政府补助的引导作用、媒体监督中媒体报道次数的传递作用和分析师监督中分析师跟踪的关注作用，三者在上市公司碳信息披露的价值效应中可共同发挥作用的部分中介效应。

2. 启示与建议

本书的研究结论有助于了解上市公司碳信息披露与企业价值的关系，以及不同外部监督对碳信息披露价值效应的作用机制，对帮助企业认识积极进行碳信息披露的有利经济后果和相关外部监督影响、相关监管部门进一步规范上市公司碳信息披露、社会公众和投资者感知了解上市公司碳信息披露的质量特征和企业碳排放管理未来趋势等均具有一定启示意义。本书相关建议如下。

（1）企业层面：健全企业内部碳排放管理制度，加强企业碳信息披露规范化建设，自主披露更高质量的碳信息，提高媒体与分析师对企业的关注度并获取正面舆论倾向及利益相关者对企业的投资信心。企业间的碳信息披露水平差异取决于其内部碳排放管理制度的规范性。企业碳信息披露涵盖了碳排放管理措施的计划、执行、监测与审核等一系列内容，规范的碳排放管理制度是企业披露有效可靠碳信息的重要保障。上市公司规范地进行良好的碳排放管理及披露，提升碳信息披露水平，促使企业碳信息披露水平超过其与企业价值“U”型关系的临界点，有利于促进碳信息披露对企业价值的正向影响。同时，提高媒体与分析师对企业的关注度，传递企业积极进行碳减排管理的信息，获取正面舆论倾向及利益相关者对企业的投资信心，也有利于促进企业碳信息披露对其企业价值的正向影响，从而提升企业价值，并且有利于响应国家低碳发展政策，同步促进企业经济发展与自然环境低碳发展。

（2）监管者层面：出台《上市公司碳信息披露指引》，建立上市公司碳信息披露评级制度，形成监管与引导并举的碳信息披露框架体系，以督促上市公司进行积极的碳信息披露，加强低碳减排管理。尽管目前大多数企业在资本市场上的碳信息披露仍属于自愿性信息披露范畴，但在低碳发展和国家倡导健全碳信息披露制度的背景下，提升碳信息披露水平最终应是企业的义务。出台《上市公司碳信息披露指引》和建立上市公司碳信息披露评级制度可以适当调整企业碳信息披露制度的推进速度，形成监管与引导并举的框架体系。一方面，可以相关法规制度为依据采取直接干预的手段，对碳减排量等某些特定碳信息的披露进行一定程度上的强制性管制；另一方面，在监管之外积极地引导企业自身改进与碳信息披露行为相关的各个环节，这将间接影响企业碳减排管理的效果。

（3）社会公众层面：合理引导社会公众的低碳意识，充分利用媒体传播发挥社会公众对企业低碳管理的监督作用。气候变化与社会公众的生存环境息息相关，媒体机构应充分发挥宣传与引导作用，通过积极传播低碳发展有关信息，普及低碳发展理念，合理引导社会公众的低碳意识，提高社会公众在国家低碳发展中的参与度，使其及时了解有关低碳知识，在日常生活中形成良好的低碳消费观，促进企业的低碳发展，如积极选择低碳高效产品，从而促使企业积极进行低碳相关产品的研发与生产。同时，除了正式媒体机构平台，社会公众也可利用高速发展的自媒体平台，如微信公众号、微博等相关社交媒体，积极揭露与曝光企业污染环境等不当行为，充分发挥社会公众的监督作用。

（4）投资者层面：提升对企业碳排放信息的甄别能力，避免受到有偏性言论与推荐的引导，更理智地做出投资决策。企业的碳信息披露能够在一定程度上揭示企业的碳排放相关风险，分析师的乐观评级倾向和媒体舆论存在一定的有偏性，投资者不应只听从分析师建议或受到舆论影响去判断一个企业的投资价值，而应注重甄别公司的信息披露所反映的公司更真实、全面的碳排放管理信息，识别企业碳排放相关风险，从而做出理性投资决策。

（5）加强政府、媒体和分析师对上市公司的协同监督作用以助推企业碳减排管理。加强政府、媒体和分析师对上市公司的协同监督作用，媒体或分析师揭露企业碳排放等不当行为，政府相关部门积极关注并采取相关管制措施督促企业进行相应整改，并且媒体与分析师可积极传播政府相关部门的有关低碳政策来督促企业重视并积极有效地执行相关措施，充分发挥多方外部监督的有效交互作用，形成对企业的多方位严密监督机制，从外部助推上市公司的碳减排管理。

3. 研究展望

未来的研究可侧重于以下方面：（1）补充中国非上市公司研究样本的相关研究。由于非上市公司的相关披露文件数据获取受限，本书的研究样本仅局限于上市公司，但非上市公司的碳减排管理也值得重视。若未来研究中客观有效的中国非上市公司样本数据能得到完善与补充，增强样本公司的全面性，可使研究结论更具解释力。（2）扩展不同国家上市公司碳信息披露的对比研究。碳信息披露关乎环境问题，环境保护问题已成为国际性话题，中国积极参与多项国际气候会议并许下低碳减排承诺，对比不同国家上市公司碳信息披露情况有助于中国上市公司借鉴碳信息披露良好国家上市公司的相关行为措施，促进自身的低碳发展。

参考文献

［1］卞家喻：《政府补助对资源型企业核心竞争力影响的实证研究》，载于《商业会计》2019 年第 11 期。

［2］陈国辉、韩海文：《自愿性信息披露的价值效应检验》，载于《财经问题研究》2010 年第 5 期。

［3］陈华、陈智、张艳秋：《媒体关注，公司治理与碳信息自愿性披露》，载于《商业研究》2015 年第 11 期。

［4］陈华、王海燕、荆新：《中国企业碳信息披露：内容界定，计量方法和现状研究》，载于《会计研究》2013 年第 12 期。

［5］陈莉：《国际碳信息披露项目的基本框架及对我国的启示》，载于《商业会计》2011 年第 7 期。

［6］陈维、吴世农、黄飘飘：《政治关联、政府扶持与公司业绩——基于中国上市公司的实证研究》，载于《经济学家》2015 年第 9 期。

［7］程凌香：《碳信息披露存在的问题及我国的立法应对》，载于《环境保护》2013 年第 12 期。

［8］崔广慧、刘常青：《政府环保补助与企业价值创造——新会计准则实施的调节作用》，载于《财会通讯》2017 年第 12 期。

［9］崔广慧、刘常青：《中国企业会计准则实施，政府环保补助与企业价值创造——基于重污染企业的经验研究》，载于《中国注册会计师》2017 年第 12 期。

［10］崔秀梅、李心合、唐勇军：《社会压力，碳信息披露透明度与权益资本成本》，载于《当代财经》2016 年第 11 期。

［11］崔也光、李博、孙玉清：《公司治理，财务状况能够影响碳信息披露质量吗？——基于中国电力行业上市公司的数据》，载于《经济与管

理研究》2016 年第 8 期。

[12] 崔也光、马仙：《我国上市公司碳排放信息披露影响因素研究——基于 100 家社会责任指数成分股的经验数据》，载于《中央财经大学学报》2014 年第 6 期。

[13] 崔也光、周畅：《京津冀区域碳排放权交易与碳会计现状研究》，载于《会计研究》2017 年第 7 期。

[14] 崔也光、周畅、齐英：《配额管制与市场披露促进了企业参加碳交易吗？——基于试点地区上市公司的检验》，载于《中央财经大学学报》2018 年第 7 期。

[15] 戴亦一、潘越、陈芬：《媒体监督，政府质量与审计师变更》，载于《会计研究》2013 年第 10 期。

[16] 杜丽州：《CDP 框架下我国碳排放会计信息披露模式探讨》，载于《绿色财会》2013 年第 7 期。

[17] 杜湘红、伍奕玲：《基于投资者决策的碳信息披露对企业价值的影响研究》，载于《软科学》2016 年第 30 期。

[18] 杜湘红、杨佐弟、伍奕玲：《长江经济带企业碳信息披露水平的省域差异》，载于《经济地理》2016 年第 36 期。

[19] 方健、徐丽群：《信息共享，碳排放量与碳信息披露质量》，载于《审计研究》2012 年第 4 期。

[20] 费迟：《碳信息披露与资本成本的关系研究》，载于《中国证券期货》2013 年第 5 期。

[21] 顾署生：《低碳经济下我国碳会计信息披露技术研究》，载于《科技管理研究》2015 年第 35 期。

[22] 管亚梅、李盼：《终极控制人性质，分析师跟进和企业碳信息披露》，载于《现代经济探讨》2016 年第 7 期。

[23] 管总平、黄文锋、钟子英：《承销商关系与机构持股压力对分析师盈利预测的影响》，载于《证券市场导报》2013 年第 10 期。

[24] 韩金红、余珍：《碳信息披露与企业投资效率——基于 2011 ~ 2015 年 CDP 中国报告的实证研究》，载于《工业技术经济》2017 年第 8 期。

[25] 韩美妮、王福胜：《法治环境，财务信息与创新绩效》，载于《南开管理评论》2016 年第 5 期。

[26] 何玉、唐清亮、王开田：《碳绩效与财务绩效》，载于《会计研究》2017 年第 2 期。

[27] 何玉、唐清亮、王开田：《碳信息披露，碳业绩与资本成本》，载于《会计研究》2014 年第 1 期。

[28] 贺建刚：《碳信息披露，透明度与管理绩效》，载于《财经论丛》2011 年第 4 期。

[29] 贺建刚、魏明海、刘峰：《利益输送、媒体监督与公司治理：五粮液案例研究》，载于《管理世界》2008 年第 10 期。

[30] 胡志勇：《会计政策可比性：测定及其经济后果》，经济科学出版社 2008 年版。

[31] 黄雷、张瑛、叶勇：《媒体报道，法律环境与社会责任信息披露》，载于《贵州财经大学学报》2016 年第 5 期。

[32] 吉利、张正勇、毛洪涛：《企业社会责任信息质量特征体系构建——基于对信息使用者的问卷调查》，载于《会计研究》2013 年第 1 期。

[33] 贾凡胜：《外部监督，制度环境与高管运气薪酬》，载于《南开经济研究》2018 年第 1 期。

[34] 贾兴平、刘益：《外部环境，内部资源与企业社会责任》，载于《南开管理评论》2014 年第 6 期。

[35] 蒋艳辉、李林纯：《智力资本多源化信息披露，分析师跟踪与企业价值的关系——来自 A 股主板高新技术企业的经验证据》，载于《财贸研究》2014 年第 25 期。

[36] 孔东民、刘莎莎、应千伟：《公司行为中的媒体角色：激浊扬清还是推波助澜?》，载于《管理世界》2013 年第 7 期。

[37] 李大元、黄敏、周志方：《组织合法性对企业碳信息披露影响机制研究——来自 CDP 中国 100 的证据》，载于《研究与发展管理》2016 年第 28 期。

[38] 李杰、陈超美：《CiteSpace 科技文本挖掘及可视化》，首都经济贸易大学论文，2016 年。

[39] 李力、杨园华、牛国华等：《碳信息披露研究综述》，载于《科技管理研究》2014 年第 34 期。

[40] 李培功、沈艺峰：《媒体的公司治理作用：中国的经验证据》，载于《经济研究》2010 年第 45 期。

[41] 李秀玉、史亚雅：《绿色发展，碳信息披露质量与财务绩效》，载于《经济管理》2016 年第 7 期。

[42] 李雪婷、宋常、郭雪萌：《碳信息披露与企业价值相关性研究》，载于《管理评论》2017 年第 12 期。

[43] 李正：《企业社会责任与企业价值的相关性研究——来自沪市上市公司的经验证据》，载于《中国工业经济》2006 年第 2 期。

[44] 李挚萍、程凌香：《企业碳信息披露存在的问题及各国的立法应对》，载于《法学杂志》2013 年第 34 期。

[45] 梁小红：《国外环境会计理论研究视域，逻辑及启示》，载于《福建论坛》（人文社会科学版）2012 年第 9 期。

[46] 林英晖、吕海燕、马君：《制造企业碳信息披露意愿的影响因素研究——基于计划行为理论的视角》，载于《上海大学学报》（社会科学版）2016 年第 33 期。

[47] 刘聪：《媒体关注度对管理层持股与企业价值关系的影响研究》，北京交通大学论文，2014 年。

[48] 刘美华、李婷、施先旺：《碳会计确认研究》，载于《中南财经政法大学学报》2011 年第 189 期。

[49] 刘骁：《低碳经济条件下的碳会计学发展》，载于《国际经济合作》2011 年第 5 期。

[50] 卢文彬、官峰、张佩佩等：《媒体曝光度、信息披露环境与权益资本成本》，载于《会计研究》2014 年第 12 期。

[51] 陆超、戴静雯、刘思静：《媒体，证券分析师与股价同步性》，载于《北京交通大学学报》（社会科学版）2018 年第 17 期。

[52] 吕久琴、周俊佑：《政府补助信息的价值相关性——基于补助制度变迁的视角》，载于《财务与金融》2012 年第 5 期。

[53] 吕敏康、陈晓萍：《分析师关注，媒体报道与股价信息含量》，

载于《厦门大学学报》2018 年第 2 期。

[54] 罗喜英、毛颖、张媛：《碳强度、ETS 和企业碳风险披露研究》，载于《软科学》2018 年第 32 期。

[55] 罗喜英、张媛：《自愿性碳信息披露，公司绩效与政府补助——采矿行业基于 CDP 项目的实证研究》，载于《湖南财政经济学院学报》2017 年第 33 期。

[56] 彭娟、熊丹：《碳信息披露对投资者保护影响的实证研究——基于沪深两市 2008—2010 年上市公司经验数据》，载于《上海管理科学》2012 年第 6 期。

[57] 彭诗言、王西：《制造业低碳信息管理创新与信息平台建设研究》，载于《情报科学》2017 年第 35 期。

[58] 戚啸艳：《上市公司碳信息披露影响因素研究——基于 CDP 项目的面板数据分析》，载于《学海》2012 年第 3 期。

[59] 乔晗、杨列勋、邓小铁：《碳排放信息披露情况对碳排放博弈的影响》，载于《系统工程理论与实践》2013 年第 33 期。

[60] 沈洪涛、冯杰：《舆论监督、政府监管与企业环境信息披露》，载于《会计研究》2012 年第 2 期。

[61] 宋建波、唐宝、阮璐瑶：《内部控制，外部环境监管压力与环境信息披露——基于沪深 A 股上市公司的经验证据》，载于《国际商务财会》2018 年第 4 期。

[62] 宋献中、龚明晓：《社会责任信息的质量与决策价值评价——上市公司会计年报的内容分析》，载于《会计研究》2007 年第 2 期。

[63] 宋云玲、李志文、纪新伟：《从业绩预告违规看中国证券监管的处罚效果》，载于《金融研究》2011 年第 6 期。

[64] 宋子博、谭添：《媒体关注具有治理功能吗？——基于已有研究的理论综述》，载于《财政监督》2015 年第 28 期。

[65] 孙玮：《碳信息披露发展研究综述》，载于《经济与管理》2013 年第 27 期。

[66] 覃朝晖、高鑫、彭华超：《基于外部监督视角下环境会计信息披露博弈研究》，载于《价值工程》2017 年第 36 期。

[67] 谭德明、邹树梁：《碳信息披露国际发展现状及我国碳信息披露框架的构建》，载于《统计与决策》2010 年第 11 期。

[68] 唐清泉、罗党论：《政府补贴动机及其效果的实证研究——来自中国上市公司的经验证据》，载于《金融研究》2007 年第 06A 期。

[69] 唐勇军、赵梦雪、王秀丽等：《法律制度环境，注册会计师审计制度与碳信息披露》，载于《工业技术经济》2018 年第 37 期。

[70] 陶春华：《碳资产：生态环保的新理念——概念，意义与实施路径研究》，载于《学术论坛》2016 年第 38 期。

[71] 佟岩、华晨、宋吉文：《定向增发整体上市，机构投资者与短期市场反应》，载于《会计研究》2015 年第 10 期。

[72] 汪方军、朱莉欣、黄侃：《低碳经济下国家碳排放信息披露系统研究》，载于《科学学研究》2011 年第 29 期。

[73] 王爱国：《我的碳会计观》，载于《会计研究》2012 年第 5 期。

[74] 王爱国、武锐、王一川：《碳会计问题的新思考》，载于《山东社会科学》2011 年第 10 期。

[75] 王安：《基于 VSW 扩展算法和经典聚类算法的 Web 挖掘研究》，首都经济贸易大学论文，2013 年。

[76] 王金月：《企业碳信息披露：影响因素与价值效应研究》，天津财经大学论文，2017 年。

[77] 王君彩、牛晓叶：《碳信息披露项目，企业回应动机及其市场反应——基于 2008—2011 年 CDP 中国报告的实证研究》，载于《中央财经大学学报》2013 年第 1 期。

[78] 王雨桐、王瑞华：《国际碳信息披露发展评述》，载于《贵州社会科学》2014 年第 5 期。

[79] 王志亮、杨媛：《企业碳信息披露的内部动因研究》，载于《企业经济》2017 年第 36 期。

[80] 王仲兵、靳晓超：《碳信息披露与企业价值相关性研究》，载于《宏观经济研究》2013 年第 1 期。

[81] 魏玉平、曾国安：《论低碳战略管理会计系统的建设》，载于《财务与会计》2016 年第 22 期。

[82] 魏志华、李常青：《家族控制，法律环境与上市公司信息披露质量——来自深圳证券交易所的证据》，载于《经济与管理研究》2009 年第 8 期。

[83] 温素彬、周鎏鎏：《企业碳信息披露对财务绩效的影响机理——媒体治理的“倒 U 型”调节作用》，载于《管理评论》2017 年第 29 期。

[84] 温忠麟、张雷、侯杰泰、刘红云：《中介效应检验程序及其应用》，载于《心理学报》2004 年第 5 期。

[85] 吴武清、揭晓小、苏子豪：《信息不透明，深度跟踪分析师和市场反应》，载于《管理评论》2017 年第 29 期。

[86] 吴勋、徐新歌：《公共压力与自愿性碳信息披露——基于 2008—2013 年 CDP 中国报告的实证研究》，载于《科技管理研究》2015 年第 35 期。

[87] 吴勋、徐新歌：《公司治理特征与自愿性碳信息披露——基于 CDP 中国报告的经验证据》，载于《科技管理研究》2014 年第 18 期。

[88] 吴勋、徐新歌：《企业碳信息披露质量评价研究——来自资源型上市公司的经验证据》，载于《科技管理研究》2015 年第 35 期。

[89] 夏立军、陈信元：《市场化进程、国企改革策略与公司治理结构的内生决定》，载于《经济研究》2007 年第 7 期。

[90] 夏楸、郑建明：《媒体报道，媒体公信力与融资约束》，载于《中国软科学》2015 年第 2 期。

[91] 肖浩、詹雷：《新闻媒体报道、分析师行为与股价同步性》，载于《厦门大学学报》2016 年第 4 期。

[92] 肖序、郑玲：《低碳经济下企业碳会计体系构建研究》，载于《中国人口·资源与环境》2011 年第 21 期。

[93] 胥兴军：《碳会计核算体系初探》，载于《学术论坛》2011 年第 34 期。

[94] 徐爱玲：《企业碳会计研究述评》，载于《当代财经》2014 年第 8 期。

[95] 闫海洲、陈百助：《气候变化、环境规制与公司碳排放信息披露的价值》，载于《金融研究》2017 年第 6 期。

[96] 杨博：《企业碳会计核算内容论析》，载于《江西社会科学》2013 年第 8 期。

[97] 杨道广、王金妹、龚子良等：《分析师在企业风险承担中的作用：治理抑或压力》，载于《北京工商大学学报》（社会科学版）2019 年第 1 期。

[98] 杨其静：《企业成长：政治关联还是能力建设?》，载于《经济研究》2011 年第 10 期。

[99] 杨钰、曲晓辉：《中国会计准则与国际财务报告准则趋同程度——资产计价准则的经验检验》，载于《中国会计评论》2008 年第 6 期。

[100] 杨园华、李力：《碳信息披露对企业价值创造的滞后影响研究》，载于《软科学》2017 年第 31 期。

[101] 杨子绪、彭娟、唐清亮：《强制性和自愿性碳信息披露制度对比研究——来自中国资本市场的经验》，载于《系统管理学报》2018 年第 27 期。

[102] 姚圣、周敏：《政策变动背景下企业环境信息披露的权衡：政府补助与违规风险规避》，载于《财贸研究》2017 年第 7 期。

[103] 叶陈刚、王孜、武剑锋等：《外部治理，环境信息披露与股权融资成本》，载于《南开管理评论》2015 年第 5 期。

[104] 叶勇、李明、黄雷：《法律环境，媒体监督与代理成本》，载于《证券市场导报》2013 年第 9 期。

[105] 易兰、李朝鹏、王晓川：《我国企业碳管理模式探究——基于全国性碳市场的建立》，载于《科技管理研究》2016 年第 36 期。

[106] 易兰、于秀娟：《低碳经济时代下的企业碳管理流程构建》，载于《科技管理研究》2015 年第 20 期。

[107] 于忠泊：《媒体关注的公司治理机制——基于盈余管理视角的考察》，载于《管理世界》2011 年第 5 期。

[108] 苑泽明、王金月、李虹：《碳信息披露影响因素及经济后果研究》，载于《天津师范大学学报》（社会科学版）2015 年第 2 期。

[109] 苑泽明、王金月：《碳排放制度，行业差异与碳信息披露——来自沪市 A 股工业企业的经验数据》，载于《财贸研究》2015 年第 4 期。

[110] 詹贤云：《舆论监督中媒体与政府的良性互动》，载于《新闻传播》2018年第17期。

[111] 张彩平、肖序：《国际碳信息披露及其对我国的启示》，载于《财务与金融》2010年第3期。

[112] 张凤元：《低碳经济下环境会计信息披露问题研究》，载于《中国农业会计》2012年第3期。

[113] 张国兴、张绪涛、汪应洛等：《节能减排政府补贴的最优边界问题研究》，载于《管理科学学报》2014年第17期。

[114] 张慧、赵伟：《碳信息披露及其驱动因素研究综述》，载于《中国科技投资》2013年第A07期。

[115] 张济建、于连超、毕茜等：《媒体监督，环境规制与企业绿色投资》，载于《上海财经大学学报》2016年第5期。

[116] 张静：《低碳经济视域下上市公司碳信息披露质量与财务绩效关系研究》，载于《兰州大学学报》(社会科学版) 2018年第46期。

[117] 张巧良、宋文博、谭婧：《碳排放量，碳信息披露质量与企业价值》，载于《南京审计学院学报》2013年第2期。

[118] 张巧良：《碳排放会计处理及信息披露差异化研究》，载于《当代财经》2010年第4期。

[119] 张娆、薛翰玉、赵健宏：《管理层自利，外部监督与盈利预测偏差》，载于《会计研究》2017年第1期。

[120] 张亚连、曾嘉彬、樊行健等：《有关企业碳排放与碳固会计的计量和实务处理探讨》，载于《会计研究》2017年第5期。

[121] 张亚连、张夙：《构建企业碳资产管理体系的思考》，载于《环境保护》2013年第41期。

[122] 张忠安：《上市公司纷纷涉足碳排放，碳排放概念妖股涨幅巨大》，载于《广州日报》2015年12月17日。

[123] 章金霞、白世秀：《国际碳信息披露现状及对中国的启示》，载于《管理现代化》2013年第2期。

[124] 章金霞：《企业碳信息披露实证研究》，经济科学出版社2017年版。

［125］赵康生、赵玉洁：《分析师跟进，政府干预程度与投资效率》，载于《中国注册会计师》2016 年第 5 期。

［126］赵选民、霍少博、吴勋：《政治关联，政府干预与碳信息披露水平——基于资源型企业的面板数据分析》，载于《科技管理研究》2015 年第 35 期。

［127］赵选民、吴勋：《公司特征与自愿性碳信息披露——基于 CDP 中国报告的经验证据》，载于《统计与信息论坛》2014 年第 29 期。

［128］赵选民、严冠琼：《企业经营绩效对碳信息披露水平的影响研究——基于 CDP 中国报告沪市 A 股企业经验数据》，载于《西安石油大学学报》（社会科学版）2014 年第 23 期。

［129］郑建明、黄晓蓓、张新民：《管理层业绩预告违规与分析师监管》，载于《会计研究》2015 年第 3 期。

［130］郑军：《上市公司价值信息披露的经济后果研究》，载于《中国软科学》2012 年第 11 期。

［131］郑玲、周志方：《全球气候变化下碳排放与交易的会计问题：最新发展与评述》，载于《财经科学》2010 年第 3 期。

［132］钟凤英、杨滨健：《我国企业碳信息披露的框架建构与支撑机制研究》，载于《东北师大学报（哲学）》2015 年第 4 期。

［133］周开国、应千伟、陈晓娴：《媒体关注度、分析师关注度与盈余预测准确度》，载于《金融研究》2014 年第 2 期。

［134］周志方、李晓青：《国际环境财务会计指南与实务的历史进程，最新动态评述及启示》，载于《当代经济科学》2009 年第 6 期。

［135］周志方、彭丹璐、曾辉祥：《碳信息披露，财务透明度与委托代理成本》，载于《中南大学学报》（社会科学版）2016 年第 22 期。

［136］周志方、肖序：《国外环境财务会计发展评述》，载于《会计研究》2010 年第 1 期。

［137］周中胜、何德旭、李正：《制度环境与企业社会责任履行：来自中国上市公司的经验证据》，载于《中国软科学》2012 年第 10 期。

［138］朱松：《企业社会责任、市场评价与盈余信息含量》，载于《会计研究》2011 年第 11 期。

[139] Akbaş H, Canikli S, Determinants of Voluntary Greenhouse Gas Emission Disclosure: An Empirical Investigation on Turkish Firms. *Sustainability*, Vol. 11, No. 1, 2019, P. 107.

[140] Akpalu W, Abidoye B, Muchapondwa E, et al., Public Disclosure for Carbon Abatement: African Decision-Makers in A PROPER Public Good Experiment. *Climate and Development*, Vol. 9, No. 6, 2017, pp. 548 – 558.

[141] Albu O B, Wehmeier S., Organizational Transparency and Sense-Making: The Case of Northern Rock. *Journal of Public Relations Research*, Vol. 26, No. 2, 2014, pp. 117 – 133.

[142] Allini A, Giner B, Caldarelli A., Opening the Black Box of Accounting for Greenhouse Gas Emissions: The Different Views of Institutional Bodies and Firms. *Journal of Cleaner Production*, Vol. 172, 2018, pp. 2195 – 2205.

[143] Alrazi B, De Villiers C, Van Staden C J., The Environmental Disclosures of the Electricity Generation Industry: A Global Perspective. *Accounting and Business Research*, Vol. 46, No. 6, 2016, pp. 665 – 701.

[144] Al-Tuwaijri S A, Christensen T E, Hughes Ii K E., The Relations Among Environmental Disclosure, Environmental Performance, and Economic Performance: A Simultaneous Equations Approach. *Accounting*, *Organizations and Society*, Vol. 29, No. 5 – 6, 2004, pp. 447 – 471.

[145] Andrew J, Cortese C., Free Market Environmentalism and the Neoliberal Project: The Case of the Climate Disclosure Standards Board. *Critical Perspectives on Accounting*, Vol. 24, No. 6, 2013, pp. 397 – 409.

[146] Andromidas A., The "Carbon Disclosure Project": Its Target is Industry—What is the Objective? *Energy & Environment*, Vol. 24, No. 5, 2013, pp. 779 – 784.

[147] Apergis N, Eleftheriou S, Payne J E., The Relationship between International Financial Reporting Standards, Carbon Emissions, and R&D Expenditures: Evidence from European Manufacturing Firms. *Ecological Economics*, Vol. 88, 2013, pp. 57 – 66.

[148] Ascui F, Lovell H., As Frames Collide: Making Sense of Carbon

Accounting. *Accounting, Auditing & Accountability Journal*, Vol. 24, No. 8, 2011, pp. 978 – 999.

[149] Ascui F, Lovell H., Carbon Accounting and the Construction of Competence. *Journal of Cleaner Production*, Vol. 36, 2012, pp. 48 – 59.

[150] Baginski S P, Hassell J M, Kimbrough M D., The Effect of Legal Environment on Voluntary Disclosure: Evidence from Management Earnings Forecasts Issued in US and Canadian Markets. *The Accounting Review*, Vol. 77, No. 1, 2002, pp. 25 – 50.

[151] Baron R M, Kenny D A., The Moderator-Mediator Variable Distinction in Social Psychological Research: Conceptual, Strategic, and Statistical Considerations. *Journal of Personality and Social Psychology*, Vol. 51, No. 6 1986, pp. 1173 – 1182.

[152] Barry C B, Brown S J., Differential Information and Security Market Equilibrium. *Journal of Financial and Quantitative Analysis*, Vol. 20, No. 4, 1985, pp. 407 – 422.

[153] Barth M E, Hutton A P., Information Intermediaries and the Pricing of Accruals. *Harvard University and Stanford University* (*Working Paper*), 2000.

[154] Bebbington J, Larrinaga C., Accounting and Sustainable Development: An Exploration. *Accounting, Organizations and Society*, Vol. 39, No. 6, 2014, pp. 395 – 413.

[155] Bebbington J, Larrinaga C., Carbon Trading: Accounting and Reporting Issues. *European Accounting Review*, Vol. 17, No. 4, 2008, pp. 697 – 717.

[156] Ben-Amar W, Chang M, McIlkenny P., Board Gender Diversity and Corporate Response to Sustainability Initiatives: Evidence from the Carbon Disclosure Project. *Journal of Business Ethics*, Vol. 142, No. 2, 2017, pp. 369 – 383.

[157] Ben-Amar W, McIlkenny P., Board Effectiveness and the Voluntary Disclosure of Climate Change Information. *Business Strategy and the Environment*, Vol. 24, No. 8, 2015, pp. 704 – 719.

[158] Ben Barka H, Dardour A., Investigating the Relationship between

Director's Profile, Board Interlocks and Corporate Social Responsibility. *Management Decision*, Vol. 53, No. 3, 2015, pp. 553 - 570.

[159] Benjamin L., The Responsibilities of Carbon Major Companies: Are They (and is the Law) Doing Enough? *Transnational Environmental Law*, Vol. 5, No. 2, 2016, pp. 353 - 378.

[160] Bewley K, Li Y., *Disclosure of Environmental Information by Canadian Manufacturing Companies: A Voluntary Disclosure Perspective.* Advances in Environmental Accounting & Management, 2000, pp. 201 - 226.

[161] Bimha A, Nhamo G., Sustainable Development, Share Price and carbon Disclosure Interactions: Evidence from South Africa's JSE 100 Companies. *Sustainable Development*, Vol. 25, No. 5, 2017, pp. 400 - 413.

[162] Blanco C, Caro F, Corbett C J., An Inside Perspective on Carbon Disclosure. *Business Horizons*, Vol. 60, No. 5, 2017, pp. 635 - 646.

[163] Blanco C, Caro F, Corbett C J., The State of Supply Chain Carbon Footprinting: Analysis of CDP Disclosures by US Firms. *Journal of Cleaner Production*, Vol. 135, 2016, pp. 1189 - 1197.

[164] Bowman E H, Haire M., A Strategic Posture toward Corporate Social Responsibility. *California Management Review*, Vol. 18, No. 2, 1975, pp. 49 - 58.

[165] Braam G J M, de Weerd L U, Hauck M, et al., Determinants of Corporate Environmental Reporting: The Importance of Environmental Performance and Assurance. *Journal of Cleaner Production*, Vol. 129, 2016, pp. 724 - 734.

[166] Broadstock D C, Collins A, Hunt L C, et al., Voluntary Disclosure, Greenhouse Gas Emissions and Business Performance: Assessing the First Decade of Reporting. *The British Accounting Review*, Vol. 50, No. 1, 2018, pp. 48 - 59.

[167] Brown J R, Martinsson G, Petersen B C., Law, Stock Markets, and Innovation. *The Journal of Finance*, Vol. 68, No. 4, 2013, pp. 1517 - 1549.

[168] Bui B, De Villiers C., Business Strategies and Management Accounting in Response to Climate Change Risk Exposure and Regulatory Uncer-

tainty. *The British Accounting Review*, Vol. 49, No. 1, 2017, pp. 4 –24.

[169] Busch T, Hoffmann V H., How Hot is Your Bottom Line? Linking Carbon and Financial Performance. *Business & Society*, Vol. 50, No. 2, 2011, pp. 233 –265.

[170] Byun S, Oh J., Doing Well by Looking Good: The Causal Impact of Media Coverage of Corporate Social Responsibility on Firm Value. Available at SSRN 2153248, 2012.

[171] Cadez S, Guilding C., Examining Distinct Carbon Cost Structures and Climate Change Abatement Strategies in CO2 Polluting Firms. *Accounting, Auditing & Accountability Journal*, Vol. 30, No. 5, 2017, pp. 1041 –1064.

[172] Calza F, Profumo G, Tutore I., Corporate Ownership and Environmental Proactivity. *Business Strategy and the Environment*, Vol. 25, No. 6, 2016, pp. 369 –389.

[173] Carroll C E, McCombs M., Agenda-Setting Effects of Business News on the Public's Images and Opinions about Major Corporations. *Corporate Reputation Review*, Vol. 6, No. 1, 2003, pp. 36 –46.

[174] Chandok R I S, Singh S., Empirical Study on Determinants of Environmental Disclosure: Approach of Selected Conglomerates. *Managerial Auditing Journal*, Vol. 32, No. 4/5, 2017, pp. 332 –355.

[175] Chang D S, Yeh L T, Liu W., Incorporating the Carbon Footprint to Measure Industry Context and Energy Consumption Effect on Environmental Performance of Business Operations. *Clean Technologies and Environmental Policy*, Vol. 17, No. 2, 2015, pp. 359 –371.

[176] Chapple L, Clarkson P M, Gold D L., The Cost of Carbon: Capital Market Effects of the Proposed Emission Trading Scheme (ETS). *Abacus*, Vol. 49, No. 1, 2013, pp. 1 –33.

[177] Chen C M, Montes-Sancho M J., Do Perceived Operational Impacts Affect the Portfolio of Carbon-Abatement Technologies? *Corporate Social Responsibility and Environmental Management*, Vol. 24, No. 3, 2017, pp. 235 –248.

[178] Chen N, Zhang Z H, Huang S, et al., Chinese Consumer Respon-

ses to Carbon Labeling: Evidence from Experimental Auctions. *Journal of Environmental Planning and Management*, Vol. 61, No. 13, 2018, pp. 2319 - 2337.

[179] Chen X, Yi N, Zhang L, et al., Does Institutional Pressure Foster Corporate Green Innovation? Evidence from China's Top 100 Companies. *Journal of Cleaner Production*, Vol. 188, 2018, pp. 304 - 311.

[180] Chevallier J, Ielpo F, Mercier L., Risk Aversion and Institutional Information Disclosure on the European Carbon Market: A Case-Study of the 2006 Compliance Event. *Energy Policy*, Vol. 37, No. 1, 2009, pp. 15 - 28.

[181] Cho C H, Patten D M., The Role of Environmental Disclosures as Tools of Legitimacy: A Research Note. *Accounting, Organizations and Society*, Vol. 32, No. 7 - 8, 2007, pp. 639 - 647.

[182] Chung K H, Jo H., The Impact of Security Analysts' Monitoring and Marketing Functions on the Market Value of Firms. *Journal of Financial and Quantitative Analysis*, Vol. 31, No. 4, 1996, pp. 493 - 512.

[183] Clarkson P M, Fang X, Li Y, et al., The Relevance of Environmental Disclosures: Are Such Disclosures Incrementally Informative? *Journal of Accounting and Public Policy*, Vol. 32, No. 5, 2013, pp. 410 - 431.

[184] Clarkson P M, Li Y, Richardson G D, et al., Revisiting the Relation between Environmental Performance and Environmental Disclosure: An Empirical Analysis. *Accounting, Organizations and Society*, Vol. 33, No. 4 - 5, 2008, pp. 303 - 327.

[185] Clarkson P M, Overell M B, Chapple L., Environmental Reporting and Its Relation to Corporate Environmental Performance. *Abacus*, Vol. 47, No. 1, 2011, pp. 27 - 60.

[186] Coase R H., *The Problem of Social Cost.* Palgrave Macmillan, London, 1960.

[187] Cohen M A, Viscusi W K., The Role of Information Disclosure in Climate Mitigation Policy. *Climate Change Economics*, Vol. 3, No. 4, 2012, pp. 1250020.

[188] Comyns B., Climate Change Reporting and Multinational Compa-

nies: Insights from Institutional Theory and International Business. *Accounting Forum. Taylor & Francis*, Vol. 42, No. 1, 2018, pp. 65 – 77.

[189] Cormier D, Ledoux M J, Magnan M., The Use of Web Sites as a Disclosure Platform for Corporate Performance. *International Journal of Accounting Information Systems*, Vol. 10, No. 1, 2009, pp. 1 – 24.

[190] Cormier D, Magnan M, Van Velthoven B., Environmental Disclosure Quality in Large German Companies: Economic Incentives, Public Pressures or Institutional Conditions? *European Accounting Review*, Vol. 14, No. 1, 2005, pp. 3 – 39.

[191] Cotter J, Najah M M., Institutional Investor Influence on Global Climate Change Disclosure Practices. *Australian Journal of Management*, Vol. 37, No. 2, 2012, pp. 169 – 187.

[192] Córdova C R, Zorio-Grima A, Garcia-Benau M., New Trends in Corporate Reporting: Information on the Carbon Footprint in Spain. *Revista de Administração de Empresas*, Vol. 58, No. 6, 2018, pp. 537 – 550.

[193] Córdova C, Zorio-Grima A, Merello P., Carbon Emissions by South American Companies: Driving Factors for Reporting Decisions and Emissions Reduction. *Sustainability*, Vol. 10, No. 7, 2018, P. 2411.

[194] Daddi T, Todaro N M, De Giacomo M R, et al., A Systematic Review of the Use of Organization and Management Theories in Climate Change Studies. *Business Strategy and the Environment*, Vol. 27, No. 4, 2018, pp. 456 – 474.

[195] Dahlmann F, Branicki L, Brammer S., "Carrots for Corporate Sustainability": Impacts of Incentive Inclusiveness and Variety on Environmental Performance. *Business Strategy and the Environment*, Vol. 26, No. 8, 2017, pp. 1110 – 1131.

[196] Dechow P M, Hutton A P, Sloan R G., The Relation between Analysts' Forecasts of Long-Term Earnings Growth and Stock Price Performance Following Equity Offerings. *Contemporary Accounting Research*, Vol. 17, No. 1, 2000, pp. 1 – 32.

[197] Deegan C., Introduction: The Legitimising Effect of Social and

Environmental Disclosures-A Theoretical Foundation. *Accounting, Auditing & Accountability Journal*, Vol. 15, No. 3, 2002, pp. 282 –311.

[198] Deegan C, Islam M A., Corporate Commitment to Sustainability-Is It All Hot Air? An Australian Review of the Linkage between Executive Pay and Sustainable Performance. *Australian Accounting Review*, Vol. 22, No. 4, 2012, pp. 384 –397.

[199] De Faria J A, Andrade J C S, da Silva Gomes S M., The Determinants Mostly Disclosed by Companies That are Members of the Carbon Disclosure Project. *Mitigation and Adaptation Strategies for Global Change*, 2018, pp. 1 –24.

[200] De Franco G, Kothari S P, Verdi R S., The Benefits of Financial Statement Comparability. *Journal of Accounting Research*, Vol. 49, No. 4, 2011, pp. 895 –931.

[201] Depoers F, Jeanjean T, Jérôme T., Voluntary Disclosure of Greenhouse Gas Emissions: Contrasting the Carbon Disclosure Project and Corporate Reports. *Journal of Business Ethics*, Vol. 134, No. 3, 2016, pp. 445 –461.

[202] Dhaliwal D S, Li O Z, Tsang A, et al., Voluntary Nonfinancial Disclosure and the Cost of Equity Capital: The Initiation of Corporate Social Responsibility Reporting. *The Accounting Review*, Vol. 86, No. 1, 2011, pp. 59 –100.

[203] Doda B, Gennaioli C, Gouldson A, et al., Are Corporate Carbon Management Practices Reducing Corporate Carbon Emissions? *Corporate Social Responsibility and Environmental Management*, Vol. 23, No. 5, 2016, pp. 257 –270.

[204] Doran K L, Quinn E L., Climate Change Risk Disclosure: A Sector by Sector Analysis of SEC 10 –K Filings from 1995 –2008. *NCJ Int'l L. & Com. Reg.*, Vol. 34, 2008, P. 721.

[205] Dyck A, Morse A, Zingales L., Who Blows the Whistle on Corporate Fraud? *The Journal of Finance*, Vol. 65, No. 6, 2000, pp. 2213 –2253.

[206] Dyck A, Volchkova N, Zingales L., The Corporate Governance Role of the Media: Evidence from Russia. *The Journal of Finance*, Vol. 63, No. 3, 2008, pp. 1093 –1135.

[207] Dyck A, Zingales L., The Corporate Governance Role of the Media. *The Right to Tell: The Role of Mass Media in Economic Development*, 2002, pp. 37-107.

[208] Dye R. A., Disclosure of Nonproprietary Information. *Journal of Accounting Research*, Vol. 23, No. 1, 1985, pp. 123-145.

[209] Eleftheriadis I M, Anagnostopoulou E G., Measuring the Level of Corporate Commitment Regarding Climate Change Strategies. *International Journal of Climate Change Strategies and Management*, Vol. 9, No. 5, 2017, pp. 626-644.

[210] Eleftheriadis I M, Anagnostopoulou E G., Relationship between Corporate Climate Change Disclosures and Firm Factors. *Business Strategy and the Environment*, Vol. 24, No. 8, 2015, pp. 780-789.

[211] Elijido-Ten E O., Does Recognition of Climate Change Related Risks and Opportunities Determine Sustainability Performance? *Journal of Cleaner Production*, Vol. 141, 2017, pp. 956-966.

[212] Evangelinos K, Nikolaou I, Leal Filho W., The Effects of Climate Change Policy on the Business Community: A Corporate Environmental Accounting Perspective. *Corporate Social Responsibility and Environmental Management*, Vol. 22, No. 5, 2015, pp. 257-270.

[213] Faisal F, Andiningtyas E D, Achmad T, et al., The Content and Determinants of Greenhouse Gas Emission Disclosure: Evidence from Indonesian Companies. *Corporate Social Responsibility and Environmental Management*, Vol. 25, No. 6, 2018, pp. 1397-1406.

[214] Fama E F., The Behavior of Stock-Market Prices. *Journal of Business*, 1965, pp. 34-105.

[215] Ferguson J, Sales de Aguiar T R, Fearfull A., Corporate Response to Climate Change: Language, Power and Symbolic Construction. *Accounting, Auditing & Accountability Journal*, Vol. 29, No. 2, 2016, pp. 278-304.

[216] Freedman M, Jaggi B., An Analysis of the Association between Pollution Disclosure and Economic Performance. *Accounting, Auditing & Ac-*

countability Journal, Vol. 1, No. 2, 1988, pp. 43 –58.

[217] Freedman M, Jaggi B., Global Warming, Commitment to the Kyoto Protocol, and Accounting Disclosures by the Largest Global Public Firms from Polluting Industries. *The International Journal of Accounting*, Vol. 4, No. 3, 2005, pp. 215 –232.

[218] Galbreath J., To What Extent is Business Responding to Climate Change? Evidence from A Global Wine Producer. *Journal of Business Ethics*, Vol. 104, No. 3, 2011, pp. 421 –432.

[219] Gallego-Álvarez I, Cuadrado-Ballesteros B, Martínez-Ferrero J., Determinants of Carbon Accounting Disclosure: An Analysis of International Companies. *International Journal of Global Warming*, Vol. 15, No. 2, 2018, pp. 123 –142.

[220] Gallego-Álvarez I, García-Sánchez I M, Silva Vieira C., Climate Change and Financial Performance in Times of Crisis. *Business Strategy and the Environment*, Vol. 23, No. 6, 2014, pp. 361 –374.

[221] Gallego-Álvarez I, María García Sánchez I, Rodríguez Domínguez L., Voluntary and Compulsory Information Disclosed Online: The Effect of Industry Concentration and Other Explanatory Factors. *Online Information Review*, Vol. 32, No. 5, 2008, pp. 596 –622.

[222] Galán-Valdivieso F, Saraite-Sariene L, Alonso-Cañadas J, et al., Do Corporate Carbon Policies Enhance Legitimacy? A Social Media Perspective. *Sustainability*, Vol. 11, No. 4, 2019, P. 1161.

[223] Ganda F, Milondzo K., The Impact of Carbon Emissions on Corporate Financial Performance: Evidence from the South African Firms. *Sustainability*, Vol. 10, No. 7, 2018, P. 2398.

[224] Ganda F., The Influence of Carbon Emissions Disclosure on Company Financial Value in An Emerging Economy. *Environment, Development and Sustainability*, Vol. 20, No. 4, 2018, pp. 1723 –1738.

[225] García-Sánchez I M, Prado-Lorenzo J M., Greenhouse Gas Emission Practices and Financial Performance. *International Journal of Climate*

Change Strategies and Management, Vol. 4, No. 3, 2012, pp. 260 – 276.

[226] Gasbarro F, Iraldo F, Daddi T., The Drivers of Multinational Enterprises' Climate Change Strategies: A Quantitative Study on Climate-Related Risks and Opportunities. *Journal of Cleaner Production*, Vol. 60, 2017, pp. 8 – 26.

[227] Gentzkow M, Shapiro J M., Media Bias and Reputation. *Journal of political Economy*, Vol. 114, No. 2, 2006, pp. 280 – 316.

[228] Giannarakis G, Zafeiriou E, Sariannidis N, et al., Determinants of Dissemination of Environmental Information: An Empirical Survey. *Journal of Business Economics and Management*, Vol. 17, No. 5, 2016, pp. 749 – 764.

[229] Giannarakis G, Zafeiriou E, Sariannidis N., The Impact of Carbon Performance on Climate Change Disclosure. *Business Strategy and the Environment*, Vol. 26, No. 8, 2017, pp. 1078 – 1094.

[230] Gjølberg M., Measuring the Immeasurable?: Constructing An Index of CSR Practices and CSR Performance in 20 Countries. *Scandinavian Journal of Management*, Vol. 25, No. 1, 2009, pp. 10 – 22.

[231] Gonzalez-Gonzalez J M, Zamora Ramírez C., Organisational Communication on Climate Change: The Influence of the Institutional Context and the Adoption Pattern. *International Journal of Climate Change Strategies and Management*, Vol. 8, No. 2, 2016, pp. 286 – 316.

[232] Gonzalez-Gonzalez J M, Zamora Ramírez C., Voluntary Carbon Disclosure by Spanish Companies: An Empirical Analysis. *International Journal of Climate Change Strategies and Management*, Vol. 8, No. 1, 2016, pp. 57 – 79.

[233] Grauel J, Gotthardt D., The Relevance of National Contexts for Carbon Disclosure Decisions of Stock-Listed Companies: A Multilevel Analysis. *Journal of Cleaner Production*, Vol. 133, 2016, pp. 1204 – 1217.

[234] Green W, Zhou S., An International Examination of Assurance Practices on Carbon Emissions Disclosures. *Australian Accounting Review*, Vol. 23, No. 1, 2013, pp. 54 – 66.

[235] Griffin P A, Lont D H, Sun E Y., The Relevance to Investors of Greenhouse Gas Emission Disclosures. *Contemporary Accounting Research*,

Vol. 34, No. 2, 2017, pp. 1265 - 1297.

[236] Guenther E, Guenther T, Schiemann F, et al., Stakeholder Relevance for Reporting: Explanatory Factors of Carbon Disclosure. *Business & Society*, Vol. 55, No. 3, 2016, pp. 361 - 397.

[237] Gupta A, Mason M., Disclosing or Obscuring? The Politics of Transparency in Global Climate Governance. *Current Opinion in Environmental Sustainability*, Vol. 18, 2016, pp. 82 - 90.

[238] Hahn R, Reimsbach D, Schiemann F., Organizations, Climate Change, and Transparency: Reviewing the Literature on Carbon Disclosure. *Organization & Environment*, Vol. 28, No. 1, 2015, pp. 80 - 102.

[239] Haigh M, Shapiro M A., Carbon Reporting: Does It Matter? *Accounting, Auditing & Accountability Journal*, Vol. 25, No. 1, 2011, pp. 105 - 125.

[240] Haiyan L., Empirical Research on Influence Factors of Environmental Accounting Information Disclosure of Listed Companies. *Agro Food Industry Hi-Tech*, Vol. 28, No. 3, 2017, pp. 56 - 60.

[241] Halati A, He Y., Intersection of Economic and Environmental Goals of Sustainable Development Initiatives. *Journal of Cleaner Production*, Vol. 189, 2018, pp. 813 - 829.

[242] Hale T, Roger C., Orchestration and Transnational Climate Governance. *The Review of International Organizations*, Vol. 9, No. 1, 2014, pp. 59 - 82.

[243] Haque F, Ntim C G., Environmental Policy, Sustainable Development, Governance Mechanisms and Environmental Performance. *Business Strategy and the Environment*, Vol. 27, No. 3, 2018, pp. 415 - 435.

[244] Haque F., The Effects of Board Characteristics and Sustainable Compensation Policy on Carbon Performance of UK Firms. *The British Accounting Review*, Vol. 49, No. 3, 2017, pp. 347 - 364.

[245] Harmes A., The Limits of Carbon Disclosure: Theorizing the Business Case for Investor Environmentalism. *Global Environmental Politics*, Vol. 11, No. 2, 2011, pp. 98 - 119.

[246] Hartmann F, Perego P, Young A., Carbon Accounting: Challenges for Research in Management Control and Performance Measurement. *Abacus*, Vol. 49, No. 4, 2013, pp. 539 – 563.

[247] Haslam C, Tsitsianis N, Lehman G, et al., Accounting for Decarbonisation and Reducing Capital at Risk in the S&P500. *Accounting Forum. Elsevier*, Vol. 42, No. 1, 2018, pp. 119 – 129.

[248] Hassan A, Ibrahim E., Corporate Environmental Information Disclosure: Factors Influencing Companies' Success in Attaining Environmental Awards. *Corporate Social Responsibility and Environmental Management*, Vol. 19, No. 1, 2012, pp. 32 – 46.

[249] Hassan O A G, Romilly P., Relations between Corporate Economic Performance, Environmental Disclosure and Greenhouse Gas Emissions: New Insights. *Business Strategy and the Environment*, Vol. 27, No. 7, 2018, pp. 893 – 909.

[250] Healy P M, Palepu K G., Information Asymmetry, Corporate Disclosure, and The Capital Markets: A Review of the Empirical Disclosure Literature. *Journal of Accounting and Economics*, Vol. 31, No. 1, 2001, pp. 405 – 440.

[251] Hellman J S, Jones G, Kaufmann D., Seize the State, Seize the Day: State Capture and Influence in Transition Economies. *Journal of Comparative Economics*, Vol. 31, No. 4, 2003, pp. 751 – 773.

[252] Herbohn K, Dargusch P, Herbohn J., Climate Change Policy in Australia: Organisational Responses and Influences. *Australian Accounting Review*, Vol. 22, No. 2, 2012, pp. 208 – 222.

[253] Herold D M, Lee K H., The Influence of Internal and External Pressures on Carbon Management Practices and Disclosure Strategies. *Australasian Journal of Environmental Management*, Vol. 26, No. 1, 2019, pp. 63 – 81.

[254] Herold D M, Lee K H., The Influence of the Sustainability Logic on Carbon Disclosure in the Global Logistics Industry: The Case of DHL, FDX and UPS. *Sustainability*, Vol. 9, No. 4, 2017, P. 601.

[255] Hesse A., *Climate and Corporations-Right Answers or Wrong Ques-*

tions? Carbon Disclosure Project Data-Validation, Analysis, Improvements. Bonn/Berlin: German Watch, 2006.

[256] Hickmann T., Voluntary Global Business Initiatives and the International Climate Negotiations: A Case Study of the Greenhouse Gas Protocol. *Journal of Cleaner Production*, Vol. 169, 2017, pp. 94 – 104.

[257] Hopwood A G., Accounting and the Environment. *Accounting, Organizations and Society*, Vol. 34, No. 3 – 4, 2009, pp. 433 – 439.

[258] Hrasky S., Carbon Footprints and Legitimation Strategies: Symbolism or Action? *Accounting, Auditing & Accountability Journal*, Vol. 25, No. 1, 2011, pp. 174 – 198.

[259] Hsu A W, Wang T., Does the Market Value Corporate Response to Climate Change? *Omega*, Vol. 41, No. 2, 2013, pp. 195 – 206.

[260] Hsueh L., Transnational Climate Governance and the Global 500: Examining Private Actor Participation by Firm-Level Factors and Dynamics. *International Interactions*, Vol. 43, No. 1, 2017, pp. 48 – 75.

[261] Huian M C, Mironiuc M., A Comprehensive Analysis of the Nexus between Environmental Reporting and Market Performance of European Companies. *Environmental Engineering & Management Journal*, Vol. 18, No. 1, 2019, pp. 243 – 255.

[262] IIGCC (The Institutional Investors Group on Climate Change). *Global Investor Survey on Climate Change: Annual Report on Actions and Progress* 2010. Mercer, London. 2011.

[263] Imoniana J O, Soares R R, Domingos L C., A Review of Sustainability Accounting for Emission Reduction Credit and Compliance with Emission Rules in Brazil: A Discourse Analysis. *Journal of Cleaner Production*, Vol. 172, 2018, pp. 2045 – 2057.

[264] Ioannou I, Li S X, Serafeim G., The Effect of Target Difficulty on Target Completion: The Case of Reducing Carbon Emissions. *The Accounting Review*, Vol. 91, No. 5, 2016, pp. 1467 – 1492.

[265] Isyaku U, Arhin A A, Asiyanbi A P., Framing Justice in REDD +

Governance: Centring Transparency, Equity and Legitimacy in Readiness Implementation in West Africa. *Environmental Conservation*, Vol. 44, No. 3, 2017, pp. 212 – 220.

[266] Ivković Z, Jegadeesh N., The Timing and Value of Forecast and Recommendation Revisions. *Journal of Financial Economics*, Vol. 73, No. 3, 2004, pp. 433 – 463.

[267] Jaggi B, Allini A, Macchioni R, et al., The Factors Motivating Voluntary Disclosure of Carbon Information: Evidence Based on Italian Listed Companies. *Organization & Environment*, Vol. 31, No. 2, 2018, pp. 178 – 202.

[268] Jamali D, Karam C., Corporate Social Responsibility in Developing Countries as An Emerging Field of Study. *International Journal of Management Reviews*, Vol. 20, No. 1, 2018, pp. 32 – 61.

[269] Janis I L, Fadner R H., *The Coefficient of Imbalance. Lasswell HD, Leites N, and Associates, Eds. Language of Politics.* Cambrige MA: MIT Press. 1965, pp. 153 – 169.

[270] Jiang Y, Luo L., Market Reactions to Environmental Policies: Evidence from China. *Corporate Social Responsibility and Environmental Management*, Vol. 25, No. 5, 2018, pp. 889 – 903.

[271] Jung J, Herbohn K, Clarkson P., Carbon Risk, Carbon Risk Awareness and the Cost of Debt Financing. *Journal of Business Ethics*, Vol. 150, No. 4, 2018, pp. 1151 – 1171.

[272] Kalu J U, Buang A, Aliagha G U., Determinants of Voluntary Carbon Disclosure in the Corporate Real Estate Sector of Malaysia. *Journal of Environmental Management*, Vol. 182, 2016, pp. 519 – 524.

[273] Kansal M, Joshi M, Babu S, et al., Reporting of Corporate Social Responsibility in Central Public Sector Enterprises: A Study of Post Mandatory Regime in India. *Journal of Business Ethics*, Vol. 151, No. 3, 2018, pp. 813 – 831.

[274] Kansal M, Singh S., Measurement of Corporate Social Performance: An Indian Perspective. *Social Responsibility Journal*, Vol. 8, No. 4,

2012, pp. 527 – 546.

[275] Kim E H, Lyon T., When Does Institutional Investor Activism Increase Shareholder Value?: The Carbon Disclosure Project. *The BE Journal of Economic Analysis & Policy*, Vol. 11, No. 1, 2011, P. 50.

[276] Kim Y B, An H T, Kim J D., The Effect of Carbon Risk on the Cost of Equity Capital. *Journal of Cleaner Production*, Vol. 93, 2015, pp. 279 – 287.

[277] Kim Y., Environmental, Sustainable Behaviors and Innovation of Firms During the Financial Crisis. *Business Strategy and the Environment*, Vol. 24, No. 1, 2015, pp. 58 – 72.

[278] Knox-Hayes J, Levy D L., The Politics of Carbon Disclosure as Climate Governance. *Strategic Organization*, Vol. 9, No. 1, 2011, pp. 91 – 99.

[279] Kolk A, Levy D, Pinkse J., Corporate Responses in An Emerging Climate Regime: The Institutionalization and Commensuration of Carbon Disclosure. *European Accounting Review*, Vol. 17, No. 4, 2008, pp. 719 – 745.

[280] Kumarasiri J, Gunasekarage A., Risk Regulation, Community Pressure and the Use of Management Accounting in Managing Climate Change Risk: Australian Evidence. *The British Accounting Review*, Vol. 49, No. 1, 201, pp. 25 – 38.

[281] Kumarasiri J., Stakeholder Pressure on Carbon Emissions: Strategies and the Use of Management Accounting. *Australasian Journal of Environmental Management*, Vol. 24, No. 4, 2017, pp. 339 – 354.

[282] Kuo L, Yeh C C, Yu H C., Disclosure of Corporate Social Responsibility and Environmental Management: Evidence from China. *Corporate Social Responsibility and Environmental Management*, Vol. 19, No. 5, 2012, pp. 273 – 287.

[283] Kuo L, Yi-Ju Chen V., Is Environmental Disclosure An Effective Strategy on Establishment of Environmental Legitimacy for Organization? *Management Decision*, Vol. 51, No. 7, 2013, pp. 1462 – 1487.

[284] Kuo L, Yu H C, Chang B G., The Signals of Green Governance on Mitigation of Climate Change-Evidence from Chinese Firms. *International*

Journal of Climate Change Strategies and Management, Vol. 7, No. 2, 2015, pp. 154 – 171.

[285] Kuo L, Yu H C., Corporate Political Activity and Environmental Sustainability Disclosure: The Case of Chinese Companies. *Baltic Journal of Management*, Vol. 12, No. 3, 2017, pp. 348 – 367.

[286] Lang M H, Lundholm R J., Corporate Disclosure Policy and Analyst Behavior. *Accounting review*, Vol. 71, No. 4, 1996, pp. 467 – 492.

[287] Lang M H, Lundholm R J., Cross-Sectional Determinants of Analyst Ratings of Corporate Disclosures. *Journal of accounting research*, Vol. 31, No. 2, 1993, pp. 246 – 271.

[288] La Porta R, Lopez-de-Silanes F, Shleifer A, et al., Investor Protection and Corporate Governance. *Journal of financial economics*, Vol. 58, No. 1, 2000, pp. 3 – 27.

[289] Lee K H, Park B J, Song H, et al., The Value Relevance of Environmental Audits: Evidence from Japan. *Business Strategy and the Environment*, Vol. 26, No. 5, 2017, pp. 609 – 625.

[290] Lee S Y, Park Y S, Klassen R D., Market Responses to Firms' Voluntary Climate Change Information Disclosure and Carbon Communication. *Corporate Social Responsibility and Environmental Management*, Vol. 22, No. 1, 2015, pp. 1 – 12.

[291] Lemma T T, Feedman M, Mlilo M, et al., Corporate Carbon Risk, Voluntary Disclosure, and Cost of Capital: South African Evidence. *Business Strategy and the Environment*, Vol. 28, No. 1, 2019, pp. 111 – 126.

[292] Lewis B W, Walls J L, Dowell G W S., Difference in Degrees: CEO Characteristics and Firm Environmental Disclosure. *Strategic Management Journal*, Vol. 35, No. 5, 2014, pp. 712 – 722.

[293] Liao L, Luo L, Tang Q., Gender Diversity, Board Independence, Environmental Committee and Greenhouse Gas Disclosure. *The British Accounting Review*, Vol. 47, No. 4, 2015, pp. 409 – 424.

[294] Liao P C, Shih Y N, Wu C L, et al., Does Corporate Social Per-

formance Pay Back Quickly? A Longitudinal Content Analysis on International Contractors. *Journal of Cleaner Production*, Vol. 170, 2018, pp. 1328 – 1337.

[295] Li D, Cao C, Zhang L, et al., Effects of Corporate Environmental Responsibility on Financial Performance: The Moderating Role of Government Regulation and Organizational Slack. *Journal of Cleaner Production*, Vol. 166, 2017, pp. 1323 – 1334.

[296] Li D, Zhao Y, Zhang L, et al., Impact of Quality Management on Green Innovation. *Journal of Cleaner Production*, Vol. 170, 2018, pp. 462 – 470.

[297] Li D, Zheng M, Cao C, et al., The Impact of Legitimacy Pressure and Corporate Profitability on Green Innovation: Evidence from China Top 100. *Journal of Cleaner Production*, Vol. 141, 2017, pp. 41 – 49.

[298] Liesen A, Figge F, Hoepner A, et al., Climate Change and Asset Prices: Are Corporate Carbon Disclosure and Performance Priced Appropriately? *Journal of Business Finance & Accounting*, Vol. 44, No. 1 – 2, 2017, pp. 35 – 62.

[299] Liesen A, Hoepner A G, Patten D M, et al., Does Stakeholder Pressure Influence Corporate GHG Emissions Reporting? Empirical Evidence from Europe. *Accounting, Auditing & Accountability Journal*, Vol. 28, No. 7, 2015, pp. 1047 – 1074.

[300] Li L, Liu Q, Tang D, et al., Media Reporting, Carbon Information Disclosure, and the Cost of Equity Financing: Evidence from China. *Environmental Science and Pollution Research*, Vol. 24, No. 10, 2017, pp. 9447 – 9459.

[301] Li L, Liu Q, Wang J, et al., Carbon Information Disclosure, Marketization, and Cost of Equity Financing. *International Journal of Environmental Research and Public Health*, Vol. 16, No. 1, 2019, P. 150.

[302] Linnenluecke M K, Birt J, Griffiths A., The Role of Accounting in Supporting Adaptation to Climate Change. *Accounting & Finance*, Vol. 55, No. 3, 2015, pp. 607 – 625.

[303] Luo L, Lan Y C, Tang Q., Corporate Incentives to Disclose Carbon Information: Evidence from the CDP Global 500 Report. *Journal of International Financial Management & Accounting*, Vol. 23, No. 2, 2012, pp. 93 – 120.

[304] Luo L, Tang Q, Peng J., The Direct and Moderating Effects of Power Distance on Carbon Transparency: An International Investigation of Cultural Value and Corporate Social Responsibility. *Business Strategy and the Environment*, Vol. 27, No. 8, 2018, pp. 1546 – 1557.

[305] Luo X, Wang H, Raithel S, et al., Corporate Social Performance, Analyst Stock Recommendations, and Firm Future Returns. *Strategic Management Journal*, Vol. 36, No. 1, 2015, pp. 123 – 136.

[306] Maaloul A., The Effect of Greenhouse Gas Emissions on Cost of Debt: Evidence from Canadian Firms. *Corporate Social Responsibility and Environmental Management*, Vol. 25, No. 6, 2018, pp. 1407 – 1415.

[307] Maor M., Policy Entrepreneurs in Policy Valuation Processes: The Case of the Coalition for Environmentally Responsible Economies. *Environment and Planning C: Politics and Space*, Vol. 35, No. 8, 2017, pp. 1401 – 1417.

[308] María González-González J, Zamora-Ramírez C., Influencing Factors on Carbon Reporting: An Empirical Study in Spanish Companies. *World Journal of Science, Technology and Sustainable Development*, Vol. 10, No. 1, 2013, pp. 19 – 29.

[309] Marshall A., *Principles of Economics*. New York: Macmillan, 1890.

[310] Matisoff D C., Different Rays of Sunlight: Understanding Information Disclosure and Carbon Transparency. *Energy Policy*, Vol. 55, 2013, pp. 579 – 592.

[311] Matisoff D C, Noonan D S, O'Brien J J., Convergence in Environmental Reporting: Assessing the Carbon Disclosure Project. *Business Strategy and the Environment*, Vol. 22, No. 5, 2013, pp. 285 – 305.

[312] Matsumura E M, Prakash R, Vera-Muñoz S C., Firm-Value Effects of Carbon Emissions and Carbon Disclosures. *The Accounting Review*, Vol. 89, No. 2, 2013, pp. 695 – 724.

[313] McWilliams A, Siegel D., Corporate Social Responsibility: A Theory of the Firm Perspective. *Academy of Management Review*, Vol. 26, No. 1, 2001, pp. 117 - 127.

[314] Mendes-Da-Silva W, De Lira Alves L A., The Voluntary Disclosure of Financial Information on the Internet and the Firm Value Effect in Companies Across Latin America. Universidad Navarra Barcelona, 13th International Symposium on Ethics, Business and Society. 2004.

[315] Misani N, Pogutz S., Unraveling the Effects of Environmental Outcomes and Processes on Financial Performance: A Non-Linear Approach. *Ecological Economics*, Vol. 109, 2015, pp. 150 - 160.

[316] Mittal R K, Sinha N, Singh A., An Analysis of Linkage between Economic Value Added and Corporate Social Responsibility. *Management Decision*, Vol. 46, No. 9, 2008, pp. 1437 - 1443.

[317] Moghaddam S, Talebbeydokhti A., A Study on Relationship between the Information of Cash Value Added and Return of Stocks: An Empirical Investigation on Accounting Profit, Free Cash Flow and Tobin's Q. *Management Science Letters*, Vol. 4, No. 1, 2014, pp. 117 - 122.

[318] Monasterolo I, Battiston S, Janetos A C, et al., Vulnerable Yet Relevant: The Two Dimensions of Climate-Related Financial Disclosure. *Climatic Change*, Vol. 145, No. 3 - 4, 2017, pp. 495 - 507.

[319] Mullainathan S, Shleifer A., The Market for News. *American Economic Review*, Vol. 95, No. 4, 2005, pp. 1031 - 1053.

[320] Murray A, Sinclair D, Power D, et al., Do Financial Markets Care about Social and Environmental Disclosure? Further Evidence and Exploration from the UK. *Accounting, Auditing & Accountability Journal*, Vol. 19, No. 2, 2006, pp. 228 - 255.

[321] Neville K J, Cook J, Baka J, et al., Can Shareholder Advocacy Shape Energy Governance? The Case of the US Antifracking Movement. *Review of International Political Economy*, Vol. 26, No. 1, 2019, pp. 104 - 133.

[322] Ott C, Schiemann F, Günther T., Disentangling the Determinants

of the Response and the Publication Decisions: The Case of the Carbon Disclosure Project. *Journal of Accounting and Public Policy*, Vol. 36, No. 1, 2017, pp. 14 – 33.

[323] Owen A L, Videras J, Wu S., More Information Is Not Always Better: The Case of Voluntary Provision of Environmental Quality. *Economic Inquiry*, Vol. 50, No. 3, 2012, pp. 585 – 603.

[324] Pattberg P., How Climate Change Became A Business Risk: Analyzing Nonstate Agency in Global Climate Politics. *Environment and Planning C: Government and Policy*, Vol. 30, No. 4, 2012, pp. 613 – 626.

[325] Pattberg P., The Emergence of Carbon Disclosure: Exploring the Role of Governance Entrepreneurs. *Environment and Planning C: Politics and Space*, Vol. 35, No. 8, 2017, pp. 1437 – 1455.

[326] Peixe B C S, Trierweiller A C, Bornia A C, et al., Factors Related to the Maturity of Environmental Management Systems among Brazilian Industrial Companies. *Revista de Administração de Empresas*, Vol. 59, No. 1, 2019, pp. 29 – 42.

[327] Pellegrino C, Lodhia S., Climate Change Accounting and the Australian Mining Industry: Exploring the Links between Corporate Disclosure and the Generation of Legitimacy. *Journal of Cleaner Production*, Vol. 36, 2012, pp. 68 – 82.

[328] Peng J, Sun J, Luo R., Corporate Voluntary Carbon Information Disclosure: Evidence from China's Listed Companies. *The World Economy*, Vol. 38, No. 1, 2015, pp. 91 – 109.

[329] Pfeffer J, Salancik G R., *The External Control of Organizations: A Resource Dependence Perspective.* Stanford University Press, 2003.

[330] Pigou A C., *The Economics of Welfare.* London: Macmillan, 1920.

[331] Plumlee M, Brown D, Marshall S., The Impact of Voluntary Environmental Disclosure Quality on Firm Value. Available at SSRN 1140221, 2008.

[332] Prado-Lorenzo J M, Garcia-Sanchez I M., The Role of the Board

of Directors in Disseminating Relevant Information on Greenhouse Gases. *Journal of Business Ethics*, Vol. 97, No. 3, 2010, pp. 391 – 424.

[333] Prado-Lorenzo J M, Rodriguez-Dominguez L, Gallego-Alvarez I, et al., Factors Influencing the Disclosure of Greenhouse Gas Emissions in Companies World-Wide. *Management Decision*, Vol. 47, No. 7, 2009, pp. 1133 – 1157.

[334] Qian W, Hörisch J, Schaltegger S., Environmental Management Accounting and Its Effects on Carbon Management and Disclosure Quality. *Journal of Cleaner Production*, Vol. 174, 2018, pp. 1608 – 1619.

[335] Qian W, Schaltegger S., Revisiting Carbon Disclosure and Performance: Legitimacy and Management Views. *The British Accounting Review*, Vol. 49, No. 4, 2017, pp. 365 – 379.

[336] Randall A., *Resource Economics: An Economic Approach to Natural-Resource and Environmental Policy*. Grid Publishing Inc., Columbus, Ohio, 1981.

[337] Rankin M, Windsor C, Wahyuni D., An Investigation of Voluntary Corporate Greenhouse Gas Emissions Reporting in A Market Governance System: Australian Evidence. *Accounting, Auditing & Accountability Journal*, Vol. 24, No. 8, 2011, pp. 1037 – 1070.

[338] Reid E M, Toffel M W., Responding to Public and Private Politics: Corporate Disclosure of Climate Change Strategies. *Strategic Management Journal*, Vol. 30, No. 11, 2009, pp. 1157 – 1178.

[339] Ren S, Li X, Yuan B, et al., The Effects of Three Types of Environmental Regulation on Eco-Efficiency: A Cross-Region Analysis in China. *Journal of Cleaner Production*, Vol. 173, 2018, pp. 245 – 255.

[340] Robinson O J, Tewkesbury A, Kemp S, et al., Towards A Universal Carbon Footprint Standard: A Case Study of Carbon Management at Universities. *Journal of Cleaner Production*, Vol. 172, 2018, pp. 4435 – 4455.

[341] Russell S, Milne M J, Dey C., Accounts of Nature and the Nature of Accounts: Critical Reflections on Environmental Accounting and Propositions for Ecologically Informed Accounting. *Accounting, Auditing & Accountability*

Journal, Vol. 30, No. 7, 2017, pp. 1426 – 1458.

[342] Sakhel A., Corporate Climate Risk Management: Are European Companies Prepared? *Journal of Cleaner Production*, Vol. 165, 2017, pp. 103 – 118.

[343] Samuelson P A, Nordhaus W D., *Economics*. New York: McGraw Hill Book Company, 1989.

[344] Santos V, Beuren I, Rausch R., Disclosure of Carbon Credit Operations in Management Publications. *REGE Revista De Gestão*, Vol. 18, No. 1, 2011, pp. 53 – 73.

[345] Schaltegger S, Csutora M., Carbon Accounting for Sustainability and Management. Status Quo and Challenges. *Journal of Cleaner Production*, Vol. 36, 2012, pp. 1 – 16.

[346] Schiager H., *The Effect of Voluntary Environmental Disclosure on Firm Value*. Norwegian School of Economics, 2012.

[347] Schuler D A, Cording M., A Corporate Social Performance-Corporate Financial Performance Behavioral Model for Consumers. *Academy of Management Review*, Vol. 31, No. 3, 2006, pp. 540 – 558.

[348] Shleifer A, Vishny R W., Politicians and Firms. *The Quarterly Journal of Economics*, Vol. 109, No. 4, 1994, pp. 995 – 1025.

[349] Siew R Y J., A Review of Corporate Sustainability Reporting Tools (SRTs). *Journal of Environmental Management*, Vol. 164, 2011, pp. 180 – 195.

[350] Singh A, Unnikrishnan S, Naik M, et al., CDM Implementation towards Reduction of Fugitive Greenhouse Gas Emissions. *Environment, Development and Sustainability*, Vol. 21, No. 2, 2019, pp. 569 – 586.

[351] Solomon D H., Selective Publicity and Stock Prices. *The Journal of Finance*, Vol. 67, No. 2, 2012, pp. 599 – 638.

[352] Spence A M., *Market Signaling: Informational Transfer in Hiring and Related Screening Processes*. Harvard Univ Pr, 1974.

[353] Stanny E, Ely K., Corporate Environmental Disclosures about the Effects of Climate Change. *Corporate Social Responsibility and Environmental*

Management, Vol. 15, No. 6, 2008, pp. 338 - 348.

[354] Stanny E., Voluntary Disclosures of Emissions by US Firms. *Business Strategy and the Environment*, Vol. 22, No. 3, 2013, pp. 145 - 158.

[355] Stechemesser K, Endrikat J, Grasshoff N, et al., Insurance Companies' Responses to Climate Change: Adaptation, Dynamic Capabilities and Competitive Advantage. *The Geneva Papers on Risk and Insurance-Issues and Practice*, Vol. 40, No. 4, 2015, pp. 557 - 584.

[356] Suchman M C., Managing Legitimacy: Strategic and Institutional Approaches. *Academy of Management Review*, Vol. 20, No. 3, 1995, pp. 571 - 610.

[357] Sullivan R, Gouldson A., Does Voluntary Carbon Reporting Meet Investors' Needs? *Journal of Cleaner Production*, Vol. 36, 2012, pp. 60 - 67.

[358] Sullivan R, Gouldson A., The Governance of Corporate Responses to Climate Change: An International Comparison. *Business Strategy and the Environment*, Vol. 26, No. 4, 2017, pp. 413 - 425.

[359] Tang Q, Luo L., Carbon Management Systems and Carbon Mitigation. *Australian Accounting Review*, Vol. 24, No. 1, 2014, pp. 84 - 98.

[360] Tang S, Demeritt D., Climate Change and Mandatory Carbon Reporting: Impacts on Business Process and Performance. *Business Strategy and the Environment*, Vol. 27, No. 4, 2018, pp. 437 - 455.

[361] Thistlethwaite J., The Politics of Experimentation in Climate Change Risk Reporting: The Emergence of the Climate Disclosure Standards Board (CDSB). *Environmental Politics*, Vol. 24, No. 6, 2015, pp. 970 - 990.

[362] Verrecchia R E., *Discretionary Disclosure*. *Journal of Accounting and Economics*, Vol. 5, No. 1, 1983, pp. 179 - 194.

[363] Walden W D, Schwartz B N., Environmental Disclosures and Public Policy Pressure. *Journal of Accounting and Public Policy*, Vol. 16, No. 2, 1997, pp. 125 - 154.

[364] Wegener M, Labelle R, Jerman L., Unpacking Carbon Accounting Numbers: A Study of the Commensurability and Comparability of Corporate Greenhouse Gas Emission Disclosures. *Journal of Cleaner Production*, Vol. 211,

2019, pp. 652 – 664.

[365] Weinhofer G, Hoffmann V H., Mitigating Climate Change-How Do Corporate Strategies Differ? *Business Strategy and the Environment*, Vol. 19, No. 2, 2010, pp. 77 – 89.

[366] Yook K H, Song H, Patten D M, et al., The Disclosure of Environmental Conservation Costs and Its Relation to Eco-Efficiency: Evidence from Japan. *Sustainability Accounting, Management and Policy Journal*, Vol. 8, No. 1, 2017, pp. 20 – 42.

[367] Yu H C, Tsai B Y., Environmental Policy and Sustainable Development: An Empirical Study on Carbon Reduction among Chinese Enterprises. *Corporate Social Responsibility and Environmental Management*, Vol. 25, No. 5, 2018, pp. 1019 – 1026.

[368] Yunus S, Elijido-Ten E, Abhayawansa S., Determinants of Carbon Management Strategy Adoption: Evidence from Australia's Top 200 Publicly Listed Firms. *Managerial Auditing Journal*, Vol. 31, No. 2, 2016, pp. 156 – 179.

[369] Yu V F, Ting H I., Financial Development, Investor Protection, and Corporate Commitment to Sustainability: Evidence from the FTSE Global 500. *Management Decision*, Vol. 50, No. 1, 2012, pp. 130 – 146.

[370] Yu V, Ting H I, Jim Wu Y C., Assessing the Greenness Effort for European Firms: A Resource Efficiency Perspective. *Management Decision*, Vol. 47, No. 7, 2009, pp. 1065 – 1079.

[371] Zaman K., The Impact of Hydro-Biofuel-Wind Energy Consumption on Environmental Cost of Doing Business in A Panel of BRICS Countries: Evidence from Three-Stage Least Squares Estimator. *Environmental Science and Pollution Research*, Vol. 25, No. 5, 2018, pp. 4479 – 4490.

[372] Zamora-Ramírez C, González-González J M, Sabater Marcos A M., Carbon Reporting: Analysis of the Spanish Market Response. *Spanish Journal of Finance and Accounting*, Vol. 45, No. 2, 2016, pp. 231 – 265.

[373] Zhang C, Yun P, Wagan Z A., Study on the Wandering Weekday Effect of the International Carbon Market Based on Trend Moderation Effect.

Finance Research Letters, Vol. 28, 2019, pp. 319 - 327.

[374] Zhang L, Li D, Cao C, et al., The Influence of Greenwashing Perception on Green Purchasing Intentions: The Mediating Role of Green Word-Of-Mouth and Moderating Role of Green Concern. *Journal of Cleaner Production*, Vol. 187, 2018, pp. 740 - 750.

[375] Zhao C, Guo Y, Yuan J, et al., ESG and Corporate Financial Performance: Empirical Evidence from China's Listed Power Generation Companies. *Sustainability*, Vol. 10, No. 8, 2018, P. 2607.

[376] Zhou S, Simnett R, Green W J., Assuring A New Market: The Interplay between Country-Level and Company-Level Factors on the Demand for Greenhouse Gas (GHG) Information Assurance and the Choice of Assurance Provider. *Auditing: A Journal of Practice & Theory*, Vol. 35, No. 3, 2016, pp. 141 - 168.

[377] Zhou Z, Zhang T, Wen K, et al., Carbon Risk, Cost of Debt Financing and the Moderation Effect of Media Attention: Evidence from Chinese Companies Operating in High-Carbon Industries. *Business Strategy and the Environment*, Vol. 27, No. 8, 2018, pp. 1131 - 1144.

[378] Zhou Z, Zhou H, Peng D, et al., Carbon Disclosure, Financial Transparency, and Agency Cost: Evidence from Chinese Manufacturing Listed Companies. *Emerging Markets Finance and Trade*, Vol. 54, No. 12, 2018, pp. 2669 - 2686.

[379] Zhu X, Gu R, Wu B, et al., Does Hazy Weather Influence Earnings Management of Heavy-Polluting Enterprises? A Chinese Empirical Study from the Perspective of Negative Social Concerns. Sustainability, Vol. 9, No. 12, 2017, P. 2296.